U0329586

21世纪普通高校计算机公共课程规划教材

大学计算机基础教程习题解答与实验指导

（第2版）

陈国君 陈尹立 主编

李星原 陈力 李福清 李梅生 编著

清華大学出版社

北京

内容简介

本书是陈国君教授编写的《大学计算机基础教程》的配套教材，属于《大学计算机基础教程》的辅助教材。本书注重操作性和学生实际动手能力的培养，第一部分是习题与解答，这部分为主教材的每一章配备了习题和相应的解答；第二部分是实验与上机指导，每个实验都包括实验目的、实验内容、实验步骤和实验报告要求几个部分，主教材中的一些高级操作和相应的技巧是通过这部分内容完成的。

图书在版编目(CIP)数据

大学计算机基础教程习题解答与实验指导/陈国君，陈尹立主编. --2版. --北京：清华大学出版社，2014(2023.8重印)

21世纪普通高校计算机公共课程规划教材

ISBN 978-7-302-36436-8

Ⅰ. ①大… Ⅱ. ①陈… ②陈… Ⅲ. ①电子计算机—高等学校—教学参考资料 Ⅳ. ①TP3

中国版本图书馆CIP数据核字(2014)第095833号

责任编辑：刘向威 王冰飞
封面设计：何凤霞
责任校对：时翠兰
责任印制：沈 露

出版发行：清华大学出版社
网 址：http://www.tup.com.cn，http://www.wqbook.com
地 址：北京清华大学学研大厦A座　　邮 编：100084
社 总 机：010-83470000　　邮 购：010-62786544
投稿与读者服务：010-62776969，c-service@tup.tsinghua.edu.cn
质量反馈：010-62772015，zhiliang@tup.tsinghua.edu.cn
印 装 者：三河市君旺印务有限公司
经 销：全国新华书店
开 本：185mm×260mm　　**印 张**：14.5　　**字 数**：344千字
版 次：2011年8月第1版　2014年9月第2版　　**印 次**：2023年8月第13次印刷
印 数：28101～28600
定 价：39.00元

产品编号：057731-02

出版说明

随着我国改革开放的进一步深化，高等教育也得到了快速发展，各地高校紧密结合地方经济建设发展需要，科学运用市场调节机制，加大了使用信息科学等现代科学技术提升、改造传统学科专业的投入力度，通过教育改革合理调整和配置了教育资源，优化了传统学科专业，积极为地方经济建设输送人才，为我国经济社会的快速、健康和可持续发展以及高等教育自身的改革发展做出了巨大贡献。但是，高等教育质量还需要进一步提高以适应经济社会发展的需要，不少高校的专业设置和结构不尽合理，教师队伍整体素质亟待提高，人才培养模式、教学内容和方法需要进一步转变，学生的实践能力和创新精神亟待加强。

教育部一直十分重视高等教育质量工作。2007 年 1 月，教育部下发了《关于实施高等学校本科教学质量与教学改革工程的意见》，计划实施"高等学校本科教学质量与教学改革工程(简称'质量工程')"，通过专业结构调整、课程教材建设、实践教学改革、教学团队建设等多项内容，进一步深化高等学校教学改革，提高人才培养的能力和水平，更好地满足经济社会发展对高素质人才的需要。在贯彻和落实教育部"质量工程"的过程中，各地高校发挥师资力量强、办学经验丰富、教学资源充裕等优势，对其特色专业及特色课程(群)加以规划、整理和总结，更新教学内容、改革课程体系，建设了一大批内容新、体系新、方法新、手段新的特色课程。在此基础上，经教育部相关教学指导委员会专家的指导和建议，清华大学出版社在多个领域精选各高校的特色课程，分别规划出版系列教材，以配合"质量工程"的实施，满足各高校教学质量和教学改革的需要。

本系列教材立足于计算机公共课程领域，以公共基础课为主、专业基础课为辅，横向满足高校多层次教学的需要。在规划过程中体现了如下一些基本原则和特点。

(1) 面向多层次、多学科专业，强调计算机在各专业中的应用。教材内容坚持基本理论适度，反映各层次对基本理论和原理的需求，同时加强实践和应用环节。

(2) 反映教学需要，促进教学发展。教材要适应多样化的教学需要，正确把握教学内容和课程体系的改革方向，在选择教材内容和编写体系时注意体现素质教育、创新能力与实践能力的培养，为学生知识、能力、素质协调发展创造条件。

(3) 实施精品战略，突出重点，保证质量。规划教材把重点放在公共基础课和专业基础课的教材建设上；特别注意选择并安排一部分原来基础比较好的优秀教材或讲义修订再版，逐步形成精品教材；提倡并鼓励编写体现教学质量和教学改革成果的教材。

(4) 主张一纲多本，合理配套。基础课和专业基础课教材配套，同一门课程有针对不同层次、面向不同专业的多本具有各自内容特点的教材。处理好教材统一性与多样化，基本教材与辅助教材、教学参考书，文字教材与软件教材的关系，实现教材系列资源配套。

(5) 依靠专家，择优选用。在制定教材规划时要依靠各课程专家在调查研究本课程教材建设现状的基础上提出规划选题。在落实主编人选时，要引入竞争机制，通过申报、评审确定主题。书稿完成后要认真实行审稿程序，确保出书质量。

繁荣教材出版事业，提高教材质量的关键是教师。建立一支高水平教材编写梯队才能保证教材的编写质量和建设力度，希望有志于教材建设的教师能够加入到我们的编写队伍中来。

21世纪普通高校计算机公共课程规划教材编委会

联系人：魏江江 Weijj@tup.tsinghua.edu.cn

第 2 版前言

本书自第 1 版面市以来，在教师和学生的使用过程中受到了广泛的好评。在广大读者的要求下，出版社决定修订再版，在本次修订中，除保留了原教材理论与实际相联系的特点外，还增加了提高学生动手操作能力的训练题目，通过实训题目的操作，使学生对计算机知识的掌握得到进一步加强。该版教材在内容组织、表达方式等方面均与计算机等级考试的内容保持同步，这样既满足了广大学生计算机等级考试的需求，也更适合当前教学的需要，这是促使该书再版的主要原因。

本书由陈国君、陈尹立、李星原、李福清、陈力和李梅生共同编写，由陈国君、陈尹立教授担任主编。由于计算机技术发展很快，加之编者水平有限，书中难免有不足之处，欢迎广大读者斧正。

在此对清华大学出版社的大力支持表示衷心的感谢！

编　者

2014 年 4 月

第1版前言

计算机是一门理论和实践相结合的学科，上机实验是学生学习和掌握计算机必不可少的环节。为了配合理论教学，加强学生动手能力的培养，方便学生自学和提高，我们特组织了一批多年从事计算机基础教学的教师编写了此书。该书的立足点是根据国家教育部非计算机专业教学指导委员会制定的《大学计算机基础课程教学要求》编写的《大学计算机基础教程》的配套教材，是为相关大学生计算机基本课程的有关实验教学而编写的。

作者在编写该书时结合了多年计算机基础教学的经验和当今计算机软、硬件技术的发展，语言精练、通俗易懂，注重操作性和学生实际动手能力的培养。每章的习题和上机实验与指导均包含本章的主要知识点和相应的技能。本书既可作为本科在校大学生学习计算机文化基础课的上机实验指导教材，也可作为全国计算机等级考试、全国计算机技术与软件专业技术资格(水平)考试、信息处理技术人员考试及各种培训教材，以及广大工程技术人员普及计算机文化的岗位培训教程，同时也可作为广大计算机爱好者的入门教材。

本书由陈国君、陈尹立、李星原、李福清、陈力和李梅生共同编写。全书由陈国君、陈尹立教授担任主编。由于编者水平所限，计算机技术发展又十分迅速，书中缺点和错误在所难免，敬请读者不吝赐教。

编　者

2011年1月

目　录

第一部分　习题与解答

第二部分　实验与上机指导

第一部分

习题与解答

本“习题与解答”部分的内容主要是为陈国君、陈尹立教授主编的《大学计算机基础教程(第2版)》教材的理论教学部分而配的习题与解答，其主要目的是加强学生对主教材所讲述内容的理解和对计算机基础知识的掌握，通过解答本部分的习题，可以使学生更好地掌握计算机的理论知识。

习　　题

第1章　计算机基础知识

一、单项选择题

1. (　　)是现代通用计算机的雏形。
   A. 宾州大学于1946年2月研制成功的ENIAC
   B. 查尔斯·巴贝奇于1934年设计的分析机
   C. 冯·诺依曼和他的同事们研制的EDVAC
   D. 艾伦·图灵建立的图灵机模型
2. 计算机科学的奠基人是(　　)。
   A. 查尔斯·巴贝奇　　B. 艾伦·图灵
   C. 阿塔诺索夫　　D. 冯·诺依曼
3. 下列关于图灵机的说法中错误的是(　　)。
   A. 现代计算机的功能不可能超越图灵机
   B. 图灵机不能计算的问题现代计算机也不能计算
   C. 图灵机是真空管机器
   D. 只有图灵机能解决的计算问题,实际计算机才能解决
4. 1946年世界上第一台电子计算机(ENIAC)在美国宾夕法尼亚大学研制成功,其采用的主要逻辑元件是(　　)。
   A. 晶体管　　B. 中、小规模集成化电路
   C. 电子管　　D. 大规模或超大规模集成化电路
5. 计算机从其诞生至今已经历了4个时代,这种对计算机划代的根据是(　　)。
   A. 计算机所采用的电子器件　　B. 计算机的运算速度
   C. 程序设计语言　　D. 计算机的存储量
6. 物理器件采用晶体管的计算机被称为(　　)。
   A. 第一代计算机　　B. 第二代计算机
   C. 第三代计算机　　D. 第四代计算机
7. 目前普遍使用的微型计算机所采用的逻辑元件是(　　)。
   A. 电子管　　B. 大规模和超大规模集成电路
   C. 晶体管　　D. 小规模集成电路
8. 在计算机运行时,把程序和数据一起存放在内存中,这是1946年由(　　)领导的小

组正式提出并论证的。

A. 艾伦·图灵　　B. 布尔　　C. 冯·诺依曼　　D. 爱因斯坦

9. 在使用计算机时,开关机的顺序会影响主机的寿命,正确的顺序是(　　)。

A. 开机:打印机、主机、显示器;关机:主机、打印机、显示器

B. 开机:打印机、显示器、主机;关机:显示器、打印机、主机

C. 开机:打印机、显示器、主机;关机:主机、显示器、打印机

D. 开机:主机、打印机、显示器;关机:主机、打印机、显示器

10. 下列叙述中错误的是(　　)。

A. 计算机要经常使用,不要长期闲置不用

B. 为了延长计算机的寿命,应避免频繁开关计算机

C. 在计算机附近应避免磁场干扰

D. 计算机在用几小时后应关机一会儿再用

11. 专门为某种用途设计的计算机称为(　　)计算机。

A. 专用　　B. 通用　　C. 特殊　　D. 模拟

12. 下面说法不正确的是(　　)。

A. 计算机是一种能快速和高效地完成信息处理的数字化电子设备,它能按照人们编写的程序对原始的输入数据进行加工处理

B. 计算机能自动完成信息处理

C. 计算器也是一种小型计算机

D. 虽然说计算机的作用很大,但是计算机并不是万能的

13. 在下列诸因素中,对微型计算机的工作影响最小的是(　　)。

A. 尘土　　B. 温度　　C. 噪声　　D. 湿度

14. 在计算机内部,数据是以(　　)形式加工、处理和传送的。

A. 二进制码　　B. 八进制码　　C. 十六进制码　　D. 十进制码

15. 计算机内部采用二进制的原因不包括(　　)。

A. 在技术上容易实现

B. 在二进制中只使用0和1两个数字,传输和处理时不容易出错,可以保障计算机具有较高的可靠性

C. 与十进制数相比,二进制数的运算规则要简单得多,而且有利于人的理解和使用

D. 二进制数0和1正好与逻辑量“真”和“假”相对应,因此用二进制表示二值逻辑十分自然

16. 计算机能按照人们的意图自动、高速地进行操作,这是因为采用了(　　)。

A. 程序存储在内存　　B. 高性能的CPU

C. 高级语言　　D. 机器语言

17. 计算机系统由(　　)组成。

A. 软件系统和硬件系统两大部分

B. 运算器、控制器、存储器、输入设备和输出设备5个部分

C. 主机和外部设备(键盘、显示器、鼠标等)

D. CPU、CPU 风扇、主板、内存、硬盘、显示器、显卡、声卡、音箱、光驱、机箱、软驱、键盘、鼠标、Modem、网卡

18. 下列关于计算机硬件组成的说法中错误的是(　　)。

A. CPU 主要由运算器、控制器和寄存器组成

B. 在关闭计算机电源后,RAM 中的程序和数据就消失了

C. U 盘和硬盘上的数据均可由 CPU 直接存取

D. 硬盘驱动器既属于输入设备,又属于输出设备

19. 微机硬件系统中最核心的部件是(　　)。

A. 内存储器　　B. 输入/输出设备

C. CPU　　D. 硬盘

20. 中央处理器(CPU)主要由(　　)组成。

A. 控制器和内存　　B. 运算器和内存

C. 控制器和寄存器　　D. 运算器和控制器

21. 运算器的主要功能是(　　)。

A. 算术运算和逻辑运算　　B. 加法运算和减法运算

C. 乘法运算和除法运算　　D. “与”运算和“或”运算

22. 指挥、协调计算机工作的设备是(　　)。

A. 输入设备　　B. 输出设备　　C. 存储器　　D. 控制器

23. 计算机的主存储器是指(　　)。

A. RAM 和硬盘　　B. ROM　　C. ROM 和 RAM　　D. 硬盘和控制器

24. 内存储器是计算机系统中的记忆设备,它主要用于(　　)。

A. 存放数据　　B. 存放程序

C. 存放数据和程序　　D. 存放地址

25. 内存一般按(　　)分成许多存储单元,每个存储单元都有一个编号,称为(内存)地址,CPU 通过地址可以找到所需的存储单元。

A. 位　　B. 字节　　C. 字　　D. 汉字

26. 不通过外设接口与 CPU 直接连接的部件是(　　)。

A. 内存　　B. 键盘　　C. 磁盘驱动器　　D. 显示器

27. 在微型计算机中,ROM 的中文名字是(　　)。

A. 随机存储器　　B. 只读存储器

C. 高速缓冲存储器　　D. 可编程只读存储器

28. 微型计算机中的内存储器通常采用(　　)。

A. 光存储器　　B. 磁表面存储器

C. 半导体存储器　　D. 磁芯存储器

29. 以下描述不正确的是(　　)。

A. 内存与外存的区别在于内存是临时性的,而外存是永久性的

B. 内存与外存的区别在于外存是临时性的,而内存是永久性的

C. 大家平时说的内存是指 RAM

D. 从输入设备输入的数据直接存放在内存中

30. 在计算机的性能指标中,用户可用的内存容量通常是指(　　)。

A. RAM 的容量　　B. ROM 的容量

C. RAM 和 ROM 的容量之和　　D. CD-ROM 的容量

31. ROM 和 RAM 的主要区别是(　　)。

A. 断电后 ROM 的数据丢失,RAM 的数据不会丢失

B. 断电后 RAM 的数据丢失,ROM 的数据不会丢失

C. ROM 属于外存,RAM 属于内存

D. RAM 属于内存,ROM 属于外存

32. 下列关于 ROM 的说法中错误的是(　　)。

A. CPU 不能向 ROM 随机写入数据

B. ROM 中的内容在断电后不会消失

C. ROM 是只读存储器的英文缩写

D. ROM 是只读的,所以它不是内存而是外存

33. 配置高速缓冲存储器(Cache)是为了解决(　　)。

A. 内存与辅助存储器之间的速度不匹配问题

B. CPU 与辅助存储器之间的速度不匹配问题

C. CPU 与内存储器之间的速度不匹配问题

D. 主机与外设之间的速度不匹配问题

34. 下列关于计算机的说法中正确的是(　　)。

A. 微机内存容量的基本计量单位是字符

B. 1GB=1024KB

C. 二进制数中右起第 10 位上的 1 相当于 2^{10}

D. 1TB=1024GB

35. 系统设置或配置信息存储在(　　)中,记录了系统的一些重要信息,例如光驱、硬盘的设置以及系统日期和时间等,计算机每次启动时都要先读取里面的信息。

A. RAM　　B. Cache　　C. CMOS　　D. ROM

36. 在微机系统常用的存储器中,读/写速度最快的是(　　)。

A. 硬盘　　B. U 盘　　C. 光盘　　D. 内存

37. 下列是有关存储器读/写速度从快到慢的排序,一般是(　　)。

A. RAM>Cache>硬盘>U 盘　　B. Cache>硬盘>RAM>U 盘

C. RAM>硬盘>U 盘>Cache　　D. Cache>RAM>硬盘>U 盘

38. 使用 Cache 可以提高计算机的运行速度,这是因为(　　)。

A. Cache 增大了内存的容量　　B. Cache 扩大了硬盘的容量

C. Cache 缩短了 CPU 的等待时间　　D. Cache 可以存放程序和数据

39. 微机系统与外部交换信息主要通过(　　)。

A. 输入/输出设备　　B. 键盘

C. 光盘　　D. 内存

40. 计算机的输入/输出设备通过(　　)与主机相连接。

A. 数据总线　　B. I/O 接口　　C. 控制总线　　D. 主存储器

41. 把硬盘上的数据传送到计算机的内存中去称为(　　)。

A. 打印　　B. 写盘　　C. 输出　　D. 读盘

42. 既能向主机输入数据,又能接受主机输出数据的设备是(　　)。

A. CD-ROM　　B. 显示器　　C. 硬盘　　D. 光笔

43. 打印机是一种(　　)。

A. 输入设备　　B. 输出设备　　C. 存储器　　D. 运算器

44. 在下列计算机外部设备中,(　　)是输出设备。

A. 投影仪　　B. 扫描仪　　C. 数字化仪　　D. 摄像头

45. 下列设备中只能作为输入设备的是(　　)。

A. 磁盘驱动器　　B. 鼠标器　　C. 存储器　　D. 显示器

46. 磁盘驱动器属于(　　)设备。

A. 输入　　B. 输出　　C. 输入和输出　　D. 以上均不是

47. 在微型计算机中主板有着重要的作用,它是其他部件和各种外部设备的(　　)。

A. 连接载体　　B. 通信主体　　C. 访问桥梁　　D. 控制中心

48. 主板上最主要的部件是(　　)。

A. 插槽　　B. 芯片组　　C. 接口　　D. 架构

49. 下述说法错误的是(　　)。

A. 计算机具有存储容量大、运算速度快、结果精度高、逻辑判断准确等特点

B. 在计算机的内存中,数的表示可以是二进制、八进制和十六进制

C. 运算器和控制器合称为 CPU

D. 显示器是计算机的输出设备

50. 在微机中显示器一般有两条引线,它们是(　　)。

A. 电源线与信号线　　B. 控制线与地址线

C. 信号线与地址线　　D. 电源线与控制线

51. 在下列术语中属于显示器性能指标的是(　　)。

A. 速度　　B. 可靠性　　C. 分辨率　　D. 精度

52. 分辨率是显示器的主要参数之一,它是指(　　)。

A. 显示屏幕上的光栅的列数和行数

B. 显示屏幕上的水平和垂直扫描频率

C. 可显示不同颜色的总数

D. 同一画面允许显示不同颜色的最大数目

53. 下列关于显示器的说法中错误的是(　　)。

A. 颜色位数越多越好　　B. 显示器越大越好

C. 分辨率越高越好　　D. 刷新频率越高越好

54. 光驱的倍速越大,表示(　　)。

A. 数据传输越快　　B. 纠错能力越强

C. 所能读取光盘的容量越大　　D. 播放效果越好

55. 计算机的软件系统可分为(　　)。

A. 程序与数据　　B. 系统软件与应用软件

C. 操作系统与语言处理程序　　D. 程序、数据与文档

56. 应用软件是指(　　)。

A. 所有能够使用的软件

B. 能被各应用单位共同使用的某种软件

C. 所有微机上都应使用的基本软件

D. 专门为某一应用目的而编制的软件

57. (　　)是指用户自己开发或者由第三方软件公司开发的软件,它能满足用户的特殊需要。

A. 系统软件　　B. 应用软件　　C. 操作系统　　D. 软件包

58. 在下列软件中,(　　)一定是系统软件。

A. 自编的一个C程序,功能是求解一个一元二次方程

B. Windows操作系统

C. 用汇编语言编写的一个练习程序

D. 存储有计算机基本输入/输出系统的ROM芯片

59. 学校使用计算机进行学生的学籍及成绩管理,这属于计算机在(　　)方面的应用。

A. 数据处理　　B. 过程控制　　C. 科学计算　　D. 人工智能

60. WPS、Word等文字处理软件属于(　　)。

A. 管理软件　　B. 网络软件　　C. 应用软件　　D. 系统软件

61. 为解决某一特定问题而设计的指令序列称为(　　)。

A. 文档　　B. 语言　　C. 程序　　D. 系统

62. 用计算机进行资料检索工作属于计算机应用中的(　　)。

A. 数据处理　　B. 科学计算　　C. 实时控制　　D. 人工智能

63. 计算机辅助教学的英文缩写是(　　)。

A. CAI　　B. CAM　　C. CAD　　D. CAT

64. 用高级程序设计语言编写的程序要转换成等价的可执行程序必须经过(　　)。

A. 汇编　　B. 编辑　　C. 解释　　D. 编译和连接

65. 计算机软件系统一般包括系统软件和(　　)。

A. 文字处理软件　　B. 应用软件

C. 管理软件　　D. 数据库软件

66. 计算机软件系统中最基础的系统软件是(　　)。

A. 操作系统　　B. 语言处理系统

C. 数据库管理系统　　D. 网络通信管理程序

67. 操作系统最基本的功能是(　　)。

A. 处理机管理、存储器管理、设备管理和文件管理

B. 运算器管理、控制器管理、打印机管理和磁盘管理

C. 硬盘管理、控制器管理、存储器管理和文件管理

D. 程序管理、文件管理、编译管理和设备管理

68. 在软件方面,第一代计算机主要使用(　　)。

A. 机器语言　　B. 高级程序设计语言

C. 数据库管理系统　　D. BASIC 语言

69. 计算机能直接识别的语言是(　　)。

A. 高级程序语言　　B. 汇编语言

C. 机器语言(或称指令系统)　　D. Java 语言

70. 以下属于高级语言的是(　　)。

A. 汇编语言　　B. Java 语言　　C. 机器语言　　D. 以上都是

71. (　　)都属于计算机的低级语言。

A. 机器语言和高级语言　　B. 机器语言和汇编语言

C. 汇编语言和高级语言　　D. 高级语言和数据库语言

72. 不要翻译即能被计算机直接执行的是(　　)。

A. 机器语言程序　　B. 汇编语言程序

C. 高级语言程序　　D. 数据库语言程序

73. (　　)不是计算机高级语言。

A. Visual BASIC　　B. Java　　C. UNIX　　D. C

74. 下述说法正确的是(　　)。

A. 汇编语言是一种学习和使用难、效率低的语言，所以已经被淘汰

B. 用高级语言编写的程序一定比低级语言程序的运行效率(时间或空间)高

C. 程序必须要全部或部分装入内存中才能运行

D. 高级语言源程序必须经过汇编程序翻译成机器指令后才能在计算机上运行

75. 下列关于汇编语言的说法中，(　　)是错误的。

A. 汇编语言采用一定的助记符来代替机器语言中的指令和数据，又称为符号语言

B. 汇编语言的运行速度快，适合编写实时控制应用程序

C. 汇编语言有解释型和编译型两种

D. 机器语言、汇编语言和高级语言是计算机语言发展的 3 个阶段

76. 在计算机系统中，硬件与软件的关系是(　　)。

A. 可相互替代的关系　　B. 逻辑功能等价的关系

C. 整体与部分的关系　　D. 固定不变的关系

77. 下列描述中不正确的是(　　)。

A. 多媒体技术最主要的两个特点是集成性和交互性

B. 所有计算机的字长都是固定不变的，都是 8 位

C. 通常，计算机的存储容量越大性能越好

D. 各种高级语言的翻译程序都属于系统软件

78. 多媒体计算机是(　　)。

A. 连在一起的多台计算机，每台计算机处理一种媒体

B. 具有了处理文本、声音、图形、图像等功能的计算机

C. 多种媒体组成的计算机

D. 具有传输多种媒体功能的计算机

79. (　　)是多媒体计算机最低配置中必备的设备。

A. 打印机　　B. 声卡　　C. 扫描仪　　D. 麦克风

80. 计算机最主要的工作特点是(　　)。

A. 存储程序与自动控制　　B. 有记忆能力

C. 可靠性与可用性　　D. 高速度与高精度

81. 下述说法中正确的是(　　)。

A. 计算机系统由运算器、控制器、存储器、输入和输出设备5个部分组成

B. 鼠标是一种输入设备

C. 硬盘只能作为计算机的输出设备

D. 打印机能作为计算机的输入设备

82. 在计算机性能指标中,MIPS用来衡量计算机的(　　)。

A. 速度　　B. 内存型号　　C. 字长　　D. 可靠性

83. 在具有多媒体功能的微型计算机系统中,常用的CD-ROM是(　　)。

A. 只读大容量软盘　　B. 只读型光盘

C. 只读型硬盘　　D. 半导体只读存储器

84. 在计算机中,一个字节由(　　)个二进制位组成。

A. 2　　B. 4　　C. 8　　D. 18

85. 在计算机中,一个字长的二进制位数是(　　)。

A. 8　　B. 16

C. 32　　D. 随CPU的型号而定

86. "32位机"中的32位表示的是一项技术指标,即为(　　)。

A. 字节　　B. 容量　　C. 字长　　D. 速度

87. 大家常说的32位机指的是(　　)。

A. CPU的地址总线是32位

B. 计算机中的一个字节表示32位二进制

C. CPU可以同时处理32位二进制数据

D. 扩展总线是32位

88. 若一台计算机的字长是4个字节,则表明(　　)。

A. 能处理的最大数值为4位,即十进制数9999

B. 能处理的字符串最多由4个英文字符或两个汉字组成

C. CPU一次能处理32位二进制代码

D. 在CPU中运算的最大结果为2的32次方

89. 在64位高档微机中,一个字长所占的二进制位数为(　　)。

A. 8　　B. 16　　C. 32　　D. 64

90. 在下面计算机术语中,(　　)与CPU无关。

A. 字长　　B. 主频　　C. 模拟信号　　D. 寻址方式

91. 下列不属于微型计算机主要性能指标的是(　　)。

A. 字长　　B. 内存容量　　C. 重量　　D. 主频

92. 在微机中,1MB等于(　　)。

A. 1024×1024个字　　B. 1024×1024个字节

C. 1000×1000个字节　　D. 1000×1000个字

93. 下列不能用作存储容量单位的是(　　)。

A. Byte　　B. MIPS　　C. KB　　D. GB

94. 下列关于主频的叙述正确的是(　　)。

A. 主频是完整的读/写操作所需的时间

B. 字长越长,主频越高

C. 主频是指计算机主时钟在 1 秒钟内发出的脉冲数

D. 主频的单位是秒

95. 下列叙述中正确的是(　　)。

A. 字节通常用英文单词 bit 表示

B. 目前广泛使用的 Pentium 计算机其字长为 64 个字节

C. 计算机存储器中将 8 个相邻的二进制位作为一个存储单位,称之为字节

D. 微型计算机的字长并不一定是字节的倍数

96. Pentium IV 2.0G 中的 2.0G 代表(　　)。

A. 内存容量　　B. CPU 主频　　C. 硬盘容量　　D. 内存速度

97. 信息编码的两大要素是(　　)。

A. 基数和位权　　B. 数值数据编码和非数值数据编码

C. 数码的个数和进位的基数　　D. 基本符号的种类和符号的组合规则

98. 十进制数 127 转换成二进制数是(　　)。

A. 11111111　　B. 01111111　　C. 10000000　　D. 11111110

99. 二进制 01100100 转换成八进制数是(　　)。

A. 64　　B. 63　　C. 100　　D. 144

100. 二进制数 10100001010.111 的十六进制表示为(　　)。

A. A12.4　　B. 50A.E　　C. 2412.E　　D. 2412.7

101. 下列 4 个数据虽然没有说明其进制,但可以肯定(　　)不是八进制数据。

A. 1001011　　B. 75　　C. 116　　D. 28

102. 在下列不同进制的 4 个数中,最小的数是(　　)。

A. $(11011001)_2$　　B. $(37)_8$　　C. $(75)_{10}$　　D. $(2A)_{16}$

103. 人们通常用十六进制而不用二进制书写计算机中的数,这是因为(　　)。

A. 十六进制的书写比二进制方便

B. 十六进制的运算规则比二进制简单

C. 十六进制数表达的范围比二进制大

D. 计算机内部采用的是十六进制

104. 浮点数之所以能表示很大或很小的数是因为使用了(　　)。

A. 较多的字节　　B. 较长的尾数　　C. 阶码　　D. 符号位

105. 在进行科学计算时经常会遇到“溢出”,这是指(　　)。

A. 数值超出了内存容量

B. 数值超出了机器的位所能表示的范围

C. 数值超出了变量的表示范围

D. 计算机出故障了

106. 在微机中,应用最普遍的字符编码是(　　)。
A. BCD码　　B. ASCII码　　C. 汉字编码　　D. 补码

107. 在下列字符中,ASCII码值最小的是(　　)。
A. A　　B. D　　C. Z　　D. x

108. 我们所说汉字占两个字节的是(　　)。
A. ASCII码　　B. 机内码　　C. 输入码　　D. 字型码

109. 关于汉字编码,以下论述正确的是(　　)。
A. 五笔字型码是汉字机内码
B. 宋体字库中也存放汉字输入码的编码
C. 在屏幕上看到的汉字是该字的机内码
D. 汉字输入码只有被转换为机内码才能被传输并处理

110. 汉字机内码指计算机存储、传输和处理汉字的(　　),而汉字输入码指利用英文键盘输入汉字的编码,有多种形式。
A. 区位码　　B. 两个字节的十进制数
C. ASCII码　　D. 二进制代码

111. 汉字系统中的汉字字库里存放的是汉字的(　　)。
A. 机内码　　B. 输入码　　C. 字型码　　D. 国标码

112. 汉字国标码(GB 2312—80)规定,每个汉字用(　　)。
A. 1个字节表示　　B. 2个字节表示　　C. 3个字节表示　　D. 4个字节表示

113. 在存储一个汉字内码的两个字节中,每个字节的最高位是(　　)。
A. 1和1　　B. 1和0　　C. 0和1　　D. 0和0

114. 在计算机内部用机内码而不用国标码表示汉字的原因是(　　)。
A. 有些汉字的国标码不唯一而机内码唯一
B. 在有些情况下,国标码可能造成误解
C. 机内码比国标码容易表示
D. 国标码是国家标准,而机内码是国际标准

115. 计算机多媒体技术是以计算机为工具接受、处理和显示由(　　)等表示的信息技术。
A. 中文、英文、日文　　B. 图像、动画、声音、文字和影视
C. 拼音码、五笔字型码　　D. 键盘命令、鼠标器操作

116. 计算机病毒是指(　　)。
A. 带细菌的磁盘　　B. 已损坏的磁盘
C. 具有破坏性的特制程序　　D. 被破坏的程序

117. 目前,计算机病毒扩散最快的途径是(　　)。
A. 通过软件复制　　B. 通过网络传播
C. 通过磁盘复制　　D. 运行游戏软件

118. 关于计算机病毒,下面说法正确的是(　　)。
A. 编制有错误的计算机程序
B. 设计不完善的计算机程序
C. 计算机程序已被破坏

D. 以危害系统为目的的特殊的计算机程序

119. 在下列选项中,不属于计算机病毒特征的是(　　)。

A. 潜伏性　　B. 传染性　　C. 激发性　　D. 免疫性

120. 下面关于计算机病毒的4条叙述中正确的是(　　)。

A. 严禁在计算机上玩游戏是预防计算机病毒入侵的唯一措施

B. 计算机病毒是一种人为编制的特殊的计算机程序,它隐藏在计算机系统内部或依附在其他程序(或数据)文件上,对计算机系统软、硬件资源造成干扰和破坏,使计算机系统不能正常运转

C. 计算机病毒只破坏磁盘上的程序和数据

D. 计算机病毒只破坏内存中的程序和数据

二、多项选择题

1. 在下列叙述中正确的是(　　)。

A. 微机使用过程中突然断电,RAM中保存的信息全部丢失,ROM中保存的信息不受影响

B. 容量在500GB以上的硬盘不用进行格式化就可以使用

C. 键盘和显示器都是计算机的I/O设备,键盘为输入设备,显示器为输出设备

D. 个人计算机键盘上的Ctrl键是起控制作用的,它一般与其他键同时按下才有用

E. 键盘是输入设备,但显示器上显示的内容既有输出的结果,又有用户通过键盘输入的内容,故显示器既是输入设备又是输出设备

2. 下面关于操作系统的叙述中正确的是(　　)。

A. 操作系统是一种系统软件

B. 操作系统是计算机硬件的一个组成部分

C. 操作系统是数据库管理系统的子系统

D. 操作系统是对硬件的第一层扩充,应用软件是在操作系统的支持下工作的

E. 操作系统的作用是控制和管理计算机资源,合理地组织工作流程,方便用户使用

3. 在下列叙述中,(　　)是正确的。

A. 计算机系统的资源是数据

B. 计算机硬件系统是由CPU、存储器和输入/输出设备所组成的

C. 十六位字长的计算机是指能计算最大为16位十进制数的计算机

D. 计算机区别于其他计算工具的本质特点是能存储数据、程序和具有判断功能

E. 运算器是完成算术和逻辑操作的核心部件,通常称为CPU

4. 在下述说法中,正确的是(　　)。

A. 计算机的存储器由ROM和外存储器组成

B. 显示器、打印机都是计算机的输出设备

C. 硬盘和U盘既可以作为计算机的输入设备,也可以作为计算机的输出设备

D. 软件和硬件是完全不同的,硬件完成的事无法用软件来实现,软件完成的事同样也无法用硬件来实现

E. 高速缓存(Cache)既可以集成至CPU中,也可以集成至主板中

5. 在下列叙述中,正确的是(　　)。
   A. 计算机高级语言是与计算机型号无关的算法语言
   B. 汇编语言程序在计算机中不需要编译,能被直接执行
   C. 机器语言程序是计算机能直接执行的程序
   D. 低级语言学习、使用难,运行效率也低,目前已被完全淘汰
   E. 程序必须调入内存才能运行
6. 在下列各设备中,属于外存储设备的有(　　)。
   A. U盘　　B. 硬盘　　C. RAM　　D. ROM
   E. 光盘
7. 微机U盘与硬盘相比,硬盘的特点是(　　)。
   A. 存取速度较慢　　B. 存储容量大
   C. 便于随身携带　　D. 存取速度快
   E. 存储容量比较小
8. 在下列叙述中,正确的有(　　)。
   A. 功能键代表的功能是由硬件确定的
   B. 关闭显示器的电源,正在运行的程序立即停止运行
   C. 硬盘驱动器既可作为输入设备,也可作为输出设备
   D. U盘在读/写时不能取出,否则可能会损伤U盘
   E. 微机在开机时应先接通外设电源,后接通主机电源
9. 格式化磁盘的作用是(　　)。
   A. 给磁盘划分磁道和扇区　　B. 为用户保存文件到被格式化的磁盘中
   C. 在磁盘上建立文件系统　　D. 将磁盘中原有的所有数据删除
   E. 将磁盘中已损坏的扇区标记成坏块
10. 计算机病毒通常容易感染扩展名为(　　)的文件。
    A. HLP　　B. EXE　　C. COM　　D. BAT
    E. SYS
11. 下列属于计算机病毒症状的是(　　)。
    A. 死机现象增多　　B. 系统的有效存储空间变小
    C. 系统启动时的引导过程变慢　　D. 文件打不开
    E. 无端丢失数据
12. 下列关于计算机病毒的论述正确的是(　　)。
    A. 计算机病毒是人为地编制出来、可在计算机上运行的程序
    B. 计算机病毒具有寄生于其他程序或文档的特点
    C. 计算机病毒具有潜伏性,仅在一些特定的条件下才发作
    D. 计算机病毒在执行过程中可自我复制或制造自身的变种
    E. 只有计算机病毒发作时才能检查出来并加以消除

三、填空题

1. 图灵在计算机科学方面的主要贡献是建立图灵机模型和提出了________。
2. 计算机的语言发展经历了3个阶段,它们是________阶段、汇编语言阶段和

________阶段。

3. 在计算机内部使用的是________进制的数据形式。

4. 微型计算机外存储器通常是指________。

5. 为了能存取内存的数据，每个内存单元必须有一个唯一的编号，称为________。

6. 运算器是执行________和________运算的部件。

7. CPU 通过________与外部设备交换信息。

8. 内存地址为 20BH 单元的前面第 8 个单元的地址为________。

9. 用 1 个字节表示的非负整数，最小值为________，最大值________。

10. 浮点数取值范围的大小由________决定，而浮点数的精度由________决定。

11. 计算机的主要性能指标是字长、存储周期、存储容量、________、运算速度。

12. 集文字图形、声音、图像于一身的计算机系统称为________计算机。

13. 将十进制整数转换为 R 进制整数的方法是________。

14. 将十进制小数转换为 R 进制小数的方法是________。

15. 十进制数 215 转换成二进制数为________。

16. 将二进制 1010.10l 转换成十进制数是________。

17. 将二进制 1111101011011B 转换成十六进制数是________。

18. 与十六进制数 AB 等值的十进制数是________。

19. 字符 A 的 ASCII 码值为 41H，可推出字符 K 的 ASCII 码值为________。

20. 除了控制符外，西文 ASCII 码值在________到________之间。

21. 输入汉字时采用________，存储或处理汉字时采用________，输出时采用________。

22. 汉字“大”的区位码为 1453H，则国标码为________ H，机内码为________ H。

23. 40×40 点阵的一个汉字，其字型码占________个字节，若为 24×24 点阵的汉字，其字型码占________个字节。

24. 计算机病毒主要是通过________传播的。

25. 计算机病毒通过网络传染的主要途径是________。

四、判断题（正确的在括号内打√，错误的打×）

1. 世界上第一台电子计算机是由巴贝奇设计完成的。 (　　)

2. 爱达·奥古斯塔·洛夫莱斯被誉为世界上第一位程序员。 (　　)

3. 第二次世界大战时期，图灵多次成功地破译了德国的作战密码。 (　　)

4. ENIAC 计算机是第一台使用存储程序的计算机。 (　　)

5. 在第二代计算机中，以晶体管取代电子管作为其主要的逻辑元件。 (　　)

6. 一般而言，中央处理器由控制器、外围设备及存储器组成。 (　　)

7. 裸机是指没有上机箱盖的主机。 (　　)

8. 程序必须送到主存储器内，计算机才能够执行相应的命令。 (　　)

9. 计算机的所有计算都是在内存中进行的。 (　　)

10. 计算机的存储器可分为主存储器和辅助存储器两种。 (　　)

11. 显示器既是输入设备又是输出设备。 (　　)

12. 高速缓冲存储器(Cache)属于内存。 (　　)

13. 系统软件又称为系统程序。 ( )
14. 操作系统是软件和硬件的接口。 ( )
15. 计算机存储的基本单位是比特。 ( )
16. 只读存储器(ROM)内所存的数据是固定不变的。 ( )
17. U盘在读/写时不能取出,否则有可能损坏U盘。 ( )
18. 磁盘上的磁道由多个同心圆组成。 ( )
19. 硬盘一般不应擅自打开。 ( )
20. 编译程序的执行效率与速度不如解释程序高。 ( )
21. 计算机处理数据的基本单位是文件。 ( )
22. 任何程序都可被视为计算机的软件。 ( )
23. 主频越高,计算机的运行速度越快。 ( )
24. 如果没有软件,计算机将无法工作。 ( )
25. 字长是指计算机能同时处理的二进制信息的位数。 ( )
26. 开机时先开显示器后开主机电源,关机时先关主机后关显示器。 ( )
27. 计算机中采用二进制仅仅是为了计算简单。 ( )
28. 微型计算机的主要特点是体积小、价格低。 ( )
29. 系统软件就是软件系统。 ( )
30. 硬盘通常安装在主机箱内,因此它属于主机。 ( )
31. 鼠标不能取代键盘。 ( )
32. 衡量微机性能的主要技术指标是字长、主频、存储容量、存取周期和运算速度。 ( )
33. 任何计算机都有记忆能力,其中的信息不会丢失。 ( )
34. 控制器的主要功能是自动产生控制命令。 ( )
35. 运算器只能运算,不能存储信息。 ( )
36. 光盘不可以代替磁盘。 ( )
37. 主机是指所有装在主机箱中的部件。 ( )
38. 显示器的主要技术指标是像素。 ( )
39. 决定计算机运算速度的是每秒钟能执行指令的条数。 ( )
40. 软件是程序和文档的集合,而程序是由语言编写的,语言的最终支持是指令。( )
41. 操作系统是计算机系统中最外层的软件。 ( )
42. 具有多媒体功能的计算机被称为多媒体计算机。 ( )
43. 计算机病毒只会破坏磁盘上的数据和文件。 ( )
44. 计算机病毒是指能自我复制传播、占有系统资源、破坏计算机正常运行的特殊程序块或程序集合体。 ( )
45. 若发现内存有病毒,应立即换一张新盘,这样就可以放心使用了。 ( )
46. 造成计算机不能正常工作的原因若不是硬件故障,就是计算机病毒。 ( )
47. 在使用计算机时,最常见的病毒传播媒介是U盘。 ( )
48. 用杀病毒程序可以清除所有的病毒。 ( )
49. 计算机病毒也是一种程序,它在某些条件下激活,起干扰、破坏作用,并能传染到其

他程序中。 (　　)

50. 计算机病毒的传染和破坏主要是动态进行的。 (　　)

五、简答题

1. 巴贝奇在1834年设计的分析机,其设计构思是什么样的?
2. 爱达对计算机发展的主要贡献是什么?
3. 图灵在计算机科学方面的主要贡献有哪些?
4. 计算机的发展经历了哪几个阶段?各阶段的主要特征是什么?
5. 计算机使用二进制的原因是什么?
6. 在计算机中信息用什么表示?
7. 计算机硬件系统是由哪些部件组成的?
8. ASCII码是由几位二进制数组成的?它表示的是什么信息?
9. 简述存储程序的原理及意义。
10. 信息化三大技术支柱指的是什么?
11. 为什么信息时代离不开计算机技术?
12. 什么是嵌入式计算机?嵌入式计算机与通用计算机的主要区别是什么?
13. 什么是中间件技术?
14. 什么是云计算?
15. 什么是计算机病毒?它有哪几种类型?
16. 计算机病毒是如何传染的?
17. 如何预防计算机病毒的传染?
18. 知识产权的特征有哪些?
19. 知识产权的分类方法有几种?
20. 对知识产权的保护体现在哪几个方面?

第2章　Windows 7操作系统

一、单项选择题

1. Windows 7是用于(　　)的操作系统。

   A. 大型机　　B. 小型机　　C. 巨型机　　D. 微型机

2. 图标是Windows的重要元素之一,对图标描述错误的是(　　)。

   A. 图标是代表具体对象的简明的图形符号
   B. 图标既可以代表程序也可以代表文档
   C. 图标只能代表应用程序不能代表文档
   D. 应用程序图标与快捷方式图标不同

3. Windows 7操作系统(　　)。

   A. 是字符界面的系统　　B. 界面不友好
   C. 具有网络功能　　D. 以上都不对

4. “任务栏”(　　)。

A. 可以被移动　　B. 里包含被关闭的窗口图标

C. 里只包含活动窗口图标　　D. 是一个文件夹

5. 在 Windows 7 操作系统的支持下,(　　)。

A. 用户最多可以同时运行两个应用程序

B. 系统最多可以同时打开两个应用程序窗口

C. 系统最多可以同时设置两个活动窗口

D. 系统只能设置一个活动窗口

6. 在 Windows 7 操作中,若鼠标指针的形状为○,表明(　　)。

A. 系统忙、处于等待状态　　B. 链接选择

C. 当前系统正在录入汉字　　D. 可以改变窗口大小

7. “回收站”(　　)。

A. 只是一个摆设　　B. 里面的文件可以还原

C. 里面的文件不能还原　　D. 存储空间很大

8. 在不关闭当前用户的情况下,迅速使另一个用户登录到系统的命令是(　　)。

A. 注销　　B. 重新启动　　C. 待机　　D. 切换用户

9. 运行 Windows 7 操作系统,对计算机硬件环境的基本要求是(　　)。

A. 安装打印机　　B. 安装调制解调器

C. 安装鼠标　　D. 安装网卡

10. 下列对 Windows 7 的“任务栏”的正确描述是(　　)。

A. 可以隐藏起来　　B. 不能隐藏

C. 只能放在桌面的下方　　D. 可以放在桌面的任何地方

11. 在 Windows 7 中可同时打开多个窗口,以下叙述不正确的是(　　)。

A. 在打开多个窗口时,最后打开的窗口就是活动窗口

B. 移动鼠标箭头到屏幕的某个窗口内,可以将该窗口变成活动窗口

C. 在多个窗口打开时,只有一个窗口是活动窗口

D. 单击任务栏上某个窗口的任务按钮,可以将该窗口变成活动窗口

12. 在 Windows 7 中,操作特点是(　　)。

A. 先选择操作命令,再选择操作对象

B. 先选择操作对象,再选择操作命令

C. 同时选择操作命令和操作对象

D. 允许用户任意选择

13. 在“资源管理器”各级文件夹窗口中,用鼠标单击其中的某一文件夹表示(　　)。

A. 查找该文件夹　　B. 删除该文件夹

C. 弹出一个对话框　　D. 选定该文件夹

14. 在资源管理器窗口中,单击“更改您的视图”按钮,可以排列(　　)。

A. 桌面上的应用程序图标　　B. 任务栏上的应用程序图标

C. 所有文件夹中的图标　　D. 当前文件夹中的图标

15. 在 Windows 7 中,用“创建快捷方式”菜单命令创建的图标(　　)。

A. 可以是任何文件或文件夹　　B. 只能是可执行程序文件

C. 只能是文件夹　　D. 只能是程序文件或文档文件

16. 在“资源管理器”各级文件夹窗口中,如果需要选择多个不连续排列的文件,下列操作正确的是(　　)。

A. 按 Shift 键＋单击要选定的文件对象

B. 按 Ctrl 键＋单击要选定的文件对象

C. 按 Alt 键＋单击要选定的文件对象

D. 按 Ctrl 键＋双击要选定的文件对象

17. 在 Windows 7 中任务栏应用程序列表区上以按钮形式显示的是(　　)。

A. 正在前台运行的应用程序

B. 正在后台运行的应用程序

C. 所有正在运行的并以窗口形式显示的应用程序

D. 所有曾经运行过的程序

18. 当 Windows 7 将硬盘或桌面上的文件及文件夹暂时删除时,可将其存放在(　　)。

A. 回收站　　B. 外存　　C. 内存　　D. 剪贴板

19. 下列操作中能直接删除文件而不把被删除文件送入回收站的操作是(　　)。

A. 选定文件后,按 Delete 键

B. 选定文件后,先按 Shift 键,再按 Delete 键

C. 选定文件后,按下 Ctrl＋Delete 键

D. 选定文件后,按下 Alt ＋Delete 键

20. 在使用 Windows 7 时,“复制”的作用是(　　)。

A. 将被选定的内容保存到文件中

B. 将被选定的内容保存到系统文件中

C. 将被选定的内容保存到系统“剪贴板”中

D. 将被选定的内容保存到外存中

21. 一个汉字需用(　　)字节表示。

A. 1 个　　B. 2 个　　C. 8 个　　D. 16 个

22. 下列操作中能在各种中文输入法之间切换的是(　　)。

A. Ctrl＋Shift　　B. Ctrl＋Space　　C. Alt＋Shift　　D. Shift＋Space

23. 下面几种汉字编码是我国普遍采用的,其中不属于音码的是(　　)。

A. 王码五笔　　B. 全拼　　C. 微软拼音　　D. 智能 ABC

24. 在 Windows 7 中,进行全角/半角切换的组合键是(　　)。

A. Alt＋.　　B. Shift＋Space

C. Alt＋Space　　D. Ctrl＋Space

25. 删除(　　)上的文件,被删除文件不会进入回收站。

A. 硬盘　　B. 桌面　　C. U 盘　　D. 我的文档

26. 当一个应用程序的窗口被最小化后,该应用程序将(　　)。

A. 继续在后台执行　　B. 继续在前台执行

C. 被暂停运行　　D. 被终止运行

27. 当单击 Windows 7 应用程序窗口右上角的“最小化”按钮时,(　　)。

A. 该应用程序窗口不会有什么变化

B. 该应用程序窗口从屏幕上消失,应用程序窗口被关闭

C. 该应用程序窗口变成一个小图标,出现在任务栏上

D. 该应用程序窗口将扩大到整个屏幕

28. 在复制和移动文件时,如果要选定多个连续的文件或文件夹,配合使用的键是(　　)。

A. Alt　　B. Ctrl　　C. Shift　　D. Esc

29. 用英文输入文件时,大小写的切换键是(　　)。

A. Delete　　B. CapsLock　　C. Ctrl　　D. Tab

30. 在 Windows 7 的搜索功能中,* 可代替所在位置的(　　)字符。

A. 1个　　B. 2个　　C. 8个　　D. 任意

31. 以下有关文件名的叙述中不正确的是(　　)。

A. 文件名中允许使用空格　　B. 主文件名中允许使用点号“.”

C. 文件名中允许使用汉字　　D. 主文件名中不允许使用点号“.”

32. Windows 7 的“资源管理器”是(　　)。

A. 一个文件夹　　B. 一个系统文件夹

C. 一个系统应用程序　　D. 文件

33. 一个带有通配符的文件名“F*.?”可以代表的文件是(　　)。

A. FA.com　　B. A.b　　C. FAB.c　　D. FF.exe

34. Windows 7 的文件夹组织结构是一种(　　)。

A. 表格结构　　B. 线性结构　　C. 树形结构　　D. 网状结构

35. “菜单”中显示为灰色的选项(　　)。

A. 是多余的选项　　B. 说明系统中有了病毒代码

C. 与显示清楚的选项功能相同　　D. 是暂时不能用的选项

36. 在 Windows 7 中,如果要选定当前文件夹中的全部文件和文件夹对象,可以使用的快捷键是(　　)。

A. Ctrl+X　　B. Ctrl+C　　C. Ctrl+V　　D. Ctrl+A

37. 在桌面上右击“计算机”图标,选择“管理”命令,出现的是(　　)。

A. 系统属性窗口　　B. 键盘属性窗口

C. 鼠标属性窗口　　D. 计算机管理窗口

38. 对于 Windows 7 操作系统,以下说法正确的是(　　)。

A. 隐藏是文件和文件夹的属性之一

B. 只有文件才能隐藏,文件夹不能隐藏

C. 文件属性设置为“隐藏”的文件不能被删除

D. 隐藏文件在浏览时不可能被显示出来

39. 在移动窗口时,首先应将鼠标指针放在(　　),然后拖动。

A. 窗口的滚动条上　　B. 窗口的标题栏

C. 窗口的四角或四边　　D. 窗口内的任一位置

40. 启动 Windows 7 系统之后，下列图标中不是桌面上常见的图标是(　　)。

A. 回收站　　B. 我的电脑　　C. 网上邻居　　D. 画图

41. 在 Windows 7 中，如果要将整个桌面的图形界面存入剪贴板，应按(　　)键。

A. PrintScreen　　B. Alt+PrintScreen

C. Ctrl+PrintScreen　　D. Shift+PrintScreen

42. 在"资源管理器"窗口的文件列表区中要按名称、类型、大小、修改日期等方式排列其内容，应使用(　　)。

A. "编辑"菜单　　B. 快捷菜单

C. "组织"菜单　　D. "开始"菜单

43. 在 Windows 7 的支持下启动应用程序时，用户可以通过(　　)。

A. 双击桌面上应用程序对应的快捷方式图标

B. 单击"开始"按钮，选择"所有程序"子菜单中相应的应用程序选项

C. 在资源管理器中双击应用程序对应的图标

D. 前面三项都对

44. 在 Windows 7 中，按下 Ctrl 键用鼠标左键在同一个文件夹内拖动某一文件，结果会(　　)。

A. 移动该文件　　B. 无任何效果

C. 删除该文件　　D. 复制该文件

45. 单击"开始"按钮，然后单击(　　)，可以用其中的项目进一步调整系统设置或添加/删除程序。

A. 任务栏　　B. 活动桌面　　C. 控制面板　　D. 文件夹选项

46. 在 Windows 7 中，如果要将当前活动窗口中的图形界面存入剪贴板，应使用(　　)。

A. PrintScreen　　B. Alt+PrintScreen

C. Ctrl+PrintScreen　　D. Shift+PrintScreen

47. 以下关于对话框中控件的说法正确的是(　　)。

A. 复选框的每个选项前面有一个小圆圈，选中时在小圆圈里会标上一个小圆点

B. "下拉式列表框"与"文本框"是一样的，没有什么区别

C. "下拉式列表框"与"列表框"也是一样的，没有什么区别

D. 有的命令按钮上标有"…"，表示按下该按钮后会激活另一个对话框

48. 在 Windows 7 中，如果要修改计算机的日期和时间，可以使用的方法是(　　)。

A. 只能在 DOS 下修改

B. 单击屏幕右下角的时间显示

C. 在控制面板窗口中单击"时钟、语言和区域"，然后单击"日期和时间"

D. B、C 均可

49. 在 Windows 7 中，"资源管理器"的功能是(　　)。

A. 用于实现对网络资源的管理

B. 用于实现对桌面上信息资源的管理

C. 用于实现对内存资源的管理

D. 用于实现对文件和文件夹等资源的管理

50. Windows 7 中的"回收站"是(　　)。

A. 软盘中的一块区域　　B. 硬盘中的一块区域

C. 内存中的一块区域　　D. 桌面上的一块区域

51. 删除 Windows 7 桌面上的某个应用程序图标,意味着(　　)。

A. 只删除了图标,对应的应用程序被保留

B. 只删除了该应用程序,对应的图标被隐藏

C. 该应用程序连同其图标一起被删除

D. 该应用程序连同图标一起被隐藏

52. 在资源管理器中,如果发生误操作将硬盘中的某个文件删除,可以(　　)。

A. 从回收站中将此文件拖回原位置

B. 立即在资源管理器中执行"撤销"命令

C. 在回收站中对此文件执行"还原"命令

D. 以上均可

53. 下面说法正确的是(　　)。

A. 文件中保存文件夹　　B. 文件夹中保存文件

C. 文件就是应用程序　　D. 应用程序就是文件

54. "文档"是(　　)。

A. 系统文件夹　　B. 用户文件夹

C. 文件　　D. 窗口

55. 使用 Windows 7 的任务管理器,以下不可以进行的操作是(　　)。

A. 启动一个新的应用程序

B. 结束一个长时间不响应的应用程序

C. 添加或删除一个应用程序

D. 在当前打开的应用程序之间进行切换

56. 可重新安排文件在磁盘中的存储位置,将存储位置整理到一起以提高计算机运行速度的命令是(　　)。

A. 格式化　　B. 磁盘清理程序

C. 磁盘碎片整理　　D. 删除不要的文件,再移动其他文件

二、多项选择题

1. Word 应用程序窗口右上角的命令按钮可能是(　　)。

A. 最小化、最大化、关闭　　B. 最小化、还原、关闭

C. 最大化、还原、关闭　　D. 最小化、最大化、还原

E. 还原、最大化、关闭

2. 鼠标的基本操作有(　　)。

A. 单击　　B. 双击　　C. 三击　　D. 多击

E. 右击

3. Windows 7 操作系统具有的功能是(　　)。

A. 图形化的操作界面　　B. 强大的网络管理

C. 支持"即插即用"设备　　D. 多任务运行

E. 共享系统资源

4. 启动 Windows 7 应用程序的方法有(　　)。

A. 双击应用程序图标

B. 使用"开始"菜单中"所有程序"的子菜单

C. 双击应用程序文件夹

D. 使用"开始"菜单中的"运行"

E. 双击应用程序快捷图标

5. 下面说法正确的是(　　)。

A. 文件夹中可以保存文件夹

B. 文件夹中的文件夹被称为子文件夹

C. 文件中可以保存文件夹

D. 文件中可以保存文件

E. 文件夹中可以保存文件

6. 在 Windows 7 中文件的复制和移动中用到的快捷键是(　　)。

A. Ctrl+X　　B. Ctrl+C　　C. Ctrl+V　　D. Ctrl+A

E. Ctrl+B

7. 以下为 Windows 7 附属实用程序的是(　　)。

A. Word　　B. WPS　　C. 记事本　　D. 写字板

E. 画图

8. 在 Windows 7 资源管理器中,"查看"文件的方式有(　　)。

A. 平铺　　B. 小图标　　C. 列表　　D. 详细信息

E. 缩略图

9. Windows 7"计算器"的模式有(　　)。

A. 小型　　B. 标准型　　C. 大型　　D. 科学型

E. 统计型

10. Windows 7 对窗口文件列表的排序方式有(　　)。

A. 类型　　B. 大小　　C. 名称　　D. 修改时间

E. 创建时间

11. 在 Windows 7 中,可以由用户设置的文件属性是(　　)。

A. 只读　　B. 共享　　C. 创建时间　　D. 系统

E. 隐藏

12. 在下列叙述中,正确的是(　　)。

A. 不同磁盘和文件可以通过剪贴板交换信息

B. 关闭某个应用程序窗口,表明该窗口中的程序将从内存释放

C. 屏幕上打开的窗口都是活动窗口
D. 应用程序窗口最小化后,该程序仍在运行
E. 暂时删除的文件将放在内存中保存

13. Windows 应用程序窗口的基本构件是(　　)。
A. 标题栏、菜单栏、工具栏
B. 工作区、滚动条、工具栏
C. 标题栏、边框、帮助按钮
D. 控制菜单栏、标题栏、菜单栏
E. 下拉列表框、窗格、状态栏

三、填空题

1. Windows 7 是________公司的产品。
2. 按下鼠标右键并立即释放,这个操作叫________。
3. 打开的应用程序或文档有、________、________、________等窗口状态。
4. Windows 7 是一种________软件。
5. Windows 7 的用户界面是________界面。
6. 文件夹中图标显示的方式有________(任选 3 个)。
7. 剪切的组合键命令是________。
8. Windows 7 启动后,整个工作屏幕区域称为________。
9. 左下角带一个小箭头的图标是指向实际对象的________。
10. 剪贴板是计算机________中的一块存储区,回收站是计算机________中的一块存储区。
11. ________程序是打开计算机后在设定的时间内用户没有操作键盘或鼠标,此时系统将自动执行的一个程序。
12. 在 Windows 7 中,当用户打开多个窗口时,被激活的窗口称为________。
13. 在 Windows 7 中,桌面上不能删除和移出桌面的图标有________。
14. 在 Windows 7 中,单击鼠标________键可以弹出快捷菜单。
15. 在 Windows 7 中,若要移动一个窗口,可以利用鼠标指向窗口中的________位置,然后按住鼠标左键拖动。

四、判断题(正确的在括号内打√,错误的打×)

1. 任务栏只能放在桌面的最下面位置。(　　)
2. 在 Windows 7 的菜单项中,呈灰色显示的菜单命令意味着该命令当前不能选用。(　　)
3. 在 Windows 7 中,可以使用星号 * 作为文件名中的字符。(　　)
4. 在对话框中,使用 Ctrl+Shift+Tab 键可以正向切换各选项卡。(　　)
5. Windows 7 是各类计算机必须安装的操作系统。(　　)
6. 将一个应用程序的快捷图标删除,该应用程序不能再使用。(　　)
7. 在计算机中,所有的程序、数据、多媒体信息都是以文件方式进行存取的。(　　)
8. 在 Windows 7 的“回收站”中,存放的文件及文件夹在关机后将被全部清除。(　　)

9. 剪贴板是硬盘上的一块区域，用于存放复制和剪切的信息。 （ ）

10. Windows 7 操作系统保留了字符界面。 （ ）

11. 在 Windows 7 中，不可以使用问号“?”作为文件名中的字符。 （ ）

12. 对话框的大小是可以调整的。 （ ）

13. Windows 7 操作系统是单用户、单任务操作系统。 （ ）

14. Windows 7 操作系统是一个多任务操作系统。 （ ）

15. 在主机电源接通的情况下不要插拔各种接口卡或电缆线，不要搬动机器，以免损坏主机器件。 （ ）

16. 在 Windows 7 中，不能使用文件名通配符。 （ ）

17. 单击 Windows 应用程序窗口右上角的“最小化”按钮，该应用程序将暂停执行。 （ ）

18. 在 Windows 7 中，任务栏既能改变位置也能改变大小。 （ ）

19. 运行中的 Windows 7 应用程序的图标和名称会显示在桌面任务栏的系统通知区内。 （ ）

五、简答题

1. 写出 3 种以上在 Windows 7 中打开资源管理器的方法？
2. 什么是文件？用户可以对文件或文件夹进行哪些基本操作？
3. 在 Windows 7 中，什么是资源管理器？资源管理器可以实现哪些操作？
4. 在 Windows 7 中启动程序主要有哪些方法？
5. 如何才能使文件显示出扩展名？
6. 在桌面上创建“画图”的快捷方式，并更改其图标样式。
7. 什么是计算机的“休眠”？如何启用休眠状态？
8. 设置当前屏幕分辨率为 1024×768，刷新率为 70Hz(或 70 以上的选项)。
9. 如何恢复回收站中的文件？可以将回收站中的文件恢复到任何位置吗？
10. 如何改变鼠标“左手习惯”和“右手习惯”的设置？
11. 在 Windows 7 中如何卸载应用软件？

第 3 章　文字处理软件 Word 2010

一、单项选择题

1. 在 Word 2010 中基本取消了下拉菜单，取而代之是（ ）。
   A. Office 按钮　　B. 浮动工具栏
   C. 快速访问工具栏　　D. 选项卡和功能区
2. 在以下几种情况下会出现浮动工具的是（ ）。
   A. 双击功能区上的活动选项卡　　B. 选择文本

C. 选择文本,然后指向该文本　　D. 以上说法都正确

3. 只要在功能区中指向需要选择的格式,文档中的对象就会实时显示为这种格式,这种功能就是(　　)。

A. 实时预览　　B. 快速访问　　C. 快速显示　　D. 浮动显示

4. 在以下几种情况下,功能区上会出现新的选项卡的是(　　)。

A. 单击"插入"选项卡上的"图片"按钮

B. 选择一张图片

C. 右击一张图片并选择"图片工具"

D. 第一个或第三个选项

5. 对于快速访问工具栏,下列选项中正确的是(　　)。

A. 它位于屏幕的左上角,应该使用它来访问常用的命令

B. 它浮在文本的上方,应该在需要更改格式时使用它

C. 它位于屏幕的左上角,应该在需要快速访问文档时使用它

D. 它位于"开始"选项卡上,应该在需要快速启动或创建新文档时使用它

6. 如果在Word 2010的功能区中单击按钮,会发生下列情况中的(　　)。

A. 临时隐藏功能区,以便为文档留出更多空间

B. 对文本应用更大的字号

C. 将看到其他选项

D. 将向快速访问工具栏上添加一个命令

7. 按下键盘上的(　　)键,功能区中就会出现下一步操作的按键提示。

A. Alt　　B. Ctrl　　C. Shift　　D. Ctrl+F10

8. Word 2010中默认的文件格式是(　　)。

A. *.doc　　B. *.dot　　C. *.docx　　D. *.dotx

9. 在Word 2010的编辑状态中设置了标尺,可同时显示水平标尺和垂直标尺的视图方式是(　　)视图方式。

A. 普通　　B. 页面　　C. Web版式　　D. 大纲

10. 在Word 2010中不能打开下面(　　)格式的文件。

A. *.doc　　B. *.txt　　C. *.dotm　　D. *.bmp

11. 用鼠标选定部分文本后,按下(　　)键,可以继续任意选择多个不相邻的文本。

A. Alt　　B. Ctrl　　C. Shift　　D. Ctrl+Shift

12. 在Word 2010中要做复制操作,首先应(　　)。

A. 定位插入点　　B. 按Ctrl+C键

C. 按Ctrl+V键　　D. 选定复制的对象

13. 在Word 2010中每一页都要出现的内容一般放在(　　)中。

A. 文本框　　B. 批注　　C. 页眉或页脚　　D. 第一页

14. Word 2010提供的5种制表符是左对齐式制表符、右对齐式制表符、居中对齐式制表符、小数点对齐制表符和(　　)。

A. 竖线制表符　　B. 横线制表符　　C. 斜线制表符　　D. 网格制表符

15. Word 2010中的水平标尺不可用于(　　)。

A. 改变左、右边界　　B. 设置首字下沉

C. 改变表格的栏宽　　D. 设置段落缩进或制表位

16. 在 Word 2010 中编辑内容时,文字下面出现了绿色的波浪状下划线,表示(　　)。

A. 可能存在拼写错误　　B. 可能存在语法错误

C. 存在拼写和语法错误　　D. 审阅者修改过的内容

17. Word 2010 中的段落是一个格式化单位,以下不属于段落格式的是(　　)。

A. 对齐方式　　B. 缩进　　C. 着重号　　D. 制表符

18. 在 Word 2010 中,按 Enter 键将产生一个(　　),按 Ctrl+Enter 键将产生一个(　　)。

A. 分节符,分页符　　B. 换行符,段落结束符

C. 换行符,分页符　　D. 段落结束符,分页符

19. 在 Word 2010 中进行字体设置后,按新设置显示的文字是(　　)。

A. 插入点所在行的所有文字　　B. 插入点所在段的所有文字

C. 文档中被选定的文字　　D. 文档中的所有文字

20. 在 Word 2010 中,扩展名为.docm 的文件是(　　)。

A. 包含可执行代码的文档文件

B. 不包含可执行代码的文档文件

C. 包含可执行代码的模板文件

D. 不包含可执行代码的模板文件

21. 当利用鼠标选定一个矩形区域的文字时,需先按住(　　)键。

A. Alt　　B. Shift　　C. Ctrl　　D. Enter

22. 在文档的编辑过程中,可经常按(　　)键保存文档。

A. Shift+S　　B. Ctrl+S　　C. Alt+S　　D. Ctrl+Shift+S

23. 在 Word 2010 中,(　　)不是段落的格式。

A. 缩进　　B. 行距　　C. 字距　　D. 对齐

24. 在 Word 2010 的剪贴板中最多能复制(　　)条数据。

A. 6　　B. 12　　C. 18　　D. 24

25. 在文档中进行查找时,按(　　)键可取消正在执行的查找操作。

A. Backspace　　B. Delete　　C. Enter　　D. Esc

26. 在 Word 2010 中,如果要选择一行,应把鼠标指针移到行的左侧,然后(　　)。

A. 单击鼠标左键　　B. 双击鼠标左键

C. 三击鼠标左键　　D. 单击鼠标右键

27. 在编辑文档时,选中一段文字后,按(　　)键将把这段文字删除。

A. Enter　　B. Delete　　C. Backspace　　D. B 和 C

28. 用户在编辑文档时,选定一段文字后,把鼠标指针置于选中文本的任意位置,按住 Ctrl 键并按下鼠标左键不放,拖到另一位置才松开鼠标。此操作是(　　)。

A. 移动文本　　B. 复制文本　　C. 替换文本　　D. 删除文本

29. 如果想查找 TEXT,而不是 T E X T,可以在"查找和替换"对话框中指定(　　)。

A. 区分大小写　　B. 全字匹配　　C. 区分全/半角　　D. 使用通配符

30. 下面说法中正确的是(　　)。

A. 在删除选定的文本内容时,Delete 键和退格键的功能相同

B. Delete 键和退格键的删除功能没有分别

C. Word 2010 中的撤销命令只能执行一次

D. Word 2010 中的撤销命令是万能撤销

31. 对于已执行过保存命令的文档，为防止突然断电丢失新输入的内容，应经常执行(　　)操作。

A. 保存　　B. 另存为　　C. 关闭　　D. 退出

32. 将光标移到文档的最后面，需要执行的操作是按(　　)键。

A. Ctrl+End　　B. Ctrl+Home　　C. Shift+Home　　D. Shift+End

33. 在文档中插入分页符的命令在(　　)。

A. "插入"选项卡的"符号"组中

B. "插入"选项卡的"特殊符号"组中

C. "页面布局"选项卡的"页面设置"组中

D. "页面布局"选项卡的"页面背景"组中

34. 在文本的输入过程中，按(　　)键就形成了一个新的段落。

A. Enter　　B. Shift+Enter

C. Ctrl+Enter　　D. 用空行作为分隔

35. 选定了文本之后，按 Ctrl+X 键，则选定的文本(　　)。

A. 删除　　B. 不删除但存入剪贴板

C. 删除并存入剪贴板　　D. 无法恢复

36. 如果要在输入的每一个段落前面自动加编号，应单击(　　)按钮，使其呈选中状态。

A. 格式刷　　B. 项目符号　　C. 编号　　D. 字号

37. 将选定字符设置为上标的快捷键是(　　)。

A. Ctrl+Shift+=　B. Ctrl+=　　C. Alt+=　　D. Alt+Shift+=

38. 在下列符号中，(　　)不能出现在行尾。

A. 感叹号　　B. 逗号　　C. 句号　　D. 书名号"《"

39. 单击 A 按钮可以使选定的文字(　　)。

A. 增大一级字号　B. 增大一磅字号　C. 减小一级字号　D. 减小一磅字号

40. 为了防止出现"孤行"现象，需要在"段落"对话框的"换行和分页"选项卡中选择(　　)复选框。

A. 孤行控制　　B. 与下段同页　　C. 段中不分页　　D. 段前分页

41. 在进行底纹设置时，如果在"边框和底纹"对话框的"底纹"选项卡中选择"应用于"下拉列表中的"段落"选项，则底纹的范围是(　　)。

A. 段落中选定的部分　　B. 整行

C. 整个段落　　D. 整页

42. 设置页边距最合理的方法是(　　)。

A. 在设置纸张时指定　　B. 在排完版后指定

C. 在设置页码时指定　　D. 在打印时指定

43. 页面的垂直对齐方式有(　　)。

A. 左对齐、居中对齐、右对齐

B. 左对齐、居中对齐、右对齐、两端对齐、分散对齐

C. 分散对齐、两端对齐

D. 顶端对齐、居中对齐、两端对齐、底端对齐

44. 如果要改变分栏中的栏数,正确的操作方法是(　　)。

A. 通过标尺来调整

B. 直接拖动制表位

C. 单击“分栏”按钮,选择“更多分栏”命令

D. 添加制表位

45. 如果要查看或删除分节符,最好的方法是在(　　)视图中进行。

A. 页面　　B. Web 版式　　C. 大纲　　D. 普通

46. 在删除分节符时,该分节符前面的文本将采用(　　)。

A. 本节原有的格式　　B. 前一节的格式

C. 下一节的格式　　D. 无格式

47. 在单元格内按 Enter 键能够(　　)。

A. 跳到同行的下一个单元格内

B. 跳到同列的下一个单元格内

C. 如果是在表格的最后一个单元格内,能够新建一行

D. 在单元格内形成新的段落

48. 关于表格内文字对齐方式的描述,下列选项正确的是(　　)。

A. 整个表格只能使用同一种对齐方式

B. 每个列只能使用同一种对齐方式

C. 每个行只能使用同一种对齐方式

D. 每个单元格都可以设置不同的对齐方式

49. 如果要将一个 Word 表格拆分为上、下两个表格,先将插入点置于拆分后表格的第一行,然后按(　　)键。

A. Ctrl+Shift+Enter　　B. Shift+Enter

C. Ctrl+Enter　　D. Ctrl+Tab

50. 如果要使多行或多个单元格具有相同的高度,可以在“表格工具/布局”选项卡的“单元格大小”组中使用(　　)命令。

A. 分布行

B. 分布列

C. 自动调整→根据窗口自动调整表格

D. 自动调整→根据内容自动调整表格

51. 对于用户绘制的图形,无法实现(　　)效果。

A. 阴影　　B. 颜色　　C. 动画　　D. 棱台

52. 在绘制圆形时,按住(　　)键能绘制正圆形。

A. Ctrl　　B. Alt

C. Shift　　D. Ctrl+Alt+Shift

53. 在下列方法中,(　　)能把图片插入到 Word 2010 文档中。

A. 双击图片　　B. 单击图片

C. 把图片拖入到 Word 2010 文档　　D. 用画图工具打开图片

54. 与插入的 BMP 图片环绕方式的设置不同的是(　　)。

A. JPG 图片　　B. 剪贴画　　C. 艺术字　　D. SmartArt 图形

55. 在文本框中不能插入的对象是(　　)。

A. 文字　　B. 页码　　C. 公式　　D. 图片

56. 不能用鼠标拖动改变大小的是(　　)。

A. 图片　　B. 公式　　C. SmartArt 图形　　D. 剪贴画

57. 在下列方法中,(　　)能够起到防止他人篡改文件的目的。

A. 数字签名　　B. 强制保护文档

C. 标志为最终状态　　D. 仅以只读方式打开

58. 设置隐藏文字,需要在(　　)对话框中进行。

A. 字体　　B. 段落　　C. 页面设置　　D. 样式

59. 邮件在合并前需要建立(　　)个文件。

A. 1　　B. 2　　C. 3　　D. 4

60. 在下列文件类型中,(　　)类型的文件不能作为数据源。

A. *.txt　　B. *.docx　　C. *.xls　　D. *.bmp

二、填空题

1. Word 2010 功能区由________、________和________组成。

2. 为了让用户在第一时间看到排版后的样子,Word 2010 设置了________功能。

3. Office XML 格式的优点主要体现在________、________和________。

4. 按键盘上的________或________键,在功能区中会出现下一步操作的按键提示。

5. “页面布局”选项卡中主要包含了________组、________组、________组、________组和________组。

6. Word 2010 中的标尺包括________,只有在________视图下能同时显示这两种标尺。

7. 浮动工具栏主要用于设置________格式和________格式。

8. 按键盘上的________键可以打开系统的帮助,按________键可以查看指定文本的格式。

9. 在 Word 2010 中,用________格式的文件保存不带有可执行代码的文档,用________格式的文件保存带有可执行代码的文档。

10. 从微软公司的网站上下载并安装了 SaveAsPDFandXPS.exe 插件后,在 Word 2010 中可将文档另存为________文件或________文件。

11. 使用在线模板创建新文档时,需要先进行________操作。

12. 在首次保存文档时,“保存”命令和________命令的功能相同,它们都出现________对话框中。

13. 在文档中设置________后，当再次打开该文档时需要输入正确的密码来验证用户的身份。

14. 按下 Ctrl 键后单击鼠标会选定________，双击鼠标则选定________。

15. 复制的快捷键是________，选择性粘贴的快捷键是________。

16. 在查找文档内容时，通配符 * 表示，________“?”表示________。在进行查找时，按________键取消正在执行的查找操作。

17. 在 Word 2010 中输入文本时，按 Enter 键后将产生 ________符。

18. 输入 zg 后按空格键或回车键能自动将 zg 转换为“中华人民共和国”，该功能称为________。

19. 字号的表示有两种，一种是________，此时数字越小，实际的文字越大；另一种是________，此时数字越小，字符也就越小。

20. 制表位的对齐方式有________、________、________、________和________ 5 种方式。

21. 如果要将已设置好的字符格式或段落格式应用于其他字符或段落，可以使用________功能。

22. 页眉是________________，页脚是________________。

23. 用户可以通过“开始”选项卡的“段落”组中的“无框线”命令删除页眉分隔线，但前提是________。

24. “孤行”的含义是________________。

25. 分隔符包括________、________、________和________。

26. 按________可以插入一个硬分页符。

27. 页码可以插在页面的________、________、________和________等位置。

28. 在 Word 2010 中，表格的最大行数是________，最大列数是________。

29. 当插入点位于最后一个单元格内容的后面时，按 Tab 键会________。

30. 在选定整个表格后，按 Delete 键会________。

31. 在插入一个新表时，默认情况下，此表的宽度与________相同。

32. ________图片可以在缩放时不变形。

33. 图片的阴影有 3 种，分别是________、________和________。

34. 嵌入型的图片与文字是同等级别，可以随文字内容的变化而________。

35. 文本框就是在________中添加了文字组成的对象，其实际上是一个________对象。

36. Word 2010 的公式编辑器由________、________和________ 3 个部分组成。

37. Word 2010 共为用户准备了 5 种视图，分别是________、________、________、________和________。

38. Word 2010 的基本视图是________，默认视图是________。

39. 在 Word 2010 中一般通过________和________来创建目录。

40. 题注是指给图片、表格、公式等对象添加的________和________。

41. 脚注一般位于________，尾注一般位于________。

42. 在 Word 2010 中创建自动目录时，默认是________级目录，并且在目录项右边对齐显示________。

43. 启用修订功能后,在默认情况下,增加的文字会________,而删除的文字会________。

44. 批注有3种显示方式:一是________;二是________;三是________。

45. 合并文档是指________________。

46. 邮件合并的原理是将发送的文档中相同的部分保存为一个文档,称为________;将不同的部分,例如很多收件人的姓名、地址等保存成另一个文档,称为________。

47. 宏的调用方式有两种:一是为宏指定________;二是把宏以按钮的形式放在________中。

48. 域包括两个部分,即________和________。

49. 若仅打印文档的第1、3、6页,可在“页码范围”文本框中输入________。

50. 若要打印文档,使用的快捷键是________。

三、判断题(正确的在括号内打√,错误的打×)

1. 在Word 2010中,用功能区代替了传统的菜单命令,因此没有了菜单操作。( )
2. 快速访问工具栏中的按钮可以按用户要求自定义。( )
3. Word 2010只能处理文字信息,不能处理图形。( )
4. 在Word 2010中只能对英文做拼写检查,不能对中文做拼写检查。( )
5. 设置文档自动保存功能后,就再也不用手动保存文档了。( )
6. 在Word 2010中能将文档保存为纯文本类型。( )
7. 在文档设置了打开权限密码后,如果不知道密码,就无法查看文档内容。( )
8. 同样的内容,*.docx文件要比*.doc文件的体积更大一些。( )
9. Word 2010功能区中没有帮助的相关按钮,因此无法使用帮助功能。( )
10. XPS文件可以跨平台使用,而且它的显示与打印效果是相同的。( )
11. 在删除选定的文本内容时,Delete键和Backspace键的功能相同。( )
12. 在打印文档时,段落标记并不会被打印出来。( )
13. 在进入页眉、页脚编辑状态后不能对正文进行编辑。( )
14. 文档中的行号和网格只能在屏幕上看到,不可以打印出来。( )
15. 在Word 2010中最多只能分为三栏。( )
16. “分页符”与普通文本的编辑一样,也可以进行选定、移动、复制和删除等操作。( )
17. 在单元格内,为段落设置底纹与为单元格设置底纹的效果一样。( )
18. 在设置了表格与文字环绕后,将表格拖放到文字当中,表格就会浮于文字上方。( )
19. 格式刷的功能是复制格式,在Word 2010中,双击“格式刷”按钮后只能使用一次格式刷功能。( )
20. SmartArt图形或艺术字一经插入,其样式就是固定不变的。( )
21. 艺术字在放大时,图形质量不会发生变化。( )
22. 对文本框的设置与设置用户自绘图形的操作方法基本相同。( )
23. 在大纲视图模式下,不显示页边距、页眉和页脚、图片和背景。( )

24. 在阅读版式视图模式下，用户无法编辑文档。（ ）

25. Word 2010 的功能区能够最小化，但快速访问工具栏只能位于功能区的上方。（ ）

26. 双行合一与合并字符的显示效果是一模一样的。（ ）

27. 在修订文稿时，如果删除审阅者输入的文字也会显示修订标记。（ ）

28. 在合并邮件时，同一个数据源中的同一个合并域只能在主文档中插入一次。（ ）

29. 在宏录制的过程中，能录制所有键盘和鼠标的操作。（ ）

30. 打印预览与实际打印的效果是完全相同的。（ ）

四、操作题

说明：相关素材请到出版社的网站下载，文本中的每一个回车符都作为一个段落，没有要求操作的项目请不要更改。

1. 请使用 Word 2010 打开..\winks\doc\32201.docx 文档，完成以下操作：

(1) 打开修订功能，在红色标题前后加上红色实心的五角星符号，然后关闭修订功能；

(2) 将“在开展现代……”所在段落的字体格式设置为“小五号”、“楷体”、“加粗”红色字体，将段落设置为两倍行距；

(3) 将“物流”的字体“加粗”，并更改颜色为绿色；

(4) 保存文件。

2. 请使用 Word 2010 打开..\winks\doc\32202.docx 文档，完成以下操作：

(1) 将全文中所有的“《经济学家》”设为粗体、蓝色（请使用替换操作）；

(2) 将正文各段的行间距设置为 1.5 倍；

(3) 打开修订功能，在正文的最后一段“在很多大企业中，现在……”这一句前插入“另外，”，然后关闭修订功能；

(4) 保存文件。

3. 请使用 Word 2010 打开..\winks\doc\33101.docx 文档，完成以下操作：

(1) 将标题设置为幼圆二号字、将间距加宽 3 磅；

(2) 将标题以下的所有段落设置为首行缩进 0.95 厘米，右缩进两个字符；

(3) 将正文第 3 段中的文字“世界大战”设置为 25%的深蓝色底纹；

(4) 保存文件。

4. 请使用 Word 2010 打开..\winks\doc\33102.docx 文档，完成以下操作：

(1) 在“i am a sophomore,…”上一行位置插入标题 go on and get one；

(2) 设置标题居中，字号为三号，字体为 Arial Black，将标题的所有字母变成大写格式，并给标题文字加蓝色边框；

(3) 将标题以下的段落首行缩进 1 厘米；

(4) 将正文（除标题外）设置成“句首字母大写”；

(5) 保存文件。

5. 请使用 Word 2010 打开..\winks\doc\33103.docx 文档，完成以下操作：

(1) 将“邯郸学步”作为文章标题并居中对齐，设置标题文字的字体为隶书、大小为小

初,并添加阴影边框,边框线形为“样式”的第一个,边框粗细为3磅,边框颜色为红色;

(2) 将正文中的文字“稳健而优美”设置为红色、斜体、缩放150%;

(3) 将正文中最后一段的行间距设置为3.1倍行距;

(4) 保存文件。

6. 请使用Word 2010打开..\winks\doc\33104.docx文档,完成以下操作:

(1) 将正文第一、二段中的“红萝卜”全部改为“胡萝卜”;

(2) 将第一段中的“红衣裳”3个字(不包括引号)设置为粗体、三号字;

(3) 设置正文各段的左缩进、右缩进都为2厘米;

(4) 为正文第3段(段落范围)设置底纹为“深蓝,文字2,淡色60%”的主题颜色;

(5) 保存文件。

7. 请使用Word 2010打开..\winks\doc\33105.docx文档,完成以下操作:

(1) 设置标题文字的颜色为红色,字体大小为小一,并添加绿色的双直线下划线;

(2) 为标题文字加上“深蓝,文字2,深色25%”的底纹填充颜色,并设置底纹图案样式为“40%”、底纹图案颜色为浅蓝色;

(3) 设置“漫步在村寨的林间小路上……”所在段落的行距为15磅;

(4) 保存文件。

8. 请使用Word 2010打开..\winks\doc\33106.docx文档,完成以下操作:

(1) 为标题文字“相对运动”添加双实线阴影边框(其他采用默认值),设置标题字体为隶书,字体大小为小一;

(2) 为第一段中的文字“如果物体相对另外一个物体的位置没有变化呢?我们就说它们相对静止。”加上着重号,并设置字体颜色为紫色;

(3) 将“相对运动是指……”所在的段落设置为段前、段后间距分别为1行和2行;

(4) 设置最后一段的文字底纹填充颜色为黄色;

(5) 保存文件。

9. 请使用Word 2010打开..\winks\doc\33107.docx文档,完成以下操作:

(1) 在“由于……”的上一行位置给文章添加标题“鱼类需要喝水吗?”(不包括引号),居中,三号隶书;

(2) 将正文第一段所在段落的文字设置成楷体;

(3) 设置“海洋里的鱼类品种繁多……”所在的段落左、右缩进都为2厘米;

(4) 保存文件。

10. 请使用Word 2010打开..\winks\doc\33108.docx文档,完成以下操作:

(1) 在“物流信息化……”的上一行位置给文章添加标题“Computer Integrated Manufacturing System”(不包括引号),并居中,字体为Arial Black、大小为14号;

(2) 给标题文字加蓝色的1磅方框,将标题以下段落首行缩进1厘米;

(3) 将正文的第二段设置成“句首字母大写”;

(4) 保存文件。

11. 请使用Word 2010打开..\winks\doc\33109.docx文档,完成以下操作:

(1) 将正文第一段中的“色彩”两字的字体设置为宋体、加粗、红色;

(2) 为正文的所有段落设置右缩进2厘米、行间距1.3倍、段前和段后间距都为1行;

(3) 将标题文字设置为隶书、靠下阴影、加宽 1.2 磅；

(4) 保存文件。

12. 请使用 Word 2010 打开..\winks\doc\33110.docx 文档，完成以下操作：

(1) 去掉标题下的着重号；

(2) 将标题行下的第一段的行距设置为 25 磅；

(3) 为最后一段“因为这种幻境……”所在段落(段落范围)加上线宽为 1.5 磅的蓝色双实线方框；

(4) 保存文件。

13. 请使用 Word 2010 打开..\winks\doc\33202.docx 文档，完成以下操作：

(1) 将“聪明的驴子”作为文章标题，水平居中，并设置字体为隶书、大小为二号，添加阴影双直线边框，边框的颜色为红色，0.75 磅；

(2) 将文章最后一段的字符间距设置为紧缩 1 磅，设置该段的首行缩进为 1 厘米；

(3) 将正文的第一段文字“驴子吃得多开心呀!”设置为“橙色，深色 25%”的底纹填充颜色，底纹图案样式为浅色下斜线，底纹图案颜色为蓝色；

(4) 保存文件。

14. 请使用 Word 2010 打开..\winks\doc\33203.docx 文档，完成以下操作：

(1) 在“第六条规定……”前插入文字《计算机信息系统安全保护条例》；

(2) 为“总体目标是……”所在段落的文字设置字符间距为加宽 3 磅；

(3) 将标题“计算机安全监察”以下的文字一律设置成右对齐；

(4) 为标题文字“计算机安全监察”所在的段落加上线宽为 3 磅的蓝色阴影边框；

(5) 保存文件。

15. 请使用 Word 2010 打开..\winks\doc\33204.docx 文档，完成以下操作：

(1) 将第一段“模糊逻辑的倡导者……”设置为线宽为 4.5 磅的、绿色的、有阴影的边框；

(2) 将所有段落都设置为首行缩进两个字符；

(3) 将正文中的所有小写字母改为大写，要求使用“全部大写”命令；

(4) 保存文件。

16. 请使用 Word 2010 打开..\winks\doc\33205.docx 文档，完成以下操作：

(1) 在文档末尾“……萨莉的意思。”下一行增加“作者王苹”，格式为小三、黑体、右对齐；

(2) 在“一晃几年过去了”之前增加一行作为标题行，输入标题“回忆”(不包括引号)并居中，设置为三号、隶书、红色、缩放 200%；

(3) 插入页眉文字为“Word 上机练习”(不包括引号)，颜色为黄色、大小为五号、字体为隶书，居中对齐；

(4) 保存文件。

17. 请使用 Word 2010 打开..\winks\doc\33206.docx 文档，完成以下操作：

(1) 将第一行标题居中，设置为三号、黑体，段后间距为 0.5 行；

(2) 将正文的所有段落首行缩进两个字符，将行间距设置为 1.3 倍；

(3) 将文中的所有“陆慧”替换成红色、加粗、带下划线的格式；

(4) 保存文件。

18. 请使用 Word 2010 打开..\winks\doc\33301.docx 文档,完成以下操作:

(1) 将页的左、右边距设置为 2.5 厘米,纸型为 A4;

(2) 设置页眉和页脚,页眉输入"域名的基本情况",页脚居中位置插入页码,格式为"第 X 页"(X 表示页码,"第"和"页"为普通字符);

(3) 为本文添加背景色,填充效果为预设颜色中的"雨后初晴";

(4) 保存文件。

19. 请使用 Word 2010 打开..\winks\doc\33302.docx 文档,完成以下操作:

(1) 进行页面设置,页边距为左、右 60 磅;

(2) 设置页眉和页脚,页眉输入"网站是企业的宣传窗口",页脚插入页码,格式为"带有多种形状—带状物";

(3) 为本文添加文字水印,文字为"网站";

(4) 保存文件。

20. 请使用 Word 2010 打开..\winks\doc\33303.docx 文档,完成以下操作:

(1) 进行页面设置,纸型为自定义,方向为横向,宽为 20 厘米,高为 15 厘米;

(2) 设置页眉和页脚,页眉输入"商机无限",页脚插入"文档属性—单位";

(3) 为本文添加背景,填充效果为纹理中的"画布";

(4) 保存文件。

21. 请使用 Word 2010 打开..\winks\doc\33304.docx 文档,完成以下操作:

(1) 设置页面纸型为 16 开,左、右页边距为 1.9 厘米,上、下页边距为 3 厘米;

(2) 设置标题"电脑时代"为黑体、小二号、蓝色,加单线下划线,并居中;

(3) 在第一自然段的第一行约中间位置插入一个剪贴画图片(用文字"科技"搜索后取第一个图片),调整大小为 50%,并设置环绕方式为四周环绕;

(4) 保存文件。

22. 请使用 Word 2010 打开..\winks\doc\33305.docx 文档,完成以下操作:

(1) 将正文中所有的"Modem"一词替换为红色、加粗、倾斜格式;

(2) 插入页眉和页脚,页脚内容为"作者:李红",页眉插入"第 X 页,共 Y 页"的页码,页眉和页脚设置五号字、宋体、居中;

(3) 为本文设置水印,格式为"机密—机密 1";

(4) 保存文件。

23. 请使用 Word 2010 打开..\winks\doc\33306.docx 文档,完成以下操作:

(1) 将第二段中从"然而……"到段尾的文字移到文章末尾,并另起一段;

(2) 为本文设置页眉,页眉为"知识经济",居中显示;

(3) 为"大多数成功的企业……"所在的段落设置蓝色的底纹和三维、1.5 磅、红色的三实线边框;

(4) 保存文件。

24. 请使用 Word 2010 打开..\winks\doc\33307.docx 文档,完成以下操作:

(1) 将括号中第 1 个 10 后面的数字设置为上标;

(2) 给文档添加页眉,在页眉中输入"上机考试 Word 操作题",居中显示,并设置为隶书、三号、红色；

(3) 给标题加上下划线(单线)，并设置字体为楷体、大小为二号；

(4) 保存文件。

25. 请使用 Word 2010 打开..\winks\doc\34101.docx 文档，完成以下操作：

(1) 将第一行标题居中，设置为三号、黑体、倾斜，并添加带阴影边框、白色、深色 35%的底纹，应用范围为段落，段后间距为 1 行；

(2) 将正文的第一段首行缩进两个字符，行距设为 1.8 倍；

(3) 将"名列前三位的国家"居中，设置为四号、蓝色、楷体，段后间距为 0.5 行；

(4) 将"名列前三位的国家"以后的内容转换成表格，表格居中，外边框为 1.5 磅，然后为第一行添加橙色的底色；

(5) 保存文件。

26. 请使用 Word 2010 打开..\winks\doc\34102.docx 文档，完成以下操作：

(1) 将标题"网络通信协议"设置为三号、黑体、加粗、居中；

(2) 在文档最后另起一段制作下图所示的表格，设置第一列的列宽为 3 厘米，第二列的列宽为 4 厘米；

(3) 设置整个表格的对齐方式为水平居中，表格内的文字为小四号、红色、楷体，对齐方式为水平居中，首行底色为黄色；

(4) 保存文件。

国家	贸易额(亿美元)
美国	15 784
德国	9490
日本	7612

27. 请使用 Word 2010 打开..\winks\doc\34103.docx 文档，完成以下操作：

(1) 为文字段落添加填充色为蓝色的底纹，左、右各缩进 0.8 厘米，首行缩进两个字符，将段后间距设置为 16 磅；

(2) 用公式计算刘琳考生的平均成绩并插入到相应的单元格中；

(3) 保存文件。

28. 请使用 Word 2010 打开..\winks\doc\34104.docx 文档，完成以下操作：

(1) 输入标题文字"素数与密码"，并设置为隶书、二号、加粗、蓝色；

(2) 在文档最后另起一段输入"素数与密码"，并对新输入的文字添加方框边框，框线颜色为红色；

(3) 将素材中的表格转换成文字，文字分隔符为制表符；

(4) 保存文件。

29. 请使用 Word 2010 打开..\winks\doc\34105.docx 文档，完成以下操作：

(1) 在正文第一行文字下添加波浪线，为第二行文字中的"自动调整温度的高低"添加阴影边框，为第三行文字加着重号；

(2) 在文档最后另起一段，插入 4 行 5 列的表格，列宽为 2 厘米，整个表格的对齐方式为右对齐；

(3) 保存文件。

30. 请使用 Word 2010 打开..\winks\doc\34106.docx 文档,完成以下操作:

(1) 将文档中的6行文字转换成一个6行3列的表格,并将表格设置成文字的对齐方式为垂直居中,水平对齐方式为右对齐;

(2) 将表格第一行的单元格的底纹填充颜色设置成绿色;

(3) 保存文件。

31. 请使用 Word 2010 打开..\winks\doc\34107.docx 文档,完成以下操作:

(1) 将文档中的4行文字转换成一个4行5列的表格,设置表格列宽为2.4厘米,行高为1.2厘米,并设置表格中文字的对齐方式为水平居中;

(2) 将表格的外边框设置成实线、1.5磅,将表格的内框线设置为0.75磅,并为第一行单元格添加红色的底纹;

(3) 保存文件。

32. 请使用 Word 2010 打开..\winks\doc\34108.docx 文档,完成以下操作:

(1) 制作4行5列的表格,列宽为2厘米,行高为0.7厘米,整个表格居中对齐;

(2) 设置表格的外边框为红色、实线、1.5磅,内框线为蓝色、实线、0.5磅,表格底纹为黄色;

(3) 保存文件。

33. 请使用 Word 2010 打开..\winks\doc\34109.docx 文档,完成以下操作:

(1) 将表格标题"个人住房贷款1至5年月均还款金额表"设置为四号、黑体,居中对齐,并给标题文字添加带阴影边框、黄色底纹;

(2) 对文中提供的除标题外的内容建立一个5行5列的表格,设置表格列宽为2.4厘米,行高自动设置,整个表格居中,表格第一行的下框线和第一列的右框线用3磅的粗实线,其余为默认的细实线,将各单元格中的文字设置为五号、黑体,居中对齐;

(3) 保存文件。

34. 请使用 Word 2010 打开..\winks\doc\34110.docx 文档,完成以下操作:

(1) 将表格标题"世界部分城市天气预报"设置为小四号、蓝色、黑体,居中对齐,并给标题段落添加带阴影边框、黄色底纹,设置段后间距为1行;

(2) 将文中的后7行文字转换为一个7行4列的表格,整个表格居中;

(3) 在表格最下面插入一行,并在其第一个单元格中输入"最高最低温度",在其第3个单元格中通过公式计算所有城市的最高温度,在其第4个单元格通过公式计算所有城市的最低温度;

(4) 设置表格的列宽为3.6厘米,表格的所有框线为蓝色、1.5磅、双实线,将表格中的所有文字设置为五号、楷体,水平居中;

(5) 保存文件。

35. 请使用 Word 2010 打开..\winks\doc\34111.docx 文档,完成以下操作:

(1) 将表格标题"世界部分城市天气预报"设置为小四号、蓝色、黑体,带阴影边框、黄色底纹,将标题段落居中对齐,设置段后间距为0.5行;

(2) 将文中的后7行文字转换为一个7行4列的表格,整个表格居中,表格中的数据按"高温"升序排序;

(3) 设置表格的列宽为 3.6 厘米，表格的外框线为红色、1.5 磅、双实线，内框线为蓝色、1 磅、单实线，并将表格中的所有文字设置为五号、楷体，水平居中；

(4) 保存文件。

36. 请使用 Word 2010 打开..\winks\doc\34301.docx 文档，完成以下操作：

(1) 将文档中所提供的表格设置成文字对齐方式为垂直居中，水平对齐方式为左对齐，将"总计"单元格设置成以蓝色底纹填充；

(2) 在表格的最后增加一列，设置不变，列标题为"总学分"，计算各学年的总学分(总学分=(理论教学学时+实践教学学时)/2)，并将计算结果插入相应的单元格内，再计算四学年的学分总计，插入到第四列第六行单元格内；

(3) 保存文件。

37. 请使用 Word 2010 打开..\winks\doc\34302.docx 文档，完成以下操作：

(1) 在表格最后一列的右边插入一空列，输入列标题"总分"，并在这一列下面的各单元格中计算其左边相应 3 个单元格中数据的总和；

(2) 将表格设置为列宽 2.4 厘米，行高自动设置，并设置表格的外框线为 1.5 磅，表格的内框线为 0.75 磅，表内文字和数据水平居中；

(3) 保存文件。

38. 请使用 Word 2010 打开..\winks\doc\34303.docx 文档，完成以下操作：

(1) 利用函数按要求计算：第 4 行是前 3 行之和，第 4 列是前 3 列之和，计算完毕后，单元格中的所有数字右对齐；

(2) 保存文件。

39. 请使用 Word 2010 打开..\winks\doc\34304.docx 文档，完成以下操作：

(1) 将表格的列宽设置为 2 厘米，行高设置为 1 厘米，然后利用函数计算合计数据，合计=工资+奖金，该列中的各数值水平和垂直均为居中对齐；

(2) 保存文件。

40. 请使用 Word 2010 打开..\winks\doc\34401.docx 文档，完成以下操作：

(1) 在文档中将图片大小设置为高 95 磅、宽 95 磅；

(2) 将图片与文字的环绕方式设置为四周型；

(3) 保存文件。

41. 请使用 Word 2010 打开..\winks\doc\34402.docx 文档，完成以下操作：

(1) 在文档中将图片大小设置为高 105 磅、宽 95 磅；

(2) 将图片与文字的环绕方式设置为紧密型，将环绕位置设置为相对于"栏"左对齐；

(3) 设置图片线条为红色、粗细为 3 磅；

(4) 保存文件。

42. 请使用 Word 2010 打开..\winks\doc\34403.docx 文档，完成以下操作：

(1) 在文档中将图片重新着色为灰度图像，饱和度为 66%；

(2) 设置图片与文字的环绕方式为穿越型，且环绕文字只在右侧；

(3) 设置图片效果为映像—映像变体—紧密映像，接触；

(4) 保存文件。

43. 请使用 Word 2010 打开..\winks\doc\34404.docx 文档，完成以下操作：

(1) 在文档中设置图片缩放为70%;

(2) 设置图片与文字的环绕方式为穿越型,且距正文左、右各1磅;

(3) 设置图片形状为十字架;

(4) 保存文件。

44. 请使用Word 2010打开..\winks\doc\34405.docx文档,完成以下操作:

(1) 在文档中插入自选图形(宽2厘米、高2厘米的笑脸),并设置图片的填充前景色为浅绿色、背景色为紫色,图案为5%;

(2) 设置图形与文字的环绕方式为四周型,且文字于两边;

(3) 设置图形阴影效果为透视阴影-阴影样式6;

(4) 保存文件。

45. 请使用Word 2010打开..\winks\doc\34406.docx文档,完成以下操作:

(1) 在文档中插入自选图形(宽100磅、高100磅的六边形),并用"水滴"纹理填充图形;

(2) 设置图形与文字的环绕方式为四周型,环绕文字只在右侧;

(3) 设置三维效果为透视-三维样式11;

(4) 保存文件。

46. 请使用Word 2010打开..\winks\doc\34407.docx文档,完成以下操作:

(1) 在文档底端插入艺术字"创新是一个企业进步的灵魂",设置式样为第1行第5列,设置字号为28、字体为隶书;

(2) 保存文件。

47. 请使用Word 2010打开..\winks\doc\34408.docx文档,完成以下操作:

(1) 在文档最上面插入一个空行,然后插入艺术字"APEC盛会开创未来",式样为第4行第2列,设置其字号为28、字体为隶书,文本效果为"转换→弯曲→上弯弧",页面居中显示;

(2) 设置正文的所有段落为四号、楷体,首行缩进两个字符,正文的第一段左、右缩进2厘米;

(3) 保存文件。

48. 请使用Word 2010打开..\winks\doc\32101.docx文档,完成以下操作:

(1) 将文档另存为"Word 97-2003"兼容格式,文档名保持不变;

(2) 关闭文档。

49. 请使用Word 2010打开..\winks\doc\32102.docx文档,完成以下操作:

(1) 插入32102.txt文档中的内容,并将字体设置为隶书、三号,设置首行缩进两个字符;

(2) 将文档另存为模板,文档名保持不变;

(3) 通过该模板新建一个文档,文档名为"32102new.docx";

(4) 保存文件。

50. 请使用Word 2010打开..\winks\doc\32103.docx文档,完成以下操作:

(1) 将第二段删除;

(2) 将第一段复制一次作为第二段,格式与第一段一样;

(3) 保存文件。

51. 请使用 Word 2010 打开..\winks\doc\32104.docx 文档,完成以下操作:

(1) 将第二段删除;

(2) 将文档另存为文本文件,文件名为“32104.txt”;

(3) 关闭文档。

52. 请使用 Word 2010 打开..\winks\doc\32203.docx 文档,完成以下操作:

(1) 插入 32203.txt 文档中的内容,并将文字设置为楷体、四号,将全部段落设置为首行缩进两个字符;

(2) 给文档的后 3 个段落添加项目编号,编号格式为“第一.”(编号格式“一、二、三(简)…”基础上进行自定义);

(3) 保存文件。

53. 请使用 Word 2010 打开..\winks\doc\33207.docx 文档,完成以下操作:

(1) 将“文字处理 Word 2010”作为标题居中对齐,并为标题文字设置格式为幼圆、二号、加粗、空心;

(2) 将正文第一段设置为首行缩进两个字符;

(3) 为“主要内容:”下面的段落添加项目编号,编号格式为“1.”;

(4) 保存文件。

54. 请使用 Word 2010 打开..\winks\doc\33208.docx 文档,完成以下操作:

(1) 将正文第一段的“作”设置为首字下沉,要求下沉 3 行、距正文 0.5 厘米;

(2) 将正文第二段分成两栏,中间用分隔线隔开,间距两个字符,栏宽相等;

(3) 保存文件。

55. 请使用 Word 2010 打开..\winks\doc\33209.docx 文档,完成以下操作:

(1) 将正文第一段的“2013”设置为首字下沉,要求下沉 3 行、距正文 0.5 厘米;

(2) 将正文第二段分成两栏,中间用分隔线隔开,间距两个字符,偏左;

(3) 将标题文字“去计算主打未来”添加 3 磅、蓝色方框,黄色底纹;

(4) 保存文件。

56. 请使用 Word 2010 打开..\winks\doc\33210.docx 文档,完成以下操作:

(1) 为下面含非黑色字体的段落(从字符串“双方的权利与义务”起)设置项目符号和编号,设置“多级符号”选项卡中的自定义一级编号格式为“一.”,编号样式为“一,二,三”,起始编号为“1”;二级编号格式为“1.”,编号样式为“1,2,3……”,起始编号为 1;三级编号格式为“a.”,编号样式为“a,b,c……”,起始编号为“a”,编号对齐位置为居中,对齐位置为 2 厘米,文字制表位位置为 3 厘米,缩进位置为 3 厘米(编号格式后有一个小数点,该小题必须使用项目符号和编号工具设置,否则不得分);

(2) 保存文件。

57. 请使用 Word 2010 打开..\winks\doc\33308.docx 文档,完成以下操作:

(1) 新建 3 个段落样式,分别是“主标题样式”、“次标题样式”和“文档正文样式”,样式要求如下表所示;

名称	样式类型	样式基准	格　　式	自动更新	其他
主标题样式	段落	正文	二号、楷体、加粗,居中,段后距1行	是	默认
次标题样式	段落	正文	四号、宋体、加粗,左对齐,段后距0.5行	是	默认
文档正文样式	段落	正文	小四号、宋体,首行缩进两个字符,1.3倍行距,段后距0.5行	是	默认

(2) 将“主标题样式”应用到标题“虚拟化的三个层次：主机、存储和网络”上,将“次标题样式”分别应用到次标题“一、主机的虚拟化”、“二、存储设备的虚拟化”和“三、网络的虚拟化”上,将“文档正文样式”应用到所有正文段落上;

(3) 添加文字水印效果,文字为“虚拟化”,红色,其他默认;

(4) 保存文件。

58. 请使用Word 2010打开..\winks\doc\36301.docx文档,完成以下操作:

(1) 拒绝对文档所做的所有修订;

(2) 保存文件。

59. 请使用Word 2010打开..\winks\doc\32204.docx文档,完成以下操作:

(1) 将原文中以“伦”字为第一个字符加上任意一个字符组成的字符串内容替换为“纽约”(可设置“使用通配符”搜索);

(2) 保存文件。

60. 请使用Word 2010打开..\winks\doc\33309.docx文档,完成以下操作:

(1) 设置该文档纸张的页面高度为27厘米、宽度为24厘米,左、右边距均为3.25厘米,上、下边距均为2.54厘米,装订线1.0厘米,装订线为上,页面设置应用于整个文档;

(2) 把第3页的页面方向设置为横向;

(3) 保存文件。

61. 请使用Word 2010打开..\winks\doc\33310.docx文档,完成以下操作:

(1) 设置整篇文档背景的填充方式为图片,图片文件选自..\winks\33310img1.jpg;

(2) 添加图片水印,图片文件选自..\winks\33310img2.png,缩放500%,并选择冲蚀项;

(3) 保存文件。

62. 请使用Word 2010打开..\winks\doc\33311.docx文档,完成以下操作:

(1) 设置该文档中文字的排列方向为垂直,分成两栏,并指定行和字符网格,每页30行,每行20个字符,应用于整篇文档;

(2) 保存文件。

63. 请使用Word 2010打开..\winks\doc\33312.docx文档,完成以下操作:

(1) 设置页面奇偶页不同,奇数页页眉的内容为“上海世博园”,设置文字的套用样式为“页眉样式”,偶数页页眉的内容为“一轴四馆”,设置文字的字体格式为“黑体”;

(2) 在奇数页插入页脚,内容为“世博历史之最”,在偶数页插入页脚,内容为“共 y 页”(其中 y 为总页数,该值随总页数的变化而变化,页脚内容不含空格);

(3) 保存文件。

64. 36201_1.docx文档中有一个表格,利用该表格作为数据源进行邮件合并;新创建一个Word主文档,输入“为广州八大景之一,其有。”的内容,主文档采用信函类型,插入域合并到新文档前(内容如“上图”)，主文档先保存为 36201. xml 格式的文件，所有记录合并到新文档后再保存为 36201_2. doc 文档，合并后的第一页文档如“下图”所示。

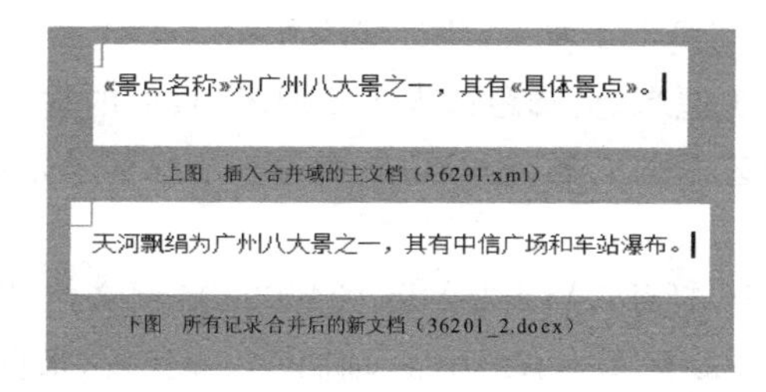

上图 插入合并域的主文档（36201.xml）

下图 所有记录合并后的新文档（36201_2.docx）

65. 请使用 Word 2010 打开..\winks\doc\33211. docx 文档，完成以下操作：

(1) 建立一个名称为“绚丽”的新样式。新建的样式类型段落样式基于正文，其格式为宋体、四号、空心，段落居中排列、行间距为 1.5 倍；

(2) 将该样式应用到文档中的所有正文段落(除标题段落外)；

(3) 保存文件。

66. 请使用 Word 2010 打开..\winks\doc\33313. docx 文档，完成以下操作：

(1) 设置页面边框为艺术型(苹果)、宽度为 12 磅；

(2) 设置整篇文档背景的填充方式为图案，图案类型为棚架，设置前景色为白色、背景色为红色；

(3) 保存文件。

67. 请使用 Word 2010 打开..\winks\doc\35301. docx 文档，完成以下操作：

(1) 将文档中原来应用样式“标题 3”的段落应用名称为“目录”的样式；

(2) 在第二段空白处给文档中应用“目录”样式的段落创建 1 级目录，目录中显示页码，且页码右对齐；

(3) 目录后的内容另起一页，更新目录；

(4) 保存文件。

68. 请使用 Word 2010 打开..\winks\doc\33212. docx 文档，完成以下操作：

(1) 将含文本“有些本能行为与后天的学习因素有一定的联系”的整个段落设置为红色、双实线边框，边框底纹为黄色；

(2) 保存文件。

69. 请使用 Word 2010 打开..\winks\doc\34112. docx 文档，完成以下操作：

(1) 将文中“最优前五项”与“最差五项”之间的 6 行和“最差五项”后面的 6 行文字分别转换为两个 6 行 3 列的表格，设置表格居中，表格中的所有文字中部居中；

(2) 将表格的各标题段文字(“最优前五项”与“最差五项”)设置为四号、蓝色、黑体、居中，然后设置红色边框、黄色底纹，并设置表格的所有框线为 1.5 磅、蓝色的单实线；

(3) 设置页眉为“学生满意度调查报告”，文字为小五号、宋体；

(4) 插入分页符，将最后一段(“从单项条目上来看……教师的工作量普遍偏大。”)放在第二页，且为此段出现的“排在前五位”和“最差五项”文字加下划线(单实线)；

(5) 将最后一段(“从单项条目上来看……教师的工作量普遍偏大。”)分成三栏，栏宽相等，栏间加分隔线；

(6) 保存文件。

70. 请使用 Word 2010 打开..\winks\doc\33314.docx 文档,完成以下操作:

(1) 设置该文档纸张的高度为 21 厘米、宽度为 21 厘米,左、右边距均为 3.25 厘米,上、下边距均为 2.54 厘米,装订线 1.0 厘米,装订线为左;

(2) 设置页眉距边界 1 厘米,页脚距边界 1.5 厘米,页面的垂直对齐方式为两端对齐;

(3) 设置页面边框为艺术型边框,艺术型类型为 5 个红苹果,边框宽度为 20 磅;

(4) 保存文件。

71. 请使用 Word 2010 打开..\winks\doc\34409.docx 文档,完成以下操作:

(1) 在文档第二段中的文字"墓上有座小庙"前插入一幅图片(来自 .\winks\34409_1.jpg);

(2) 设置图片版式的环绕方式为四周型,水平对齐方式为居中(完成该项操作后,请保存设置,继续下面的操作);

(3) 将图片的大小设置成锁定纵横比,且相对原图的缩放比例为高 80%,设置图像的控制颜色为灰度,图片具有边框线条,线条颜色为红色(要先完成上一项操作);

(4) 保存文件。

72. 请使用 Word 2010 打开..\winks\doc\33213.docx 文档,完成以下操作:

(1) 设置第一段文档的段落格式,把"布达拉宫介绍"设置为居中对齐;

(2) 将第二段左、右各缩进 20 磅,设置第三段的段前间距为 26 磅、段后间距为 26 磅,设置第四段悬挂缩进 3 个字符,1.5 倍行距,段落的对齐方式为分散对齐;

(3) 保存文件。

73. 请使用 Word 2010 打开..\winks\doc\34603.docx 文档,完成以下操作:

(1) 请在文档的任意处插入艺术字,要求(没有要求操作的项目请不要更改,文字内容不含标点符号)艺术字文字为"双核新贵"、字体为黑体、字号为 28,倾斜、粗体,式样为第三行第四列、艺术字形状为倒三角、文字环绕为四周型;

(2) 保存文件。

74. 请使用 Word 2010 打开..\winks\doc\34604.docx 文档,完成以下操作:

利用"插图"组中的自选图形功能建立以下自选图形,位置可任意设置。注意:请按 A、B、C 标识的顺序建立自选图形,图形中的英文字母请通过"添加文字"功能实现,字号为三号,对齐方式为居中。

说明:

(1) A 为直径为 3 厘米的圆形,A 的环绕方式为浮于文字上方,图形线条的颜色为红色;

(2) B 为高度和宽度为 2 厘米的右箭头,B 的环绕方式为浮于文字上方,图形线条的颜色为红色;

(3) C 为高 2 厘米、宽 3 厘米的矩形,C 的环绕方式为浮于文字上方,图形线条的颜色为红色;

(4) 保存文件。

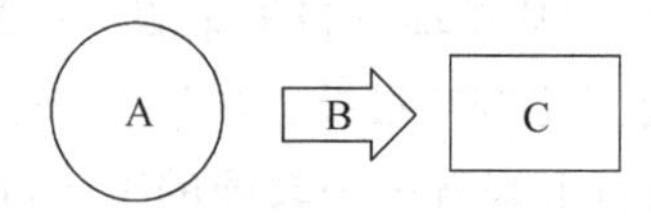

75. 请使用 Word 2010 打开..\winks\doc\33315.docx 文档,完成以下操作:

(1) 将第 4 段"进入潭瀑峡,……。"所在的段落分为两栏,间距为 2.5 个字符,添加分隔线;

(2) 保存文件。

76. 请使用 Word 2010 打开..\winks\doc\33111.docx 文档,完成以下操作:

(1) 设置第二段文档的字体为黑体,加粗、倾斜,字号为小二,字体颜色为红色,蓝色单下划线,全部大写,并增加阴影、空心、删除线效果;

(2) 设置第一段文档的文字字符缩放 200%,字符间距加宽 2 磅,字符位置提升 10 磅;

(3) 保存文件。

77. 请使用 Word 2010 打开..\winks\doc\33214.docx 文档,完成以下操作:

(文本中的每一个回车符作为一段落,没有要求操作的项目请不要更改,使用 Tab 键可设置下级编号)

(1) 按下图设置项目符号和编号,一级编号位置为左对齐,对齐位置为 0 厘米,文字缩进位置为 1 厘米;二级编号位置为左对齐,对齐位置为 1 厘米,文字缩进位置为 2 厘米(编号含有半角句号符号);

(2) 保存文件。

冬瓜尾骨汤的菜谱

1. 选料
   A. 冬瓜 110 克,猪尾骨 150 克,生姜 1 片,葱 1 根,鸡精 1 小匙、盐、香油各 1/2 小匙。
2. 制法
   A. 葱洗净,切段;姜洗净;冬瓜洗净,去皮,切薄块。
   B. 猪尾骨洗净,切小块,放入开水中汆烫,捞出。
   C. 锅中倒入 4 杯水煮开,放入猪尾骨、姜丝、葱段煮 20 分钟,加入冬瓜煮至熟烂,最后再加入鸡精 1 小匙、盐、香油各 1/2 小匙即可
3. 特点
   A. 瓜软,肉香,汤醇。

78. 请使用 Word 2010 打开..\winks\doc\34410.docx 文档,完成以下操作:

(1) 在文本任意处插入文本框,文字竖排,文字内容为"十大亮点功能",文字颜色为蓝色,字体格式为阳文,加着重号;

(2) 保存文件。

79. 请使用 Word 2010 打开..\winks\doc\34701.docx 文档,完成以下操作:

(1) 在文档第一段后插入一个组织结构图(如下图所示),根据例图设计组织结构图,文字水平居中对齐,字体、字号用户可自行设置;

(2) 保存文件。

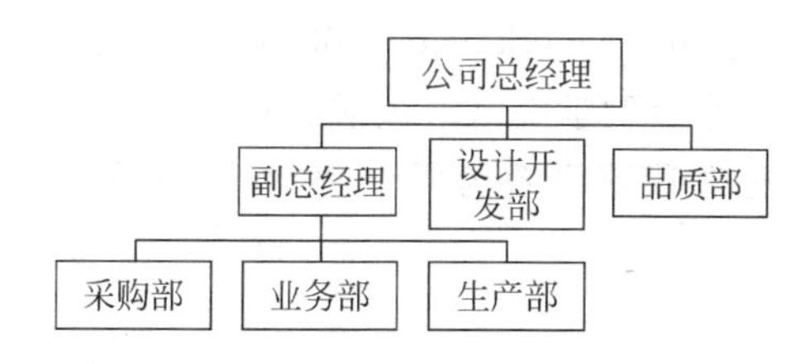

80. 请使用 Word 2010 打开..\winks\doc\34113.docx 文档,完成以下操作:

(1) 将表格第二列与第三列交换,使用单元格的合并和拆分功能操作第四列,使该列与其他列对称;

(2) 将第一行中第二列到第四列的字体设置为楷体、绿色,设置表格内的单元格内容水平及垂直方向居中对齐,整个表格水平居中排列,设置表格宽度为 10 厘米,并在表格的第一

行第一列绘制斜线表头及填充内容,按下图所示;

(3) 在表格底部增加一行,该行第一列输入“总分”,其他列为该行课程的总分,必须使用sum函数计算该值,无数字格式,然后设置表格底纹为红色,表格四周边框为蓝色的双波浪线,无内边框,并将表格的第二行至第四行按数字升序排列,结果如下图所示;

(4) 保存文件。

课程 学号	英语	数学	语文
07001	97	87	67
07002	90	78	87
07003	98	75	88
总分	285	240	242

81. 请使用Word 2010打开..\winks\doc\33316.docx文档,完成以下操作:

(1) 在第5段前插入分页符;

(2) 在第10段中的文字“为每组学生准备:”之后插入换行符;

(3) 保存文件。

82. 请使用Word 2010打开..\winks\doc\36302.docx文档,完成以下操作:

(1) 选定标题段落并插入批注,批注内容为文本中的字符数(例如文本字符数为500,在批注内只需填500,文本字符总数不含批注);

(2) 保存文件。

83. 请使用Word 2010打开..\winks\doc\37101.docx文档,完成以下操作:

(1) 选中“教学目标是”并插入超链接,链接到电子邮箱,邮箱为“84993905@qq.com”,主题为“教学总结”;

(2) 在第13段中选中文字“价值观”并插入书签,书签名为“价值观”;

(3) 选中“学生从教学中学到了什么”并插入超链接,链接到上一项操作形成的书签,书签名为“价值观”;

(4) 保存文件。

84. 请使用Word 2010打开..\winks\doc\36303.docx文档,完成以下操作:

(1) 接受全部修订的项目;

(2) 保存文件。

85. 请使用Word 2010打开..\winks\doc\36304.docx文档,完成以下操作:

(1) 设置文档作者为“广东金融学院”(不包括引号);

(2) 打开修订功能,将标题段落设置为居中,并将第三段文字“是关山之次高峰”中的“次”字改为“最”字;

(3) 保存文件。

86. 请使用Word 2010打开..\winks\doc\38101.docx文档,完成以下操作:

(1) 对文档进行页面设置,纸张高度为15厘米、宽度为19厘米,页面方向为横向,文档文字的排列方向为垂直;

(2) 设置文档所有段落的行距为1.5倍,段前、段后间距均为6磅;

(3) 将标题“袈裟”的字体格式化为隶书、加粗、小二号、紫色、加着重号;

(4) 在文档第二段书名号(《》)内添加文字“百科名片”(不包括引号)，该词组应用名称为“摘自”的样式；

(5) 保存文件。

87. 请使用 Word 2010 打开..\winks\doc\35501.docx 文档，完成以下操作：

(1) 在标题“新世纪羊城八景”后插入脚注，位置为页面底端，编号格式为“A,B,C,…”，起始编号为 A，内容为“广州城市的新形象”；

(2) 将文中所有的“越秀”一词格式化为红色，并加黄色双波浪线(提示：使用查找替换功能快速格式化所有对象)；

(3) 保存文件。

88. 请使用 Word 2010 打开..\winks\doc\38102.docx 文档，完成以下操作：

(1) 在文档第二段中的文字“相关故事”前插入一幅图片(来自..\winks\38102_1.jpg)，设置图像的控制颜色为灰度，设置图片的水平对齐方式为居中、文字的环绕方式为四周型，然后在文档第四段开头文字前插入另一幅自选图形(..\winks\38102_2.jpg)，并设置图片的大小相对于原图的缩放比例为高 45%、宽 48%，文字的环绕方式为穿越型；

(2) 设置背景文字的水印内容为百合花，水印颜色为红色；

(3) 将第一段中的“百合花”3 个字设置中文版式“双行合一”；

(4) 设置页眉为“百合花简介”，设置页面边框为艺术型边框，边框样式为 5 个红苹果，并将上边框设置为无边框样式；

(5) 保存文件。

89. 请使用 Word 2010 打开..\winks\doc\34114.docx 文档，完成以下操作：

(1) 以文档提供的数据按样图建立一个表格说明该值班室的值班安排情况，其中，第 8 节的值班数据与第 7 节的一致(提示：必须使用文本转换表格方式建立表格)；

(2) 保存文件。

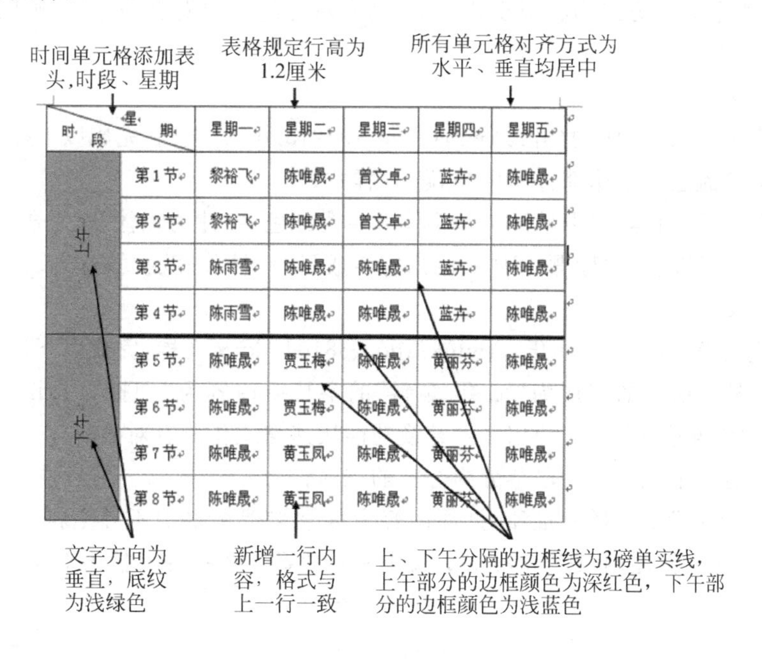

90. 请使用Word 2010打开..\winks\doc\38103.docx文档,完成以下操作:

(1) 将第一段文字(标题)转化为繁体字(提示:使用简繁转换工具);

(2) 为含蓝色字体的段落设置项目符号和编号,编号格式如"& 子.",字体格式为红色、粗体,编号样式为"子,丑,寅…";

(3) 保存文件。

91. 请使用Word 2010打开..\winks\doc\37102.docx文档,完成以下操作:

(1) 在第5段选择字符串"平原直",插入书签,书签名为"日本物流之父";

(2) 为第3段文字"物流管理协会"建立超链接,链接到"日本物流之父"标签处;

(3) 将第7段(含文字:此后,"物的流通"在……)分两栏,偏左,第一栏的栏宽为10个字符,添加分隔线;

(4) 保存文件。

92. 请使用Word 2010打开..\winks\doc\34411.docx文档,完成以下操作:

(1) 在文档第4段文字"用了象牙、玉石、珐琅、翡翠、金银等贵重物品。"后面紧接着插入一幅图片,图片来自..\winks\34411_屏风.jpg,将图片高度设置为7.55厘米,宽度设置为7.33厘米,取消锁定纵横比,并设置文字环绕方式为紧密型、环绕文字方式为两边;

(2) 将第6段段落设置为段前间距38磅;

(3) 将第6段至最后一段设置为首字下沉,下沉行数为两行;

(4) 保存文件。

93. 请使用Word 2010打开..\winks\doc\34412.docx文档,完成以下操作:

(1) 在文档第3段中插入一个竖排文本框,并输入文字"埃及古金字塔";

(2) 为文本框设置底纹填充色为黄色、红色线条,文本框高度为2.75厘米、宽度为1厘米,文本框的水平对齐方式为相对于栏居中,垂直对齐绝对位置在段落下侧1厘米,文字环绕方式为四周型;

(3) 保存文件。

94. 请使用Word 2010打开..\winks\doc\33215.docx文档,完成以下操作:

(1) 将文字的红色字体部分套用"标题1"样式;

(2) 插入页眉,内容为"中学语文",字体颜色为红色、字体为黑体,水平居中对齐;

(3) 在第3段以所有"标题1"样式的内容生成目录,目录显示页码;

(4) 保存文件。

95. 请使用Word 2010打开..\winks\doc\38104.docx文档,完成以下操作:

(1) 将文档中所有的字形为"加粗、倾斜"的字替换内容为"拥抱",且设置字体颜色为"蓝色"、字号为"四号"(提示:使用查找替换功能快速格式化所有对象);

(2) 将含有文字"佛家"的段落分为等宽的三栏;

(3) 选定标题段落并插入批注,批注内容为整个文档文本中不计空格的字符数(例如文本字符数为500,批注内只需输入500,文本字符总数不含批注及插入对象的字符);

(4) 保存文件。

96. 请使用Word 2010打开..\winks\doc\38105.docx文档,完成以下操作:

(1) 设置每一段落的段前间距为3行、段后间距为3行;

(2) 插入页眉,内容为"法国数学家柯西",字体颜色为蓝色,然后插入页脚,内容为"第一页、第二页、第三页…",内容的数值为该页的页码值;

(3) 在最后一段处插入一个公式对象,该公式内容如下图所示;

(4) 保存文件。

$$\sum_{k=1}^{\infty} \frac{1}{k}$$

97. 请使用Word 2010打开..\winks\doc\35302.docx文档,完成以下操作:

(1) 删除页眉(包括下划线),第1页的页码格式为"A,B,C,…",其余页的页码格式为"1,2,3,…";

(2) 从"广东省高等学校中青年……实施方案"所在段落开始另起一页,在"目录"段落的下一行插入如下图所示的目录(必须使用"引用—目录—插入目录"的方法自动生成目录),并将目录文本的字体设置为四号、黑体;

(3) 保存文件。

目录
一、计划目标
二、资助对象范围及条件
三、访问学校及培养方式
四、资助方式和资金管理
五、计划管理
六、工作程序及有关要求

第4章　电子表格软件Excel 2010

一、单项选择题

1. 在Excel 2010中,一个工作表最多有(　　)列。
   A. 16 384　　B. 3600　　C. 255　　D. 254
2. Excel 2010的3个主要功能是(　　)。
   A. 文字输入、图表、数据库　　B. 公式计算、图表、数据库
   C. 文字输入、表格、公式　　D. 图表、表格、公式计算
3. 在单元格中输入字符串3300929时应输入(　　)。
   A. 3300929　　B. "3300929"　　C. '3300929　　D. 3300929'
4. 在Excel 2010单元格引用中,B5:E7包含(　　)。
   A. 2个单元格　　B. 3个单元格　　C. 4个单元格　　D. 12个单元格
5. Excel 2010图表是(　　)。
   A. 工作表数据的图表表示　　B. 根据工作表数据用画图工具绘制的
   C. 可以用画图工具进行编辑　　D. 图片

6. 在Excel 2010中,“条件格式”按钮在“开始”选择卡的(　　)中。
A. 数据组　B. 编辑组　C. 格式组　D. 样式组
7. 在以下单元格地址中,(　　)是相对地址。
A. $A$1　B. $A1　C. A$1　D. A1
8. 在Excel 2010工作表中,格式化单元格不能改变单元格的(　　)。
A. 数值大小　B. 边框　C. 列宽行高　D. 底纹和颜色
9. 在单元格中输入“1+2”后,单元格数据的类型是(　　)。
A. 数字　B. 文本　C. 日期　D. 时间
10. 在Excel工作表中已创建的图表中的图例(　　)。
A. 按Delete键可将其删除　B. 不可改变其位置
C. 只能在图表向导中修改　D. 不能修改
11. (　　)函数是文本函数。
A. VALUE　B. LOOKUP　C. AVERAGE　D. SUM
12. 在Excel 2010表格图表中,不存在的图形类型是(　　)。
A. 条形图　B. 圆锥形图　C. 柱形图　D. 扇形图
13. Excel 2010电子表格A1到C5为对角构成的区域,其表示方法是(　　)。
A. A1:C5　B. C1:A1　C. A1,C5　D. A1+C5
14. 退出Excel 2010可使用组合键(　　)。
A. Alt+F4　B. Ctrl+F4　C. Alt+F5　D. Ctrl+F5
15. Excel 2010工作簿的工作表数量为(　　)。
A. 1个　B. 128个　C. 3个　D. 1~255个
16. 在Excel 2010中用键盘选择一个单元格区域,首先选择单元格区域左上角的单元格,然后进行的操作是(　　)。
A. 按住Ctrl键并按向下和向右光标键,直到选择单元格区域右下角的单元格
B. 按住Alt键并按向下和向右光标键,直到选择单元格区域右下角的单元格
C. 按住Shift键并按向下和向右光标键,直到选择单元格区域右下角的单元格
D. 以上都不是
17. Excel 2010的每个单元格中最多可输入的字符数为(　　)。
A. 8个　B. 256个　C. 32002个　D. 32767个
18. Excel 2010的文本数据包括(　　)。
A. 汉字、短语和空格　B. 数字
C. 其他可输入字符　D. 以上全部
19. 在Excel 2010中,输入当天的日期可按组合键(　　)。
A. Shift+;　B. Ctrl+;　C. Shift+:　D. Ctrl+Shift
20. 在默认情况下,Excel 2010新建工作簿的工作表数为(　　)。
A. 3个　B. 1个　C. 64个　D. 255个
21. 在Excel 2010中,工作表的拆分分为(　　)。
A. 水平拆分和垂直拆分
B. 水平拆分、垂直拆分和水平、垂直同时拆分

C. 水平、垂直同时拆分

D. 以上均不是

22. 在 Excel 2010 中，工作表窗口冻结包括（　　）。

A. 水平冻结　　　　B. 垂直冻结

C. 水平、垂直同时冻结　　　　D. 以上全部

23. 在 Excel 2010 中，创建公式的操作步骤是（　　）。

①在编辑栏输入“＝” ②输入公式 ③按 Enter 键 ④选择需要建立公式的单元格

A. ④③①②　　　　B. ④①②③

C. ④①③②　　　　D. ①②③④

24. 在 Excel 2010 中，绝对引用单元格地址的方法是（　　）。

A. 在单元格地址前加“＄”

B. 在单元格地址后加“＄”

C. 在构成单元格地址的字母和数字前分别加“＄”

D. 在构成单元格地址的字母和数字之间加“＄”

25. 在 Excel 2010 中，一个完整的函数包括（　　）。

A. “＝”和函数名　　　　B. 函数名和变量

C. “＝”和变量　　　　D. “＝”、函数名和变量

26. Excel 2010 的数据类型包括（　　）。

A. 数值型数据　　B. 字符型数据　　C. 逻辑型数据　　D. 以上全部

27. 在 Excel 2010 的单元格中输入一个公式，首先应输入（　　）。

A. 等号“＝”　　B. 冒号“：”　　C. 分号“；”　　D. 感叹号“!”

28. 已知 Excel 2010 工作表中 A1 单元格和 B1 单元格的值分别为“广东金融学院”、“实验中心”，要求在 C1 单元格中显示“广东金融学院实验中心”，则在 C1 单元格中应输入的公式为（　　）。

A. ＝"广东金融学院"＋"实验中心"　　　　B. ＝A1＄B1

C. ＝A1＋B1　　　　D. ＝A1&B1

29. 在 Excel 2010 中，利用填充功能可以自动、快速地输入（　　）。

A. 文本数据　　　　B. 公式和函数

C. 数字数据　　　　D. 具有某种内在规律的数据

30. 一般情况下，Excel 2010 默认的显示格式左对齐的是（　　）。

A. 数值型数据　　B. 字符型数据　　C. 逻辑型数据　　D. 不确定

31. 在 Excel 2010 中，已知某单元格的格式为 000.00，值为 23.785，则显示的内容为（　　）。

A. 23.78　　B. 23.79　　C. 23.785　　D. 023.79

32. 一般情况下，Excel 2010 默认的显示格式右对齐的是（　　）。

A. 数值型数据　　B. 字符型数据　　C. 逻辑型数据　　D. 不确定

33. 一般情况下，Excel 2010 默认的显示格式居中对齐的是（　　）。

A. 数值型数据　　B. 字符型数据　　C. 日期型数据　　D. 不确定

34. 引用不同工作簿中的单元格称为(　　)。

A. 远程引用　　B. 绝对引用　　C. 外部引用　　D. 内部引用

35. 如果要引用单元格区域,可以输入引用区域左上角单元格、(　　)和区域右下角的单元格。

A. !　　B. []　　C. :　　D. ,

36. 在Excel状态下先后按顺序打开了A1.xlsx、A2.xlsx、A3.xlsx、A4.xlsx 4个工作簿文件,当前活动的窗口是(　　)工作簿的窗口。

A. A1.xlsx　　B. A2.xlsx　　C. A3.xlsx　　D. A4.xlsx

37. 在下列符号中,不属于比较运算符的是(　　)。

A. ＜＝　　B. ＝＜　　C. ＜＞　　D. ＞

38. 在下列运算符中,可以将两个文本值连接或串起来产生一个连续的文本值的是(　　)。

A. ＋　　B. ^　　C. &　　D. *

39. 在移动公式时,公式中的单元格的引用将(　　)。

A. 视情况而定　　B. 改变

C. 不改变　　D. 公式引用不存在了

40. 拆分工作表的显示窗口可以使用拆分框,拆分框位于(　　)的上方或右侧。

A. 标题栏　　B. 工具栏　　C. 滚动条　　D. 行列标

41. 下列操作中可以移动工作表位置的是(　　)。

A. 拖动工作表标签　　B. 单击工作表标签后单击目的位置

C. 按住Ctrl键拖动工作表标签　　D. 按住Shift键拖动工作表标签

42. 在保存Excel 2010工作簿文件的操作过程中,默认的工作簿文件的保存格式是(　　)。

A. HTML格式　　B. Microsoft Excel工作簿

C. Microsoft Excel 5.0/95工作簿　　D. Microsoft Excel 97&95工作簿

43. 单元格A1、A2、B1、B2、C1、C2分别为1、2、3、4、3、5,公式SUM(A1:B2,B1:C2)=(　　)。

A. 18　　B. 25　　C. 11　　D. 7

44. 当在函数或公式中没有可用的数值时,将产生错误值(　　)。

A. #VALUE!　　B. #NUM!　　C. #DIV/0!　　D. #N/A

45. 生成一个图表工作表,在默认状态下该图表的名字是(　　)。

A. 无标题　　B. Sheet1　　C. Bool1　　D. 图表1

46. 一般而言,最近编辑的Excel 2010工作簿的文件名将会记录在Windows的"开始"菜单的(　　)子菜单中。

A. 文档　　B. 程序　　C. 设置　　D. 查找

47. 工作表被删除后,下列说法正确的是(　　)。

A. 数据还保存在内存里,只不过是不再显示

B. 数据被删除,可以用"撤销"来恢复

C. 数据进入了回收站,可以去回收站将数据恢复

D. 数据被全部删除,而且不可以用"撤销"恢复

48. 在 Excel 2010 工作表中，在某单元格内输入数值 123，不正确的输入形式是(　　)。

A. 123　　B. =123　　C. +123　　D. *123

49. 在 Excel 2010 工作表中可以进行智能填充时，鼠标指针的形状为(　　)。

A. 空心粗十字　　B. 向左上方箭头

C. 实心细十字　　D. 向右上方箭头

50. 在 Excel 2010 工作簿中，有关移动和复制工作表的说法正确的是(　　)。

A. 工作表只能在所在工作簿内移动，不能复制

B. 工作表只能在所在工作簿内复制，不能移动

C. 工作表可以移动到所在工作簿内，不能复制到其他工作簿内

D. 工作表可以移动到所在工作簿内，也可以复制到其他工作簿内

51. 当前工作表是 Sheet1，按住 Shift 键单击 Sheet2，在单元格 A1 中输入 100，并把它的格式设为斜体，正确的结果是(　　)。

A. 工作表 Sheet2 的 A1 单元格中没有任何变化

B. 工作表 Sheet2 的 A1 单元格中出现正常体的 100

C. 工作表 Sheet2 的 A1 单元格中出现斜体的 100

D. 工作表 Sheet2 的 A1 单元格中没有任何变化，输入一个数后自动变为斜体

52. 下面是"把一个单元格区域的内容复制到新位置"的步骤，(　　)步的操作有误。

A. 选定要复制的单元格区域

B. 单击"剪贴板"组中的"剪切"按钮

C. 单击目的单元或区域的左上角单元格

D. 单击"剪贴板"组中的"粘贴"按钮

53. 工作表 Sheet1、Sheet2 均设置了打印区域，当前工作表为 Sheet1，选择"打印"命令后，在默认状态下将打印(　　)。

A. Sheet1 中的打印区域

B. Sheet1 中输入数据的区域和设置格式的区域

C. 在同一页 Sheet1、Sheet2 中的打印区域

D. 在不同页 Sheet1、Sheet2 中的打印区域

54. 在输入分数时，要先输入(　　)。

A. 0 空格　　B. 空格/　　C. 空格 0　　D. 0/

55. 表示对文本进行算术运算的错误值是(　　)。

A. #DIV/0!　　B. #NUM!

C. #VALUE!　　D. ########

56. 表示做除法时分母为零的错误值是(　　)。

A. #DIV/0!　　B. #NUM!

C. #VALUE!　　D. ########

57. E2 单元格对应一张工作表的行和列分别为(　　)。

A. 5,2　　B. 4,3　　C. 2,5　　D. 5,3

58. 在 F3 单元格中输入公式"=SUM(F1:F2,F4:F6,C3:E3)"，如果将它复制到 G5 单元格中，那么 G5 单元格中的内容将是(　　)。

A. =SUM(F1:F2,F4:F6,C3:E3)　　B. =SUM(G1:G2,G4:G6,D3:F3)

C. =SUM(G3:G4,G6:G8,D5:F5)　　D. =SUM(G2:G3,G5:G7,D4:F4)

59. 有一个单元格Cn(*n*指个数),要求求出其左边所有单元格之和,则输入(　　)。

A. =SUM(C1:Cn)　　B. =SUM(A1:Bn)

C. =SUM(An:Bn)　　D. =SUM(A1:Cn)

60. Excel 2010数据清单的列相当于数据库中的(　　)。

A. 记录　　B. 字段　　C. 记录号　　D. 记录单

61. Excel 2010启动后有两个窗口,一个是主窗口,另一个是(　　)。

A. 工作表窗口　　B. 工作簿窗口

C. 标题窗口　　D. 皆不是

62. 工作表与工作区域名字之间要以(　　)符号连接。

A. $　　B. !　　C. :　　D. .

63. Excel 2010中文版的汉字输入功能由(　　)实现。

A. Excel中文版本身　　B. Windows中文版

C. SuperCCDOS　　D. UCDOS

64. 在当前工作表的标签行中选定表标签Sheet3,按住Ctrl键把它拖到Sheet5与Sheet6之间,则在Sheet5与Sheet6之间产生的新表的标签是(　　)。

A. Sheet3(1)　　B. Sheet5(1)　　C. Sheet3(2)　　D. Sheet6(1)

65. Excel 2010图表中的数据点来自工作表的(　　)。

A. 某*N*个记录的计算结果　　B. 某个单元格

C. 某个记录　　D. 某几个单元组合*N*

66. 在Excel 2010中用其他软件绘制的图形称为(　　)。

A. 图像　　B. 图形文件　　C. 绘图　　D. 图片

67. 中文Excel 2010提供的自动筛选和高级筛选分别针对(　　)。

A. 简单条件和复杂条件　　B. 一般条件和用户自定义条件

C. 用户自定义条件和一般条件　　D. 复杂条件和简单条件

68. 在Excel 2010图表中,如果要增强图表的直观性,可以使用不同的(　　)表示数据点。

A. 系列　　B. 颜色　　C. 大小　　D. 符号

69. 对于工作表间单元格地址的引用,下列说法中正确的是(　　)。

A. 不能进行

B. 只能以绝对地址进行

C. 只能以相对地址进行

D. 既可以用相对地址,也可以用绝对地址

70. 按下列(　　)键可显示有关当前进程的帮助资料。

A. F1　　B. F2　　C. F3　　D. F4

71. 已知在单元格C4中输入的是"=$B4",在C5中输入的是"=B5",原来单元格B4中的值为20,单元格B5中为25,现在在单元格B4上面插入一个单元格,输入数据15,此时C4、C5中的值为(　　)。

A. 20、20　　B. 15、25　　C. 15、20　　D. 20、25

72. 如果在单元格 F5 中输入的是＝$C5，将其复制到 D6 中，则 D6 中的内容是（　　）。

A. $D6　　B. D6　　C. $C6　　D. $C5

73. 在引用其他工作簿中工作表的单元格时，其他工作簿的名称用（　　）表示。

A. [ ]　　B. <>　　C. { }　　D. H

74. 如果要表示由 C1、C2、D1、D2、D3、E2、E3 7 个单元格构成的区域，下面选项错误的是（　　）。

A. C1:D2,D2:E3　　B. C1:D2,D3,E2:E3

C. C1:E2 C2:E3,C1:D1,D3:E3　　D. C1:D3 D1:E3,C1:C2,E2:E3

75. ROUND(291.236,－2)的值是（　　）。

A. 290　　B. 300　　C. 291.2　　D. 291.24

76. IF("A">"B",1,2)的值是（　　）。

A. 1　　B. 2　　C. 3　　D. 4

77. 不同工作簿的单元格引用，在工作表改名或位置移动后，引用地址将（　　）。

A. 不受影响，自动更新

B. 受影响，可能被中断

C. 以原来位置为准，与表名无关

D. 如果被引用的单元格被复制或移动，引用将发生歧义

78. 工作表中的数据类型有（　　）。

A. 字符、数值、日期　　B. 字符、数值、时间

C. 字符、数值、屏幕　　D. 字符、日期、时间

79. 建立一个专用图表，在默认状态下该图表的工作表名称是（　　）。

A. 无名称　　B. Sheet1　　C. Bool1　　D. Chart1

80. 下面关于“删除”和“清除”的叙述正确的是（　　）。

A. 删除是指“挖掉”指定区域，清除只取消指定区域的内容

B. 删除不可以恢复，清除可以恢复

C. 在进行删除操作时既可以使用“编辑”组中的“清除”，也可以按 Delete 键

D. 在删除某一单元时其他单元不移动，在清除某一单元时其他单元要移动

81. 在 Excel 2010 中，为了能够更有效地进行数据管理，通常让每个数据清单独占（　　）。

A. 一列　　B. 一行　　C. 一个工作表　　D. 一个单元格

82. 在 Excel 2010 升序排序中，（　　）。

A. 逻辑值 FALSE 在 TRUE 之前

B. 逻辑值 TRUE 在 FALSE 之前

C. 逻辑值 TRUE 和 FALSE 等值

D. 逻辑值 TRUE 和 FALSE 保持原始次序

83. 在 Excel 2010 中，下列运算符运算的优先级别正确的是（　　）。

A. ＋ － * / > ＝　　B. ＝ <＝ >＝ <>

C. － % *　　D. * / %

84. 在Excel 2010公式中,(　　)用于指定对操作数或单元格引用数据执行何种运算。

A. 运算符　　B. =　　C. 操作数　　D. 逻辑值

85. 在Excel 2010中,参数必须用(　　)括起来,以告知公式参数开始和结束的位置。

A. 中括号　　B. 双引号　　C. 圆括号　　D. 单引号

86. 在Excel 2010中选取“自动筛选”命令后,在数据清单上的(　　)出现了下拉式按钮图标。

A. 字段名称右侧　　B. 所有单元格内　　C. 空白单元格内　　D. 底部

87. 在Excel 2010中,正确的算术运算符是(　　)等。

A. +、-、*、/、=　　B. =、<=、>=

C. +、-、*、/　　D. +、- *、/、&

88. 在Excel 2010中,如果要修改计算的顺序,需要把公式首先计算的部分括在(　　)内。

A. 圆括号　　B. 对引号　　C. 单行号　　D. 中括号

89. 在Excel 2010中,运算符的作用是(　　)。

A. 用于指定对操作数或单元格引用数据执行何种运算

B. 对数据进行分类

C. 将数据的运算结果赋值

D. 在公式中必须出现的符号,以便操作

90. 在Excel 2010中,电子表格是一种(　　)维的表格。

A. 一　　B. 二　　C. 三　　D. 多

二、多项选择题

1. 在Excel中,如果要统计一行数值的总和,不可以用下面的(　　)函数。

A. COUNT　　B. AVERAGE　　C. MAX　　D. SUM

2. 下面说法中正确的是(　　)。

A. Excel的行高是固定的

B. Excel单元格的宽度是固定的,为8个字符宽

C. Excel单元格的宽度是可变的,默认宽度为8个字符宽

D. Excel的行高和列宽是可变的

3. 在Excel工作表中,默认情况下,要右移一个单元格作为当前单元格,则(　　)。

A. 按→键　　B. 按Tab键

C. 按Enter键　　D. 用鼠标单击右边的单元格

4. 求A1至A7单元格的平均值,应用公式(　　)。

A. AVERAGE(A1:A7,7)　　B. AVERAGE(A1:A7)

C. SUM(A1:A7)/7　　D. SUM(A1:A7)/COUNT(A1:A7)

5. 以下属于Excel 2010标准类型图表的是(　　)。

A. 柱形图　　B. 饼图　　C. 雷达图　　D. 气泡图

6. Excel 2010具有(　　)功能。

A. 公式计算　　B. 数据管理　　C. 设置表格格式　　D. 打印表格

7. 当用户的数据太长,单元格放不下时,则(　　)。

A. 用科学记数法表示

B. 当右边的单元格为空,则跨列显示

C. 当右边的单元格不空,则只显示数据的前半部分

D. 当右边的单元格不空,则只显示数据的后半部分

8. 在工作表中建立函数的方法有(　　)。

A. 直接在单元格中输入函数

B. 直接在编辑栏中输入函数

C. 利用“公式”选项卡中的“插入函数”按钮

D. 利用“插入”选项卡中的“插入函数”按钮

9. 选中表格中的某一行,按 Delete 键后(　　)。

A. 该行被清除,同时下一行的内容上移

B. 该行被清除,但下一行的内容不上移

C. 该行被清除,同时该行所设置的格式也被清除

D. 该行被清除,但该行所设置的格式不被清除

10. 向 Excel 单元格中输入时间 99 年 12 月 30 日,格式应为(　　)。

A. 99-12-30　　B. 12-30-99　　C. 99/12/30　　D. 30/12/99

11. 如果要退出 Excel 2010 应用程序,可以(　　)。

A. 双击 Excel 2010 标题栏右侧的“关闭”按钮

B. 同时按 Alt 和 F4 键

C. 单击 Excel 2010 选项卡右侧的“关闭”按钮

D. 选择“退出”命令

12. 如果使用 Excel 2010 建立一个仓库管理系统,最好建立(　　)等。

A. 出库单经手人汇总表　　B. 入库单汇总表

C. 库存实物汇总表　　D. 出库单汇总表

13. 在打印工作表的时候,如果想将各单元格用线条隔开,可以(　　)。

A. 在“页面布局”选项卡的“工作表选项”组中选中“网格线”

B. 将所有单元格都加上边框

C. 什么也不必做,因为工作表中的数据都是用线隔开的

D. 按行、列的高度、宽度预制一张空表,然后将数据打印在上面

14. 下列属于在 Excel 2010 中对图表的修饰操作有(　　)。

A. 为图表增加文字解释　　B. 为图表选择一种新字体

C. 改变标题的显示方向　　D. 改变图表比例

15. 在 Excel 2010 中,数据的输入方法包括(　　)。

A. 键盘输入　　B. 成批输入

C. 通过公式自动输入　　D. 从其他表格中提取数据

16. Excel 2010 的功能包括(　　)。

A. 建立电子表格　　B. 输入数据

C. 编辑电子表格　　D. 建立工作簿

17. Excel 2010 的功能包括(　　)。
A. 格式设置　　B. 统计处理
C. 图表处理　　D. 打印输出
18. Excel 2010 的功能包括(　　)。
A. 公式计算　　B. 绘图
C. 数据分析　　D. 复制工作表
19. Excel 2010 菜单的种类有(　　)。
A. 弹出式菜单　　B. 下拉式菜单　　C. 快捷菜单　　D. 控制菜单
20. 单元格文本的对齐方式有(　　)。
A. 水平对齐　　B. 垂直对齐　　C. 跨列居中　　D. 分散对齐
21. 修改已输入在单元格中的数据,可以(　　)。
A. 双击单元格　　B. 按 F2 键　　C. 按 F3 键　　D. 单击编辑栏
22. 对于工作表的编辑,主要是对表格中的数据进行(　　)、替换等操作。
A. 增加　　B. 删除　　C. 修改　　D. 查找
23. 在 Excel 2010 中,可以对表格中的数据进行(　　)等统计处理。
A. 求和　　B. 汇总　　C. 排序　　D. 索引
24. “设置单元格格式”对话框中包括“数字”、(　　)、“边框”、“填充”和“保护”选项卡。
A. “颜色”　　B. “对齐”　　C. “下划线”　　D. “字体”
25. 如果要选择某一连续区域,可以(　　)。
A. 向右拖动　　B. 向左拖动　　C. 沿对角线拖动　　D. 先按住 Ctrl 键
26. 下列属于区域的是(　　)。
A. (A1:A1)　　B. (A1,B1)
C. (A4:A5,B4:B5)　　D. (A1:B2)
27. 如果要选中区域 A3:B4,以下选项中正确的是(　　)。
A. A3,Shift+B4
B. A3,Ctrl+B4
C. 按鼠标左键从 A3 单元格拖动到 B4 单元格
D. Ctrl+A3,Ctrl+A4,Ctrl+B3,Ctrl+B4
28. 粘贴原单元格的所有内容包括(　　)。
A. 公式　　B. 值　　C. 格式　　D. 批注
29. 下面关于工作表命名的说法,正确的有(　　)。
A. 在一个工作簿中不可能存在两个完全同名的工作表
B. 工作表可以定义成任何字符、任何长度的名字
C. 工作表的名字只能以字母开头,且最多不超过 32 个字节
D. 工作表在命名后还可以修改,复制的工作表将自动在后面加上数字以示区别
30. 下面关于工作表移动或复制的说法,正确的是(　　)。
A. 工作表不能移到其他工作簿中,只能在本工作簿内进行
B. 工作表的复制是完全复制,包括数据和排版格式

C. 工作表的移动或复制不限于本工作簿，可以跨工作簿进行

D. 工作表的移动是指移动到不同的工作簿中，在本工作簿中无此概念

31. 关于 Excel 2010 工作表的外观修饰，下列说法中错误的是(　　)。

A. 工作表的单元格底纹与背景一样都可以打印出来

B. 在工作表中还可以插入图片

C. 在工作表中还可以手工绘图

D. 在一个单元格中也可以用制表位去排版

32. 对于 Excel 2010 工作表的安全性，下列说法正确的是(　　)。

A. 可以将一个工作簿中的某一张工作表保护起来

B. 可以将某些单元格保护起来

C. 可以将某些单元格隐藏起来

D. 工作表也有打开权和修改权的双重保护

33. 对于已经建好的图表，下列说法正确的是(　　)。

A. 图表是一种特殊类型的工作表

B. 图表中的数据也是可以编辑的

C. 图表可以复制和删除

D. 图表中的各项是一体的，不可分开编辑

34. Excel 2010 的三要素是(　　)。

A. 工作表　　B. 工作簿　　C. 单元格　　D. 区域

35. 下列属于单元格格式的是(　　)。

A. 数字格式　　B. 字体格式　　C. 对齐格式　　D. 调整行高

36. 下列属于单元格格式的是(　　)。

A. 边框格式　　B. 调整列宽　　C. 填充格式　　D. 保护格式

37. 如果要选定一片连续区域，可以实现的方法有(　　)。

A. 用鼠标向左拖动

B. 用鼠标向右拖动

C. 用鼠标向对角线方向拖动

D. 用 Shift 键和光标键操作

38. 当前单元格是 F4，对于 F4 来说，输入公式"=SUM(A4:E4)"意味着(　　)。

A. 把 A4 和 E4 单元格中的数值求和

B. 把 A4、B4、C4、D4、E4 这 5 个单元格中的数值求和

C. 把 F4 单元格左边所有单元格中的数值求和

D. 把 F4 和 F4 左边所有单元格中的数值求和

39. 在用 Excel 2010 完成一项管理工作时，一般应当遵循(　　)原则。

A. 要弄清各表之间的关系

B. 要弄清哪些表格中的数据必须填写

C. 要弄清哪些表格的数据是经过表格处理得到的

D. 要弄清需要建立哪些表格

40. 下列函数的返回值等于100的有(　　)。
    A. SUM(10,10)
    B. PRODUCT(10,10)
    C. ROUND(143.24,－2)
    D. MAX(20,30,80,100)
41. 如果要选中全部区域,以下操作正确的是(　　)。
    A. 按Ctrl＋A键
    B. 单击"全选"按钮
    C. 按Shift＋A键
    D. 单击"编辑"组中的"全选"按钮

三、判断题(正确的在括号内打√,错误的打×)

1. Excel 2010 工作簿由一个工作表组成。(　　)
2. Excel 2010 工作簿文件的扩展名是.xls。(　　)
3. Excel 2010 单元格中的公式都是以"＝"或"＋"开头的。(　　)
4. 筛选是只显示某些条件的记录,并不改变记录。(　　)
5. 一个 Excel 2010 工作表的可用行数和列数是不受限制的。(　　)
6. 在 Excel 2010 工作表中可以插入并编辑 Word 文档。(　　)
7. 如果单元格内显示"####",表示单元格中的数据是错误的。(　　)
8. 在 Excel 2010 工作表的单元格中可以输入文字,也可以插入图片。(　　)
9. 合并单元格只能合并横向的单元格。(　　)
10. Excel 2010 中的绝对地址与相对地址是一样的,只是写法不同而已。(　　)
11. 退出 Excel 2010 可以使用 Alt＋F4 键。(　　)
12. Excel 2010 中的每个工作簿包含1～255个工作表。(　　)
13. 启动 Excel 2010,若不进行任何设置,则默认工作表数为16个。(　　)
14. Excel 2010 每个单元格中最多可输入256个字符。(　　)
15. 数字不能作为 Excel 2010 的文本数据。(　　)
16. 在 Excel 2010 中可以用 Ctrl＋;键输入当前的时间。(　　)
17. 在 Excel 2010 中可以用 Shift＋;键输入当前的时间。(　　)
18. 在 Excel 2010 中,工作表可以按标签名存取。(　　)
19. 在 Excel 2010 所选单元格中创建公式,首先应输入":"。(　　)
20. 在 Excel 2010 中,函数包括"＝"、函数名和变量。(　　)
21. 在 Excel 2010 中,清除和删除的功能是不一样的。(　　)
22. 在 Excel 2010 中,对单元格 $B$1 的引用是混合引用。(　　)
23. 在 Excel 2010 中,复制操作只能在同一个工作表中进行。(　　)
24. 在 Excel 2010 中排序时,只能指定一个关键字。(　　)
25. 在 Excel 2010 单元格中输入"＝9＞(7-4)",将显示 FASLE。(　　)
26. 在 Excel 2010 中分类汇总前,需要先对数据按分类字段进行排序。(　　)
27. 在 Excel 2010 中,可直接在单元格中输入函数,例如 SUM(H5:H9)。(　　)
28. 在 Excel 2010 中,用户可自定义填充序列。(　　)
29. Excel 2010 的运算符是按优先级排列的。(　　)
30. 已知工作表的 K6 单元格中的公式为"＝F6*$D$4",在第3行插入一行,则插入后 K7 单元格中的公式为"＝F7*$D$5"。(　　)

31. 已知工作表中C2单元格的值为1,C7单元格中为公式"=C2=C7",则C7单元格显示的内容为1。 (　　)

32. 在Excel 2010中,用"复制"、"粘贴"按钮不可以将C3和E8两个单元格的内容一次复制到F8∶F9中。 (　　)

33. 在Excel 2010中,当单元格中的字符串超过该单元格的显示宽度时,该字符串可能占用其右侧的单元格的显示空间全部显示出来。 (　　)

34. Excel 2010将工作簿的每一张工作表分别作为一个文件来保存。 (　　)

35. 在Excel 2010中,关系运算符的运算结果是TRUE或FASLE。 (　　)

36. 在Excel 2010中,输入公式以"="开头,在输入函数时直接输入函数名,而不需要以"="开头。 (　　)

37. 在Excel 2010中,为了在单元格中输入分数,应该先输入0和一个空格,然后输入组成分数的数字。 (　　)

38. 在Excel 2010中,当公式中的引用单元格地址用的是绝对引用时,复制该公式到新的单元格后,在新的单元格中将显示出错信息。 (　　)

39. 在Excel 2010中,当前工作簿可以引用其他工作簿中工作表的单元格。 (　　)

40. 在Excel 2010中,当工作簿建立完毕后还需要进一步建立工作表。 (　　)

41. Excel 2010的数据管理可以支持数据记录的增、删、改等操作。 (　　)

42. 在Excel 2010的一个单元格中输入6/20,则该单元格显示0.3。 (　　)

43. Excel 2010工作表中G8单元格的值为19681.029,执行某些操作后,在G8单元格中显示一串"#"符号,说明G8单元格的公式有错,无法计算。 (　　)

44. 单击要删除行(或列)的行号(或列号),按下Delete键可删除该行(或列)。 (　　)

45. 在Excel 2010的一个单元格中输入"(100)",则单元格显示为-100。 (　　)

46. 在Excel 2010中,[汇总表]销售!$B$10是合法的单元格引用。 (　　)

47. 在Excel 2010中,当单元格中出现"#NAME"或"#REF!"时,表明在此单元格的公式中有引用错误。 (　　)

48. 在Excel 2010中,向单元格中输入文本型数值,可以先输入西文"'"作为前导符。 (　　)

49. 在Excel 2010中,自动填充功能可实现数值数据的复制。 (　　)

50. 在Excel 2010中,要选定多个单元格,就必须使用鼠标。 (　　)

51. 在Excel 2010中,函数SUM的功能是求和。 (　　)

52. 在Excel 2010中,单元格是用列号和行号的组合来标识的。 (　　)

53. 在Excel 2010中,工作表是由无数个行和列组成的。 (　　)

54. 在Excel 2010中,复制操作只能在同一个工作表中进行。 (　　)

55. 在Excel 2010中进行自动填充时,鼠标的指针是黑十字形。 (　　)

56. 在Excel 2010中,函数MAX的功能是求最小值。 (　　)

57. 在Excel 2010中,单元格是组成工作表的最小单位。 (　　)

58. 在Excel 2010中,区域是指一片连续的单元格所组成的区域。 (　　)

59. 在Excel 2010中,粘贴只能实现内容的复制。 (　　)

60. 在Excel 2010中,只能完成表格的制作。 (　　)

61. 在Excel 2010中,程序窗口界面和Word程序窗口界面完全不一样。 ( )
62. Excel 2010提供了11种标准图表类型。 ( )
63. Excel 2010向用户提供了12大类函数。 ( )
64. 在Excel 2010中,对某个单元格进行复制后,可进行若干次粘贴。 ( )
65. 在Excel 2010中,函数或公式可作为另一个函数参数。 ( )
66. 在Excel 2010中,AVERAGE(D5:H5)的功能是计算D5到H5单元格区域的平均值。 ( )
67. 在Excel 2010中,文字默认的对齐方式是右对齐。 ( )
68. Sheet1是默认的工作表名称。 ( )
69. 单元格与单元格内的数据是相互独立的。 ( )
70. 在用“0”时,若数字位数小于设置中0的个数,不足的位数会以0显示,“#”号不会显示对数值无影响的0。 ( )
71. 如果需要打印出工作表,还需为工作表设置框线,否则不打印表格线。 ( )
72. 在Excel 2010中,用户可删除自定义填充序列。 ( )
73. 处理大型的工作表,除可以使用菜单项分割窗口外,还可以使用鼠标分割窗口。 ( )
74. 隐藏是指被用户锁定且看不到单元格的内容,但内容还在。 ( )
75. 对于选定的区域,若要一次性输入同样的数据或公式,可在该区域输入数据公式,按Ctrl+Enter键即可完成操作。 ( )
76. 在Excel 2010中,在对一张工作表进行页面设置后,该设置对所有工作表都适用。 ( )
77. 一个Excel 2010文件就是一个工作簿,工作簿是由一张或多张工作表组成的,工作表又包含单元格,一个单元格中只有一个数据。 ( )
78. 用户可以对任意区域命名,包括连续的和不连续的,甚至对某个单元格也可以重新命名。 ( )
79. 如果计算机堆栈允许,函数可以无限嵌套。 ( )
80. 数据清单的排序既可以按行进行,也可以按列进行。 ( )
81. 在Excel 2010中能进行查找与替换操作。 ( )
82. 对于数值型数据,如果将单元格格式设成小数点后第3位,这时计算精度将保持在0.001以上。 ( )
83. 通过Excel 2010的“Excel选项”对话框,可以设置新工作簿内工作表的数目。 ( )
84. 复制或移动工作表使用同一个对话框。 ( )
85. 逻辑值TRUE大于FALSE。 ( )
86. 在某个单元格中输入公式“=SUM($A$1:$A$10)”或“=SUM(A1:A10)”,最后计算出的值是一样的。 ( )
87. 在工作表上插入的图片不属于某一单元格。 ( )
88. 在Excel 2010的图表中,饼图通常包含多个数据系列,圆环图只包含一个数据系列。 ( )

89. 在 Excel 2010 中，可以显示活动的工作簿中的多张工作表的内容。（ ）

90. Excel 2010 不能同时打开文件名相同的工作簿。（ ）

91. 数据清单的排序可以按笔画进行排序。（ ）

92. 单元格“垂直对齐”方式中没有“跨列居中”方式。（ ）

93. Excel 2010 的工作簿是一张二维表。（ ）

94. 工作簿文件的默认扩展名是.xlsx。（ ）

95. Excel 2010 的工作表是用于存储和处理数据的主要文档，也称电子表格。（ ）

96. 在 Excel 2010 中，用“删除工作表”命令将选定的工作表删除后可通过“撤销”等操作予以恢复。（ ）

97. Excel 2010 中的每一个单元格都有一个固定的编号。（ ）

98. Excel 2010 中的表格框线只能用虚线表示，不能转换成实线。（ ）

99. 在 Excel 2010 系统中，对单元格进行序列输入，其内容既可以是英文、数字，也可以是中文。（ ）

100. Excel 2010 系统的公式运算只能对数值类型的数据起作用。（ ）

101. 在 Excel 2010 中，工作表的行高不可调。（ ）

102. 在 Excel 2010 中不可以进行图文混排。（ ）

103. 在 Excel 2010 中制作的表格可以插入到 Word 文档中。（ ）

104. 在 Excel 2010 中可以选定多个不连续的单元格区域。（ ）

105. 在 Excel 2010 工作表中，单元格的地址是唯一的，由所在的行和列决定。（ ）

106. 在 Excel 2010 中可以预先设置某一单元格允许输入的数据类型。（ ）

107. 在 Excel 2010 中，公式 12&-34 的运算结果为 12-34。（ ）

108. 在 Excel 2010 中创建图表时，一般首先选定创建图表的数据区域。（ ）

109. 双击 Excel 2010 窗口的“文件”选项卡中的“退出”可以快速退出 Excel。（ ）

110. 在 Excel 2010 中使用自动填充功能时，如果初始值为纯文本，则填充相当于数据的复制。（ ）

111. 在 Excel 2010 中可以通过“开始”选项卡的“编辑”组中的“查找”命令实现对单元格中数据的查找或替换操作。（ ）

112. Excel 2010 提供了强大的数据保护功能，即使在操作中连续出现了多次误删除也可以恢复。（ ）

113. Excel 2010 中的“另存为”操作是将现在编辑的文件按新的文件名或路径存盘。（ ）

114. Excel 2010 工作表窗口的拆分与 Word 2010 窗口的拆分一样，只能水平拆分。（ ）

115. 在 Excel 2010 中，任一时刻，工作表中只能有一个活动单元格。（ ）

116. 在 Excel 2010 中，当工作表中的数据发生变化时，其图表中对应的数据也会自动更新。（ ）

117. 在 Excel 2010 中，货币符号不必输入。（ ）

118. 若 Excel 2010 的一个工作簿中有多个工作表，则这些工作表是相互独立的。（ ）

119. 在Excel 2010的“打印”对话框中可以选择打印整个工作簿。 (　　)

120. 在Excel 2010中使用“高级筛选”命令,数据区域应包括字段名行。 (　　)

121. Excel 2010可以方便地从数据库文件中获取记录。 (　　)

122. 在Excel 2010中,复制格式设置的快速方法是使用“开始”选项卡的“剪贴板”组中的“格式刷”按钮。 (　　)

123. 在Excel 2010中,数据透视表的结果只能放在现有的工作簿中,但能放在此工作簿的不同工作表中。 (　　)

124. 在Excel 2010中,选择“文件”选项卡中的“打印”命令,可以在打印面板中观察打印效果。 (　　)

125. 在Excel 2010中,只要工作表中的各列都是数值数据就可以进行排序、筛选以及分类汇总操作。 (　　)

126. 在打印Excel工作表时,若工作表太大,超出了页宽和页高,如果选择了“先列后行”单选按钮,则垂直方向先分页打印完,再考虑水平方向的分页。 (　　)

127. 在Excel 2010中,函数NOW()的作用是显示计算机系统内部时钟的当前日期和时间。 (　　)

128. 在Excel 2010中的分类汇总功能适用于按单个字段进行分类。 (　　)

129. 在Excel 2010中,在单元格中输入的数据不能自动换行,必须按Enter键。 (　　)

130. 在Excel 2010中,建立工作表时,单元格的宽度和高度可以调整。 (　　)

131. 在Excel 2010编辑栏创建公式,首先应输入“;”。 (　　)

132. 在Excel中,公式AVERAGE("3",3,FALSE)的值为3。 (　　)

四、填空题

1. Excel 2010工作簿默认的扩展名是________。
2. 在Excel 2010中,用黑色实线围住的单元格称为________。
3. 在Excel 2010中,如果要输入数据2/3,应先输入________。
4. 在Excel 2010中,数据−0.0000321的科学记数法表示形式是________。
5. 在Excel 2010工作表的单元格中输入“256”,此单元格按默认格式会显示________。
6. 在Excel 2010中,当单元格宽度不足以显示数据时会显示一系列________号。
7. 在Excel 2010中,$C$1是一个________地址。
8. 数值数据默认的水平对齐方式为________。
9. 如果输入一个单引号,再输入数字数据,则数据靠单元格________对齐。
10. 单元格C1=A1+B1,将公式复制到C2时,C2的公式是________。
11. 单元格C1=$A$1+B1,将公式复制到C2时,C2的公式是________。
12. 比较运算得到的结果只可能有两个值,即________和FALSE。
13. 在选定所有单元格后,按________键会删除所有单元格中的数据。
14. 某单元格执行“="north"&"wind"”的结果是________。
15. 在Excel 2010工作表的公式中,“AVERAGE(B3:C4)”的含义是________。
16. 求B5到B10单元格的和应该引用函数________。

17. 在 Excel 2010 工作表中，若要设定某单元格中的数据垂直居中，首先在________中单击“格式”按钮，然后选择“设置单元格格式”命令，在弹出的“单元格格式”对话框的“对齐”选项卡中操作即可。

18. 在 Sheet1 中引用 Sheet3 中的 B3 单元格，格式是________。

19. 在向工作簿中添加新工作表时，应该在________选项卡中操作。

20. 在 Excel 2010 环境中用来存储和处理工作表数据的文件称为________。

21. 在 Excel 2010 中处理的所有数据通常保存在________文件中。

22. 在 Excel 2010 中正在处理的工作表称为________工作表。

23. 在 Excel 2010 中，在某单元格中输入“＝－5＋6＊7”，则按 Enter 键后此单元格显示________。

24. 在 Excel 2010 中，________是绘制在图表中的一组相关数据点，来源于工作表的一行或一列。

五、简答题

1. Excel 2010 由哪几部分组成？每部分的功能是什么？
2. 什么是工作簿？什么是工作表？什么是单元格？三者有何联系？
3. 说明绝对地址、相对地址、混合地址的区别。
4. 请说出公式“＝Sheet3!C2＋Sheet4!C8＋成绩单!A4”的含义。
5. 不连续的表格区域的选定是如何操作的？
6. 说出数据透视表的功能。
7. 单元格的清除与单元格的删除有什么不同？
8. 简述图表的建立方法。
9. 如果一个工作表大于一页，在打印输出时要将它放在一页中，应该怎样操作？

六、操作题

说明：该部分操作题所用的工作簿请到出版社网站上下载。

1. 使用 Excel 2010 打开 E:\XLS\E001.xlsx 文件，按要求完成下列各项操作并保存（注意，没有要求操作的项目请不要更改）：

（1）将 Sheet1 工作表的 A1:M1 单元格合并为一个单元格，内容水平居中；计算全年平均值列的内容（数值型，保留小数点后两位），计算“最高值”和“最低值”行的内容（利用 MAX 函数和 MIN 函数，数值型，保留小数点后两位）；将 A2:M5 区域格式设置为套用表格格式“表样式浅色 2”，将工作表命名为“经济增长指数对比表”。

（2）选取“经济增长指数对比表”的 A2：L5 数据区域的内容建立“带数据标记的堆积折线图”（系列产生在“行”），图表标题为“经济增长指数对比图”，设置 Y 轴刻度最小值为 50、最大值为 210，主要刻度单位为 20，分类（X 轴）交叉于 50；将图表插入到表的 A8：L20 单元格区域内。

（3）保存文件

2. 使用 Excel 2010 打开 E:\XLS\E002.xlsx 文件，按要求完成下列各项操作并保存（注意，没有要求操作的项目请不要更改）：

（1）将 Sheet1 工作表的 A1:F1 单元格合并为一个单元格，内容水平居中，计算“总积分"列的内容(金牌获10分,银牌获7分,铜牌获3分),按递减次序计算各队的积分排名(利用RANK函数);按主要关键字"金牌"的降序次序、次要关键字"银牌"的降序次序、第三关键字"铜牌"的降序次序进行排序;将工作表命令为"成绩统计表"。

(2) 选取"成绩统计表"的A2:D10数据区域,建立"簇状柱形图",系列产生在"列",图表标题为"成绩统计图",设置图表数据系列格式的金牌图案内容为金色(RGB值为红色255、绿色204、蓝色0),银牌图案内容为淡蓝色(RGB值为红色153、绿色204、蓝色255),铜牌图案内容为绿色(RGB值为红色0、绿色128、蓝色0),图例位置为底部,将图插入到表的A12:G26单元格区域内。

(3) 保存文件。

3. 使用Excel 2010打开E:\XLS\E003.xlsx文件,按要求完成下列各项操作并保存(注意,没有要求操作的项目请不要更改):

(1) 对工作表"图书销售情况表"内数据清单的内容按主要关键字"季度"的升序次序、次要关键字"图书名称"的降序次序进行排序,对排序后的数据进行分类汇总,分类字段为"图书名称"、汇总方式为"求和"、汇总项为"数量"和"销售额",汇总结果显示在数据下方,工作表名不变。

(2) 保存文件。

4. 使用Excel 2010打开E:\XLS\E004.xlsx文件,按要求完成下列各项操作并保存(注意,没有要求操作的项目请不要更改):

(1) 将Sheet1工作表的A1:F1单元格合并为一个单元格,内容水平居中;计算"总计"行内容和"季度平均值"列的内容,"季度平均值"单元格格式的数字分类为数值(小数位数为2),将工作表命名为"销售数量情况表"。

(2) 选取A2:E5数据区域的内容建立"带数据标记的折线图",X轴为季度名称,系列产生在"行",在图表上方插入图表标题"销售数量情况图",主要横网格线和主要纵网格线显示主要网格线,图例位置靠上;将图表插入到表的A8:F20单元格区域内。

(3) 保存文件。

5. 使用Excel 2010打开E:\XLS\E005.xlsx文件,按要求完成下列各项操作并保存(注意,没有要求操作的项目请不要更改):

(1) 将Sheet1工作表的A1:G1单元格合并为一个单元格,内容水平居中;计算"总成绩"列的内容和按"总成绩"递减次序的排名(利用RANK函数);如果高等数学、大学英语成绩均大于或等于75,在备注栏内给出信息"有资格",否则给出信息"无资格"(利用IF函数实现);将工作表命名为"成绩统计表"。

(2) 保存文件。

6. 使用Excel 2010打开E:\XLS\E006.xlsx文件,按要求完成下列各项操作并保存(注意,没有要求操作的项目请不要更改):

(1) 将Sheet1工作表的A1:E1单元格合并为一个单元格,内容水平居中;计算"全年平均值"行的内容(数值型,保留小数点后两位),计算"月最高值"列的内容(利用MAX函数,数值型,保留小数点后两位),利用条件格式将B3:D14区域内的数值大于或等于100.00的单元格字体颜色设置为绿色(RGB值为0,176,80)。

(2) 选取D2:D14数据区域的内容建立"带数据标记的折线图"(系列产生在"列"),在图表上方插入图表标题“降雨量统计图”，图例位置靠上；将图表插入到表的A17:E30单元格区域内，将工作表命名为“降雨量统计表”。

(3) 保存文件。

7. 使用Excel 2010打开E:\XLS\E007.xlsx文件，按要求完成下列各项操作并保存(注意，没有要求操作的项目请不要更改)：

(1) 将Sheet1工作表的A1:D1单元格合并为一个单元格，内容水平居中；计算平均成绩(置于C13单元格内，保留小数点后两位)，如果该选手的成绩在90分及以上，在“备注”列给出“进入决赛”的信息，否则给出“谢谢”的信息(利用IF函数完成)；利用条件格式将D3:D12区域内容为“进入决赛”的单元格字体颜色设置为红色。

(2) 选取“选手号”和“成绩”列的内容建立“簇状条形图”(系列产生在“列”)，图表标题为“竞赛成绩统计图”，清除图例；将图表插入表A14:F33单元格区域，将工作表命名为“竞赛成绩统计表”。

(3) 保存文件。

8. 使用Excel 2010打开E:\XLS\E008.xlsx文件，按要求完成下列各项操作并保存(注意，没有要求操作的项目请不要更改)：

(1) 将Sheet1工作表的A1:F1单元格合并为一个单元格，内容水平居中；用公式计算“总计”列的内容和“总计”列的合计，用公式计算“所占百分比”列的内容(所占百分比=总计/合计)，单元格格式的数字分类为百分比，小数位数为2，将工作表命名为“植树情况统计表”。

(2) 选取“植树情况统计表”的“树种”和“所占百分比”列的内容(不含“合计”行)，建立“三维饼图”(系列产生在“列”)，图表标题为“植树情况统计图”，数据标签为百分比及类别名称，不显示图例；将图表插入表的A8:D18单元格区域。

(3) 保存文件。

9. 使用Excel 2010打开E:\XLS\E009.xlsx文件，按要求完成下列各项操作并保存(注意，没有要求操作的项目请不要更改)：

(1) 将Sheet1工作表的A1:D1单元格合并为一个单元格，内容水平居中；计算“调薪后工资”列的内容(调薪后工资=现工资+现工资*调薪系数)，计算现工资和调薪后工资的普遍工资(置于B18和D18单元格，利用MODE函数)；将A2:D17区域格式设置为套用表格格式“表样式浅色2”。

(2) 选取“现工资”和“调薪后工资”列的内容建立“簇状柱形图”(系列产生在“列”)，图表标题为“工资统计图”，设置图表绘图区格式为“白色，背景1”，图例位置为底部；将图表插入表的A20:E34单元格区域，将工作表命名为“工资统计表”。

(3) 保存文件。

10. 使用Excel 2010打开E:\XLS\E010.xlsx，按要求完成下列各项操作并保存(注意，没有要求操作的项目请不要更改)：

(1) 利用自动筛选功能筛选出女性副教授，并将筛选出来的结果(含字段名)复制到A70开始的区域中。

(2) 保存文件。

11. 使用Excel 2010打开E:\XLS\E011.xlsx文件，按要求完成下列各项操作并保存

(注意,没有要求操作的项目请不要更改):

(1) 在B2:J10区域制作加法表,计算方法为对应行首与对应列首相加,要求在B2单元格中输入公式,然后复制到其他单元格(提示:公式中可使用混合地址)。

(2) 设置B2:J10单元格区域格式为外边框、内边框使用线条样式,该样式为双细实线,线条自定义颜色值分别为红色172、绿色127、蓝色0,填充图案样式为12.5%灰色。

(3) 保存文件(如果保存文件时出现有“兼容性检查器”的提示框,请单击“继续”按钮保存)。

12. 使用Excel 2010打开E:\XLS\E012.xlsx文件,按要求完成下列各项操作并保存(注意,没有要求操作的项目请不要更改):

(1) 将“工资表”工作表删除。

(2) 在工作表Sheet1中将图表改为描述4个季度的广州、北京、厦门3个城市的销售情况图。

(3) 保存文件(如果保存文件时出现有“兼容性检查器”的提示框,请单击“继续”按钮保存)。

13. 使用Excel 2010打开E:\XLS\E013.xlsx文件,按要求完成下列各项操作并保存保存(注意,没有要求操作的项目请不要更改):

(1) 制作分类汇总,对数据清单按X科目(降序)分类,统计X科分数的平均分,将汇总结果显示在数据下方。

(2) 保存文件(如果保存文件时出现有“兼容性检查器”的提示框,请单击“继续”按钮保存)。

14. 使用Excel 2010打开E:\XLS\E014.xlsx文件,按要求完成下列各项操作并保存保存(注意,没有要求操作的项目请不要更改):

(1) 设置D3:D20区域下拉列表选项的值,选项的值如下图所示(提示:必须通过“数据有效性”进行设置,项目的值的顺序不能有错,否则不得分)。

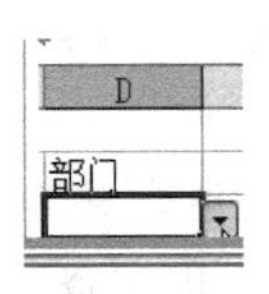

(2) 使用条件格式工具对Sheet1表的“性别”列(区域为C3:C20)中的有效数据按不同的条件设置显示格式,其中,性别为“男”,设置标准色中的蓝色字体;性别为“女”,设置标准色中的红色字体(条件格式中的值为输入的值,不能为单元格引用项)。

(3) 保存文件(如果保存文件时出现有“兼容性检查器”的提示框,请单击“继续”按钮保存)。

15. 使用Excel 2010打开E:\XLS\E015.xlsx文件,按要求完成下列各项操作并保存保存(注意,没有要求操作的项目请不要更改):

(1) 将当前工作表Sheet1更名为“救灾捐款统计表”。

(2) 设置数据表标题格式,字体为隶书,标准色中的红色,字形加粗,字号为14,A1:D1区域的水平对齐方式为跨列居中,单元格填充背景色为自定义颜色(红色204、绿色204、蓝色255)。

(3) 选择“单位名称”和“折合人民币”两列数据,绘制部门捐款的三维饼图,要求有图例并显示各部门捐款总数的百分比,标签位置为“数据标签外”,图表标题为“各部门捐款总数百分比图”,嵌入在数据表格下方。

(4) 保存文件(如果保存文件时出现有“兼容性检查器”的提示框,请单击“继续”按钮保存)。

16. 使用 Excel 2010 打开 E:\XLS\E016.xlsx 文件,按要求完成下列各项操作并保存保存(注意,没有要求操作的项目请不要更改):

(1) 对表中的所有数据进行排序,有标题行,主要关键字为“订货量”、降序,次要关键字为“地区”、降序,第二次要关键字为“季度”、升序。

(2) 保存文件(如果保存文件时出现有“兼容性检查器”的提示框,请单击“继续”按钮保存)。

(3) 保存文件(如果保存文件时出现有“兼容性检查器”的提示框,请单击“继续”按钮保存)。

17. 使用 Excel 2010 打开 E:\XLS\E017.xlsx 文件,按要求完成下列各项操作并保存保存(注意,没有要求操作的项目请不要更改):

(1) 在名称为“工资表”的数据表单元格 D17 中用函数公式计算出“年龄”列的平均值,并且使用 ROUND 函数将该平均值四舍五入至整数,在单元格 F17 中用函数公式计算出“基本工资”的最大值,在单元格 J17 用函数公式计算出“应发工资”的最小值。

(2) 保存文件(如果保存文件时出现有“兼容性检查器”的提示框,请单击“继续”按钮保存)。

18. 使用 Excel 2010 打开 E:\XLS\E018.xlsx 文件,按要求完成下列各项操作并保存保存(注意,没有要求操作的项目请不要更改):

(1) 对工作表进行设置,当用户选中“部门”列(区域为 C2:C19)单元格时,在其右侧显示一个下拉列表框箭头,忽略空值,并提供“办公室”、“销售部”、“开发部”和“客服部”选项供用户选择,如下图所示(提示:通过“数据有效性”进行设置,有效性条件为序列)。

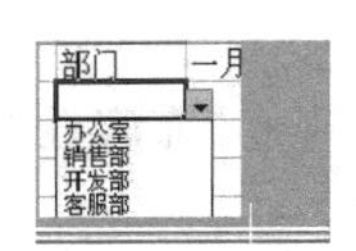

(2) 保存文件。

19. 使用 Excel 2010 打开 E:\XLS\E019.xlsx 文件,按要求完成下列各项操作并保存保存(注意,没有要求操作的项目请不要更改):

(1) 利用“公司员工表”工作表作为数据源在 H1 单元格开始处创建数据透视表,以反映公司各部门中各职务的人数;在当前工作表的 H1 单元格开始处建立数据透视表,按各部门中各职务的员工编号计算人数,其中,部门作为行标签,职务作为列标签,员工编号作为统计的数据,汇总方式为计数;把透视表命名为“各部门职务统计”。

(2) 保存文件。

20. 使用 Excel 2010 打开 E:\XLS\E020.xlsx 文件,按要求完成下列各项操作并保存保存(注意,没有要求操作的项目请不要更改):

(1) 对“统计表”的所有类型电影的数量按不同的条件设置显示格式(C4:F9),其中,数量在 100 以下的,字形加粗、填充背景颜色为红色;数量在 100 以上包括 100 的,采用标准色中的绿色字体、单下划线(必须使用条件格式工具设置格式)。

(2) 保存文件。

21. 使用Excel 2010打开E:\XLS\E021.xlsx文件,按要求完成下列各项操作并保存保存(注意,没有要求操作的项目请不要更改):

(1) 在工作表Sheet1中,利用高级筛选功能将基本工资小于等于3000的讲师筛选复制到H4开始的区域,条件在从H1开始的区域中输入。

(2) 保存文件(按表中列的顺序列条件,职称→基本工资)。

22. 使用Excel 2010打开E:\XLS\E022.xlsx文件,按要求完成下列各项操作并保存保存(注意,没有要求操作的项目请不要更改):

(1) 删除名为“工资表”的工作表。

(2) 在名为“募捐表”的数据表中设置数据表标题格式,其中,字体为隶书、用标准色中的紫色、字形加粗、字号为16,A1:D1区域合并单元格、以水平对齐方式居中,单元格填充背景颜色为标准色中的浅绿色。

(3) 选择“单位名称”和“折合人民币”两列数据(不包含“总计”),绘制部门捐款的分离型三维饼图,要求显示图例在底部,数据只显示各部门捐款总数的“百分比”、位置在“数据标签外”,图表标题为“慈善募捐统计百分比图”,嵌入在数据表格下方。

(4) 保存文件(如果保存文件时出现有“兼容性检查器”的提示框,请单击“继续”按钮保存)。

23. 使用Excel 2010打开E:\XLS\E023.xlsx文件,按要求完成下列各项操作并保存保存(注意,没有要求操作的项目请不要更改):

(1) 设置“一月加班表”工作表的A至F列的格式为自动调整列宽。

(2) 利用“一月加班表”工作表作为数据源创建数据透视表,在当前工作表从H1开始的区域中按部门统计加班天数的总和,其中,部门作为行标签;把透视表命名为“加班情况表”。

(3) 保存文件(如果保存文件时出现有“兼容性检查器”的提示框,请单击“继续”按钮保存)。

24. 使用Excel 2010打开E:\XLS\E024.xlsx文件,按要求完成下列各项操作并保存保存(注意,没有要求操作的项目请不要更改):

(1) 将工作表Sheet1的A1:D1单元格合并为一个单元格,内容水平居中,计算“增长比例”列的内容,增长比例=(当年人数-去年人数)/去年人数,将工作表命名为“招生人数情况表”。

(2) 选取“招生人数情况表”的“专业名称”列和“增长比例”列的单元格内容,建立“簇状圆锥图”,X轴上的项为专业名称,图表标题为"招生人数情况图",插入到表的A7:F18单元格区域内。

(3) 保存文件(如果保存文件时出现有“兼容性检查器”的提示框,请单击“继续”按钮保存)。

25. 使用Excel 2010打开E:\XLS\E025.xlsx文件,按要求完成下列各项操作并保存保存(注意,没有要求操作的项目请不要更改):

(1) 将工作表Sheet1的A1:D1单元格合并为一个单元格,内容水平居中;计算“销售额”列的内容(销售额=销售数量*单价),将工作表命名为“图书销售情况表”。

(2) 对工作表“选修课程成绩单”内的数据清单的内容进行自动筛选(自定义),条件为

“成绩大于或等于60并且小于或等于80”，筛选后的工作表还保存在EXCEL2.xls工作簿文件中，工作表名不变。

(3) 保存文件(如果保存文件时出现有“兼容性检查器”的提示框，请单击“继续”按钮保存)。

26. 使用Excel 2010打开E:\XLS\E026.xlsx文件，按要求完成下列各项操作并保存保存(注意，没有要求操作的项目请不要更改)：

(1) 将工作表Sheet1的A1：F1单元格合并为一个单元格，内容水平居中，计算“季度平均值”列的内容，将工作表命名为“季度销售数量情况表”。

(2) 选取“季度销售数量情况表”的“产品名称”列和“季度平均值”列的单元格内容，建立“簇状柱形图”，X轴上的项为产品名称，图表标题为“季度销售数量情况图”，插入到表的A7:F18单元格区域内。

(3) 保存文件(如果保存文件时出现有“兼容性检查器”的提示框，请单击“继续”按钮保存)。

27. 使用Excel 2010打开E:\XLS\E027.xlsx文件，按要求完成下列各项操作并保存保存(注意，没有要求操作的项目请不要更改)：

(1) 将工作表Sheet1的A1:C1单元格合并为一个单元格，内容水平居中，计算人数的“总计”行及“所占比例”列的内容(所占比例＝人数/总计)，将工作表命名为“员工年龄情况表”。

(2) 选取“员工年龄情况表”的“年龄”列和“所占比例”列的单元格内容(不包括“总计”行)，建立“分离型圆环图”，数据标志为“百分比”、图表标题为“员工年龄情况图”，插入到表的A9:C19单元格区域内。

(3) 保存文件(如果保存文件时出现有“兼容性检查器”的提示框，请单击“继续”按钮保存)。

28. 使用Excel 2010打开E:\XLS\E028.xlsx文件，按要求完成下列各项操作并保存保存(注意，没有要求操作的项目请不要更改)：

(1) 将工作表Sheet1的A1:D1单元格合并为一个单元格，内容水平居中，计算“金额”列的内容(金额＝数量 * 单价)，将工作表命名为“购买办公用品情况表”。

(2) 对工作表“选修课程成绩单”内的数据清单的内容按主要关键字“系别”的降序次序和次要关键字“课程名称”的降序次序进行排列，排列后的工作表还保存在EXCEL5.xlsx工作簿文件中，工作表名不变。

(3) 保存文件(如果保存文件时出现有“兼容性检查器”的提示框，请单击“继续”按钮保存)。

29. 使用Excel 2010打开E:\XLS\E029.xlsx文件，按要求完成下列各项操作并保存保存(注意，没有要求操作的项目请不要更改)：

(1) 将工作表Sheet1的A1:D1单元格合并为一个单元格，内容水平居中，计算“总计”行的内容，将工作表命名为“费用支出情况表”。

(2) 打开工作簿文件EXCEL6.xlsx，对工作表“选修课程成绩单”内的数据清单的内容进行分类汇总(提示：在分类汇总前先按主要关键字“课程名称”升序排序)，分类字段为“课程名称”，汇总方式为“平均值”，汇总项为“成绩”，汇总结果显示在数据下方，并将执行分类汇总后的工作表保存在EXCEL6.xlsx工作簿文件中,工作表名不变。

(3) 保存文件(如果保存文件时出现有“兼容性检查器”的提示框时,请单击“继续”按钮保存)。

30. 使用Excel 2010打开E:\XLS\E030.xlsx文件,按要求完成下列各项操作并保存保存(注意,没有要求操作的项目请不要更改):

(1) 将工作表Sheet1的A1:F1单元格合并为一个单元格,内容水平居中,计算“合计”列的内容,将工作表命名为“商场销售情况表”。

(2) 选取“商场销售情况表”的“部门名称”列和“合计”列的单元格内容,建立“簇状棱锥图”,X轴上的项为部门名称,图表标题为“商场销售情况图”,插入到表的A7:F18单元格区域内。

(3) 保存文件(如果保存文件时出现有“兼容性检查器”的提示框时,请单击“继续”按钮保存)。

31. 使用Excel 2010打开E:\XLS\E031.xlsx文件,按要求完成下列各项操作并保存保存(注意,没有要求操作的项目请不要更改):

(1) 将工作表Sheet1的A1:D1单元格合并为一个单元格,内容水平居中,计算“金额”列的内容(金额=单价*订购数量),将工作表命名为“图书订购情况表”。

(2) 对工作表“选修课程成绩单”内的数据清单的内容进行分类汇总(提示:分类汇总前先按主要关键字“课程名称”升序排序),分类字段为“课程名称”,汇总方式为“计数”,汇总项为“课程名称”,汇总结果显示在数据下方,将执行分类汇总后的工作表还保存在EXCEL8.xlsx工作簿文件中,工作表名不变。

(3) 保存文件(如果保存文件时出现有“兼容性检查器”的提示框,请单击“继续”按钮保存)。

32. 使用Excel 2010打开E:\XLS\E032.xlsx文件,按要求完成下列各项操作并保存保存(注意,没有要求操作的项目请不要更改):

(1) 将工作表Sheet1的A1:E1单元格合并为一个单元格,内容水平居中,计算“合计”列的内容,将工作表命名为“科研经费使用情况表”。

(2) 选取“科研经费使用情况表”的“项目编号”列和“合计”列的单元格内容,建立“簇状棱锥图”,X轴上的项为项目编号,图表标题为“科研经费使用情况图”,插入到表的A7:E18单元格区域内。

(3) 保存文件(如果保存文件时出现有“兼容性检查器”的提示框,请单击“继续”按钮保存)。

33. 使用Excel 2010打开E:\XLS\E033.xlsx文件,按要求完成下列各项操作并保存保存(注意,没有要求操作的项目请不要更改):

(1) 将工作表Sheet1的A1:D1单元格合并为一个单元格,内容水平居中,计算“增长比例”列的内容(增长比例=(当年销量-去年销量)/去年销量),将工作表命名为“近两年销售情况表”。

(2) 选取“近两年销售情况表”的“产品名称”列和“增长比例”列的单元格内容,建立“簇状圆锥图”,X轴上的项为产品名称,图表标题为“近两年销售情况图”,插入到表的A7:E18单元格区域内。

(3) 保存文件(如果保存文件时出现有“兼容性检查器”的提示框,请单击“继续”按钮保存)。

34. 使用 Excel 2010 打开 E:\XLS\E034. xlsx 文件,按要求完成下列各项操作并保存保存(注意,没有要求操作的项目请不要更改):

(1) 将工作表 Sheet1 的 A1:C1 单元格合并为一个单元格,内容水平居中,计算投诉量的“总计”行及“所占比例”列的内容(所占比例=投诉量/总计),将工作表命名为“产品投诉情况表”。

(2) 选取“产品投诉情况表”的“产品名称”列和“所占比例”列的单元格内容(不包括“总计”行),建立“分离型三维饼图”,系列产生在“列”,数据标志为“百分比”,图表标题为“产品投诉量情况图”,插入到表的 A8:E18 单元格区域内。

(3) 保存文件(如果保存文件时出现有“兼容性检查器”的提示框,请单击“继续”按钮保存)。

35. 使用 Excel 2010 打开 E:\XLS\E035. xlsx 文件,按要求完成下列各项操作并保存保存(注意,没有要求操作的项目请不要更改):

(1) 将 Sheet1 工作表的 A1:D1 单元格合并为一个单元格,水平对齐方式设置为居中;计算各种设备的销售额(销售额=单价×数量,单元格格式中“数字”的分类为货币,货币符号为¥,小数点位数为 0),计算销售额的总计(单元格格式中“数字”的分类为货币,货币符号为¥,小数点位数为 0);将工作表命名为“设备销售情况表”。

(2) 选取“设备销售情况表”的“设备名称”和“销售额”两列的内容(“总计”行除外),建立“簇状棱锥图”,X 轴为设备名称,标题为“设备销售情况图”,不显示图例,网络线分类(X)轴和数值(Z)轴显示主要网格线,将图插入到工作表的 A9:E22 单元格区域内。

(3) 保存文件(如果保存文件时出现有“兼容性检查器”的提示框,请单击“继续”按钮保存)。

36. 使用 Excel 2010 打开 E:\XLS\E036. xlsx 文件,按要求完成下列各项操作并保存保存(注意,没有要求操作的项目请不要更改):

(1) 将 Sheet1 工作表的 A1:C1 单元格合并为一个单元格,水平对齐方式为居中;计算各类人员的合计和各类人员所占比例(所占比例=人数/合计),保留小数点后两位,将工作表命名为“人员情况表”。

(2) 选取“人员情况表”的“学历”和“所占比例”两列的内容(“合计”行内容除外),建立“三维饼图”,标题为“人员情况图”,图例位置靠上,数据标志为显示百分比,将图插入到工作表的 A9:D20 单元格区域内。

(3) 保存文件(如果保存文件时出现有“兼容性检查器”的提示框,请单击“继续”按钮保存)。

37. 使用 Excel 2010 打开 E:\XLS\E037. xlsx 文件,按要求完成下列各项操作并保存保存(注意,没有要求操作的项目请不要更改):

(1) 将 Sheet1 工作表的 A1:D1 单元格合并为一个单元格,水平对齐方式为居中;计算“总计”行的内容和“人员比例”列的内容(人员比例=数量/数量的总计,单元格格式的数字分类为百分比,小数位数为 2),将工作表命名为“人力资源情况表”。

(2) 选取“人力资源情况表”的“人员类型”和“人员比例”两列的内容(“总计”行内容除

外)，建立“分离型三维饼图”，标题为“人力资源情况图”，不显示图例，数据标志为“显示百分比及类型名称”，将图插入到工作表的A9：D20单元格区域内。

(3) 保存文件(如果保存文件时出现有“兼容性检查器”的提示框，请单击“继续”按钮保存)

38. 使用Excel 2010打开E:\XLS\E038.xlsx文件，按要求完成下列各项操作并保存保存(注意，没有要求操作的项目请不要更改)：

(1) 将Sheet1工作表的A1：E1单元格合并为一个单元格，水平对齐方式为居中；计算人数的总计和所占百分比(所占百分比=人数/人数总计，单元格格式的数字分类为百分比，小数位数为2)；计算各年龄段补助的合计(补助合计=补助 * 人数)和补助合计的总计，将工作表命名为“员工补助情况表”。

(2) 对工作表“数据库技术成绩单”内的数据清单的内容进行自动筛选，条件是系别为“自动控制或数学”并且“考试成绩”大于或等于75；筛选后的工作表名不变，工作簿名不变。

(3) 保存文件(如果保存文件时出现有“兼容性检查器”的提示框，请单击“继续”按钮保存)。

39. 使用Excel 2010打开E:\XLS\E039.xlsx文件，按要求完成下列各项操作并保存保存(注意，没有要求操作的项目请不要更改)：

(1) 将Sheet1工作表的A1：E1单元格合并为一个单元格，水平对齐方式为居中；计算各单位3种奖项的合计，将工作表命名为“各单位获奖情况表”。

(2) 选取“各单位获奖情况表”的A2:D8单元格区域的内容建立“簇状柱形图”，X轴为单位名，图表标题为“获奖情况图”，不显示图例，显示数据表和图例项标示，将图插入到工作表的A10：E25单元格区域内。

(3) 对工作表“数据库技术成绩单”内数据清单的内容按主要关键字“系别”的降序次序和次要关键字“学号”的升序次序进行排序(将任何类似数字的内容排序)，对排序后的数据进行自动筛选，条件为考试成绩大于或等于80并且实验成绩大于或等于17，工作表名不变，工作簿名不变。

(4) 保存文件(如果保存文件时出现有“兼容性检查器”的提示框，请单击“继续”按钮保存)。

40. 使用Excel 2010打开E:\XLS\E040.xlsx文件，按要求完成下列各项操作并保存保存(注意，没有要求操作的项目请不要更改)：

(1) 将Sheet1工作表的A1:G1单元格合并为一个单元格，内容水平居中；用公式计算近三年的月平均气温，单元格格式的数字分类为数值，保留小数点后两位，将A2:G6区域的底纹图案类型设置为6.25%灰色，将工作表命名为“月平均气温统计表”。

(2) 选取“月平均气温统计表”的A2:G2和A6:G6单元格区域，建立“簇状圆柱图”，标题为“月平均气温统计图”，图例位置靠上，将图插入表的A8:G20单元格区域内。

(3) 保存文件(如果保存文件时出现有“兼容性检查器”的提示框，请单击“继续”按钮保存)。

41. 使用Excel 2010打开E:\XLS\E041.xlsx文件，按要求完成下列各项操作并保存保存(注意，没有要求操作的项目请不要更改)：

(1) 将Sheet1工作表的A1：F1单元格合并为一个单元格，内容水平居中；用公式计算“总计”列的内容和“总计”列的合计，用公式计算“所占百分比”列的内容(所占百分比=总计/

合计)，单元格格式的数字分类为百分比，小数位数为2，将工作表命名为“植树情况统计表”。

(2) 选取“植树情况统计表”的“树种”列和“所占百分比”列的内容(不含“合计”行)，建立“三维饼图”，标题为“植树情况统计图”，数据标志为显示百分比及类别名称，不显示图例，将图插入到表的A8：D18单元格区域内。

(3) 保存文件(如果保存文件时出现有“兼容性检查器”的提示框，请单击“继续”按钮保存)。

42. 使用Excel 2010打开E:\XLS\E042.xlsx文件，按要求完成下列各项操作并保存保存(注意，没有要求操作的项目请不要更改)。

(1) 将Sheet1工作表的A1：D1单元格合并为一个单元格，内容水平居中；用公式计算2002年和2003年数量的合计，用公式计算“增长比例”列的内容(增长比例=(2003年数量－2002年数量)/2002年数量)，单元格格式的数字分类为百分比，小数位数为2，将工作表命名为“产品销售对比表”。

(2) 选取“产品销售对比表”的A2：C6单元格区域，建立“簇状柱形图”，图表标题为“产品销售对比图”，图例位置靠上，将图插入到表的A9：D19单元格区域内，保存为EXCEL19.xlsx文件。

(3) 保存文件(如果保存文件时出现有“兼容性检查器”的提示框，请单击“继续”按钮保存)。

43. 使用Excel 2010打开E:\XLS\E043.xlsx文件，按要求完成下列各项操作并保存保存(注意，没有要求操作的项目请不要更改)：

(1) 将Sheet1工作表的A1：E1单元格合并为一个单元格，内容水平居中；计算“同比增长”列的内容(同比增长=(2007年销售量－2006年销售量)/2006年销售量，百分比型，保留小数点后两位)；如果“同比增长”列的内容大于或等于20%，在“备注”列内给出信息“较快”，否则内容为“”(一个空格)(利用IF函数)。

(2) 选取“月份”列(A2：A14)和“同比增长”列(D2：D14)数据区域的内容建立“带数据标记的折线图”，标题为“销售同比增长统计图”，清除图例；将图插入到表的A16：F30单元格区域内，将工作表命名为“销售情况统计表”。

(3) 对工作表“图书销售情况表”内数据清单的内容按主要关键字“经销部门”的降序次序和次要关键字“季度”的升序次序进行排序，对排序后的数据进行高级筛选(在数据表格前插入3行，条件设在A1：F2单元格区域)，条件为社科类图书且销售量排名在前20名，工作表名不变。

(4) 保存文件(如果保存文件时出现有“兼容性检查器”的提示框，请单击“继续”按钮保存)。

第5章　演示文稿软件PowerPoint 2010

一、单项选择题

1. PowerPoint 2010运行于(　　)环境下。

A. UNIX　　B. DOS　　C. Macintosh　　D. Windows

2. 绘制图形时按(　　)键图形为正方形。

A. Shift　　B. Ctrl　　C. Delete　　D. Alt

3. 将一个幻灯片上多个已选中的自选图形组合成一个复合图形,使用(　　)。

A. 编辑菜单　　B. 快捷菜单　　C. 格式菜单　　D. 工具菜单

4. 在 PowerPoint 2010 中,如果要进入母版编辑状态,可选择(　　)选项。

A. "设计"→"演示文稿视图"→"幻灯片母版"

B. "开始"→"演示文稿视图"→"幻灯片母版"

C. "视图"→"演示文稿视图"→"幻灯片母版"

D. "视图"→"演示文稿视图"→"编辑母版"

5. PowerPoint 2010 演示文稿的扩展名为(　　)。

A. .ppt　　B. .pps　　C. .pptx　　D. .htm

6. 选择不连续的多张幻灯片借助(　　)键。

A. Shift　　B. Ctrl　　C. Tab　　D. Alt

7. 在 PowerPoint 2010 中,插入幻灯片的操作可以在(　　)下进行。

A. 普通视图　　B. 幻灯片浏览视图

C. 大纲视图　　D. 以上3种视图

8. 在 PowerPoint 2010 中选择一个形状,不能改变图形的(　　)。

A. 旋转角度　　B. 大小尺寸　　C. 内部颜色　　D. 形状

9. 在 PowerPoint 2010 中,执行了插入新幻灯片的操作,被插入的幻灯片将出现在(　　)。

A. 当前幻灯片之前　B. 当前幻灯片之后　C. 最前　　D. 最后

10. PowerPoint 2010 中没有的对齐方式是(　　)。

A. 两端对齐　　B. 分散对齐　　C. 右对齐　　D. 向上对齐

11. 下列不能在绘制的形状上添加文本的是(　　)。

A. 在形状上右击,选择"编辑文字"命令

B. 使用"插入"选项卡中的"文本框"命令

C. 只要在该形状上双击一下鼠标左键

D. 单击该形状,然后按 Enter 键

12. 在 PowerPoint 2010 中,不属于文本占位符的是(　　)。

A. 标题　　B. 副标题　　C. 图表　　D. 普通文本框

13. PowerPoint 2010 提供了多种(　　),它包含了相应的配色方案、母版和字体样式等,可以供用户快速生成风格统一的演示文稿。

A. 版式　　B. 模板　　C. 母版　　D. 幻灯片

14. 演示文稿中的每一张演示的单页称为(　　),它是演示文稿的核心。

A. 版式　　B. 模板　　C. 母版　　D. 幻灯片

15. 完成了演示文稿之后要运行拼写检查器,它位于功能区的(　　)中。

A. "审阅"选项卡　　B. "开始"选项卡

C. "幻灯片放映"选项卡　　D. "视图"选项卡

16. PowerPoint 2010 的视图包括(　　)。

A. 普通视图、大纲视图、幻灯片浏览视图、讲义视图

B. 普通视图、大纲视图、幻灯片视图、幻灯片浏览视图、幻灯片放映

C. 普通视图、大纲视图、幻灯片视图、幻灯片浏览视图、文本视图

D. 普通视图、大纲视图、幻灯片视图、幻灯片浏览视图、页面视图

17. PowerPoint 2010 系统是一个(　　)文件。

A. 文字处理　　B. 表格处理　　C. 图形处理　　D. 文稿演示

18. PowerPoint 2010 的核心是(　　)。

A. 标题　　B. 版式　　C. 幻灯片　　D. 母版

19. 供演讲者查阅以及播放演示文稿时对各幻灯片加以说明的是(　　)。

A. 备注窗格　　B. 大纲窗格　　C. 幻灯片窗格　　D. 任务窗格

20. 在 PowerPoint 2010 自定义动画中,不可以设置(　　)。

A. 动画效果　　B. 时间和顺序　　C. 动作的循环播放　　D. 声音和视频

21. 在幻灯片浏览中,可多次使用(　　)键+单击来选定多张幻灯片。

A. Ctrl　　B. Alt　　C. Shift　　D. Tab

22. 在关闭 PowerPoint 2010 时会提示是否要保存对 PowerPoint 的修改,如果需要保存应选择(　　)。

A. 是　　B. 否　　C. 取消　　D. 不予理睬

23. 下列说法正确的是(　　)。

A. 通过背景命令只能为一张幻灯片添加背景

B. 通过背景命令能为所有幻灯片添加背景

C. 通过背景命令既可以为一张幻灯片添加背景也可以为所有幻灯片添加背景

D. 以上说法都不对

24. 当新插入的剪贴画遮挡住原来的对象时,下列说法中不正确的是(　　)。

A. 可以调整剪贴画的大小

B. 可以调整剪贴画的位置

C. 只能删除这个剪贴画,更换大小合适的剪贴画

D. 调整剪贴画的叠放次序,将被遮挡的对象提前

25. 在 PowerPoint 2010 中插入一张图片的过程包括以下 4 个步骤,操作顺序正确的是(　　)。

① 打开幻灯片;②选择并确定想要插入的图片;③选择“插入”→“图片”命令;④调整被插入图片的大小、位置等。

A. ①④②③　　B. ①③②④　　C. ③①②④　　D. ③②①④

26. 如果需要使用“复制”和“粘贴”命令来处理文字,可以在功能区的(　　)中找到这些命令。

A. “插入”选项卡　　B. “开始”选项卡

C. 快速访问工具栏　　D. “审阅”选项卡

27. 在快速访问工具栏上添加了相当多按钮,因此占用了很多空间。如果想将快速访问工具栏移到功能区下方,使这里的空间更大一点,应该(　　)。

A. 单击以拖动工具栏　　B. 转到“视图”选项卡并查找切换命令

C. 右击快速访问工具栏　　D. 双击快速访问工具栏

28. 如果要添加一张新幻灯片,并且要在该幻灯片上插入图片,应当选择(　　)版式。

A. 空白　　B. 标题和内容　　C. 仅标题　　D. 节标题

29. 演示文稿中的每张幻灯片都是基于某种(　　)创建的,它预定义了新建幻灯片的各种占位符的布局情况。

A. 模板　　B. 母版　　C. 版式　　D. 格式

30. 在幻灯片中设置文本格式,首先要(　　)标题占位符、文本占位符或文本框。

A. 选定　　B. 单击　　C. 双击　　D. 右击

31. 如果要使幻灯片在放映时能够自动播放,需要为其设置(　　)。

A. 超链接　　B. 动作按钮　　C. 排练计时　　D. 录制旁白

32. 在 PowerPoint 2010 中,采用"另存为"命令不能将文件保存为(　　)。

A. 文本文件(*.txt)　　B. PowerPoint 模板(*.potx)

C. 大纲/RTF 文件(*.rtf)　　D. PowerPoint 97-2003 放映(*.pps)

二、多项选择题

1. 以下关于母版的说法正确的是(　　)。

A. 母版分幻灯片母版、讲义母版和备注母版

B. 改变母版将改变所有的幻灯片

C. 在使用母版的演示文稿中,不能有与母版风格不同的幻灯片

D. 在母版中不能设置动画效果

2. 在 PowerPoint 2010 中,下列有关移动和复制文本的叙述正确的有(　　)。

A. 文本剪切的快捷键是 Ctrl+X

B. 文本复制的快捷键是 Ctrl+C

C. 文本复制和剪切是有区别的

D. 单击"粘贴"按钮和使用快捷键 Ctrl+V 的效果是一样的

3. 在 PowerPoint 2010 中,视图模式除了幻灯片视图以外,还有(　　)等。

A. 大纲视图　　B. 幻灯片浏览视图

C. 页面视图　　D. 幻灯片放映视图

4. PowerPoint 2010 的母版类型有(　　)。

A. 幻灯片母版　　B. 标题母版　　C. 讲义母版　　D. 备注母版

5. 在 PowerPoint 2010 的幻灯片浏览视图中,用户可以(　　)。

A. 插入幻灯片　　B. 删除幻灯片　　C. 修改幻灯片内容　　D. 复制幻灯片

6. 如果要使所有的幻灯片有统一的背景,可采用的方法有(　　)。

A. 在"设计"选项卡的"背景"组中单击"启动对话框"按钮进行设置,然后单击"应用"按钮

B. 在"设计"选项卡的"背景"组中单击"启动对话框"按钮进行设置,然后单击"全部应用"按钮

C. 在幻灯片母版视图中进行设置

D. 选用某种主题方案

7. 在 PowerPoint 2010 中,用户可以利用"动画"选项卡中的"自定义动画"命令,为(　　)设置动画效果。

A. 文本　　B. 图形　　C. 表格　　D. 图表

8. 如果要实现幻灯片之间的跳转,可以使用的方法有(　　)。

A. 设置动作按钮　　B. 设置对象的动画效果

C. 设置超链接　　D. 设置幻灯片的切换效果

9. 可以插入幻灯片的声音文件有(　　)。

A. 剪辑库中的声音　　B. 文件中的声音

C. CD 乐曲　　D. 录制的声音

10. PowerPoint 2010 提供的放映方式有(　　)。

A. 演讲者全屏放映　B. 观众自行浏览　C. 展台浏览　D. 网络浏览

11. 在 PowerPoint 2010 中,经常需要打印输出的内容有(　　)。

A. 幻灯片　B. 讲义　C. 备注页　D. 大纲

12. 在 PowerPoint 2010 中,以下叙述正确的有(　　)。

A. 在 一个演示文稿中只能有一张应用“标题幻灯片”母版的幻灯片

B. 在任一时刻,在幻灯片窗格内只能查看或编辑一张幻灯片

C. 在幻灯片上可以插入多种对象,除了可以插入图形、图表外,还可以插入公式、声音和视频等

D. 备注页的内容与幻灯片内容分别存储在两个不同的文件中

13. 在使用 PowerPoint 2010 的幻灯片放映视图放映演示文稿的过程中,如果要结束放映,可使用的方法有(　　)。

A. 按 Esc 键

B. 右击,从弹出的快捷菜单中选择“结束放映” 命令

C. 按 Ctrl+E 键

D. 按 Enter 键

三、判断题(正确的在括号内打√,错误的打×)

1. 在 PowerPoint 2010 中,可以在利用绘图工具绘制的图形中加入文字。　(　　)

2. 在 PowerPoint 2010 中,可以对文字进行三维效果设置。　(　　)

3. 在 PowerPoint 2010 中放映幻灯片时,按 Esc 键可以结束幻灯片的放映。　(　　)

4. 在 PowerPoint 2010 中,在幻灯片浏览视图中复制某张幻灯片,可以在按住 Ctrl 键的同时用鼠标拖动幻灯片到目标位置。　(　　)

5. 在 PowerPoint 2010 中将一张幻灯片上的内容全部选定的快捷键是 Ctrl+A。　(　　)

6. 利用 PowerPoint 2010 可以把演示文稿存储成 Word 格式。　(　　)

7. 在 PowerPoint 2010 中,具有新建、打开、保存等按钮的工具栏是“常用”工具栏。　(　　)

8. 在 PowerPoint 2010 中,如果要在文字区中输入文字,只要单击鼠标即可。　(　　)

9. 在 PowerPoint 2010 中,“剪切”命令仅将文本删除。　(　　)

10. 在 PowerPoint 2010 中,采用幻灯片浏览视图模式,用户可以看到整个演示文稿的内容、整体效果,可以浏览多个幻灯片及其相对位置。　(　　)

四、填空题

1. 在PowerPoint 2010中，________视图模式可以实现在其他视图中可以实现的一切编辑功能。

2. 在PowerPoint 2010中设置文本字体时，选定文本后，在________选项卡中设置。

3. 当利用空演示文稿，并选择一种自动版式建立新演示文稿时，先选定________，输入内容会自动替换其中的提示性文字。

4. PowerPoint 2010的一大特色就是可以使演示文稿的所有幻灯片具有一致的外观，控制幻灯片外观的方法主要是________。

5. 在幻灯片中段落缩进可分为首行缩进和________两种。

6. PowerPoint 2010中有3种母版，这3种母版分别是________、________、________。

7. 幻灯片中的文本段落共有5种对齐方式，分别是左对齐、居中对齐、右对齐、________和________。

8. 在PowerPoint 2010中可以对幻灯片进行移动、删除、添加、复制、设置动画效果，但不能编辑幻灯片中具体内容的视图是________。

9. PowerPoint 2010的普通视图可同时显示幻灯片、备注、________和________，而这些视图所在的窗格都可调整大小，以便可以看到所有的内容。

10. PowerPoint 2010中常用的快捷键：字体加粗________；文本左对齐________。

五、操作题

说明：该部分操作题所用的演示文稿请到出版社网站上下载。

1. 使用PowerPoint 2010打开演示文稿E:\PPT\P001.pptx，按要求完成下列各项操作并保存(注意，没有要求操作的项目请不要更改)：

(1) 在第1张幻灯片中删除1个自选图形，自选图形类型为“五边形”；

(2) 将第2张幻灯片的右边文本框内容设置项目符号◆，该符号的字体为Wingdings，字符代码为117，符号大小为200%字高、颜色为标准色中的黄色；

(3) 设置该演示文稿的设计主题为“都市”；

(4) 保存文件。

2. 使用PowerPoint 2010打开演示文稿E:\PPT\P002.pptx，按要求完成下列各项操作并保存(注意，没有要求操作的项目请不要更改)：

(1) 将第1张幻灯片的版式设置为“标题幻灯片”，主标题输入为“《计算机应用基础》课件”，副标题输入为“PowerPoint操作”(文字内容不含空格，标点符号为全角标点)；

(2) 建立第2张幻灯片文字“第三章”与第5张幻灯片的超链接；

(3) 将所有幻灯片的切换效果设置成“药剂师”；

(4) 保存文件。

3. 使用PowerPoint 2010打开演示文稿E:\PPT\P003.pptx，按要求完成下列各项操作并保存(注意，没有要求操作的项目请不要更改)：

(1) 建立第1张幻灯片文字“第二章”与第3张幻灯片的超链接(如果出现选择了空格为软件的正常情况)；

(2) 将所有幻灯片的切换效果设置为“飞过”，切换效果为“弹跳切入”、持续时间为“2秒”、声音为“电压”；

(3) 将演示文稿的应用设计主题设置为“流畅”；

(4) 保存文件。

4. 使用 PowerPoint 2010 打开演示文稿 E:\PPT\P004. pptx，按要求完成下列各项操作并保存(注意，没有要求操作的项目请不要更改)：

(1) 在第 1 张幻灯片的副标题框插入超链接，链接到该文本中的“最后一张幻灯片”；

(2) 为第 2 张幻灯片的文本框内容设置项目编号，编号样式为“1.、2.、3.…”，编号大小为 105%字高，颜色为标准色中的红色；

(3) 在第 3 张幻灯片中插入一个自选图形，形状的名称为“菱形”；

(4) 保存文件。

5. 请使用 PowerPoint 2010 打开演示文稿 E:\PPT\P005. pptx，按要求完成下列各项操作并保存(注意，没有要求操作的项目请不要更改)：

(1) 在第 1 张幻灯片的标题区中输入“广州公务员报考结束”，将中文字体设置为黑体，字号为 60，字形加粗，字体颜色为灰色，字体自定义颜色为红色 95、绿色 95、蓝色 95；

(2) 将第 2 张幻灯片的版式更换为标题和内容；

(3) 设置第 1 张幻灯片中标题内容的自定义动画为“进入时”、带“鼓掌”声音、盒状缩小；

(4) 保存文件。

6. 使用 PowerPoint 2010 打开演示文稿 E:\PPT\P006. pptx，按要求完成下列各项操作并保存(注意，没有要求操作的项目请不要更改)：

(1) 将所有幻灯片的应用设计模板主题设置为“暗香扑面”；

(2) 建立第 2 张幻灯片标题文字“庐山三叠泉”与第 3 张幻灯片的超链接；

(3) 将所有幻灯片的切换效果设置为“新闻纸”、持续时间为“3 秒”、带“鼓掌”声音；

(4) 保存文件。

7. 使用 PowerPoint 2010 打开演示文稿 E:\PPT\P007. pptx，按要求完成下列各项操作并保存(注意，没有要求操作的项目请不要更改)：

(1) 使用演示文稿设计中的“活力”模板来修饰全文，将所有幻灯片的切换效果设置成“平移”；

(2) 在幻灯片文本处输入“踢球去!”，设置成黑体、倾斜、48 磅，然后设置幻灯片的动画效果，剪贴画是“飞入”、“自左侧”，文本为“飞入”、“自右下部”，动画顺序为先剪贴画后文本；

(3) 在演示文稿开始处插入一张“仅标题”幻灯片作为文稿的第 1 张幻灯片，主标题输入“人人都来锻炼”，设置为 72 磅；

(4) 保存文件。

8. 使用 PowerPoint 2010 打开演示文稿 E:\PPT\P008. pptx，按要求完成下列各项操作并保存(注意，没有要求操作的项目请不要更改)：

(1) 在演示文稿开始处插入一张“只有标题”幻灯片作为文稿的第 1 张幻灯片，标题输入“龟兔赛跑”，设置为加粗、66 磅，并将第 2 张幻灯片的动画效果设置为 “切入”、“自

左侧”;

(2) 使用演示文稿设计模板“复合”修饰全文,并将所有幻灯片的切换效果设置成“平移”;

(3) 保存文件。

9. 使用 PowerPoint 2010 打开演示文稿 E:\PPT\P009.pptx,按要求完成下列各项操作并保存(注意,没有要求操作的项目请不要更改):

(1) 将第 1 张幻灯片版式改变为“垂直排列标题与文本”,将文本部分的动画效果设置为“棋盘”、“下”,然后将这张幻灯片移成第 2 张幻灯片;

(2) 将整个演示文稿设置成“都市”模板,将所有幻灯片的切换效果设置成“切出”;

(3) 保存文件。

10. 使用 PowerPoint 2010 打开演示文稿 E:\PPT\P010.pptx,按要求完成下列各项操作并保存(注意,没有要求操作的项目请不要更改):

(1) 将第 2 张幻灯片版式改变为“标题,内容与文本”,将文本部分的动画效果设置为“向内溶解”,然后在演示文稿的开始处插入一张“仅有标题”幻灯片作为文稿的第一张幻灯片,标题输入“家电价格还会降吗?”,设置为加粗、66 磅;

(2) 将第 1 张幻灯片的背景填充预设颜色“麦浪滚滚”,底纹样式为“线性向下”,将所有幻灯片的切换效果设置成“形状”;

(3) 保存文件。

11. 使用 PowerPoint 2010 打开演示文稿 E:\PPT\P011.pptx,按要求完成下列各项操作并保存(注意,没有要求操作的项目请不要更改):

(1) 将第 1 张幻灯片副标题的动画效果设置为“切入”、“自左侧”,将第 2 张幻灯片的版式改变为“垂直排列标题与文本”,在演示文稿的最后插入一张版式为“仅标题”的幻灯片,输入“细说生活得失”;

(2) 使用演示文稿设计中的“透视”模板来修饰全文,将所有幻灯片的切换效果设置成“切换”;

(3) 保存文件。

12. 使用 PowerPoint 2010 打开演示文稿 E:\PPT\P012.pptx,按要求完成下列各项操作并保存(注意,没有要求操作的项目请不要更改):

(1) 在演示文稿的开始处插入一张“仅标题”幻灯片作为文稿的第 1 张幻灯片,标题输入“吃亏就是占便宜”,并设置为 72 磅;在第 2 张幻灯片的主标题中输入“我想做一个美丽女人”,并设置为 60 磅、加粗、红色(请用自定义标签中的红色 230、绿色 1、蓝色 1);将第 3 张幻灯片版式改变为“垂直排列标题与文本”。

(2) 将所有幻灯片的切换效果设置为“覆盖”,使用“复合”演示文稿设计模板修饰全文。

(3) 保存文件。

13. 使用 PowerPoint 2010 打开演示文稿 E:\PPT\P013.pptx,按要求完成下列各项操作并保存(注意,没有要求操作的项目请不要更改):

(1) 使用“主管人员”演示文稿设计模板修饰全文,将所有幻灯片的切换效果设置为“切出”。

(2) 将第 2 张幻灯片的版式设置为“标题和内容”,并把这张幻灯片移为第 3 张幻灯片,然后将第 2 张幻灯片的文本部分的动画效果设置为“飞入”、“自底部”。

(3) 保存文件。

14. 使用 PowerPoint 2010 打开演示文稿 E:\PPT\P014.pptx，按要求完成下列各项操作并保存(注意，没有要求操作的项目请不要更改)：

(1) 将整个演示文稿设置成“复合”模板，将所有幻灯片的切换效果设置成“切出”。

(2) 将第 1 张幻灯片的版式改变为“垂直排列标题与文本”，将文本部分的动画效果设置为“棋盘”、“下”；在演示文稿的开始处插入一张“仅标题”幻灯片作为文稿的第一张幻灯片，标题输入“大家扫雪去！”，并设置为 60 磅、加粗。

(3) 保存文件。

15. 使用 PowerPoint 2010 打开演示文稿 E:\PPT\P015.pptx，按要求完成下列各项操作并保存(注意，没有要求操作的项目请不要更改)：

(1) 将整个演示文稿设置成“时装设计”模板，将所有幻灯片的切换效果设置成“分割”。

(2) 将第 2 张幻灯片对象部分的动画效果设置为“向内溶解”，在演示文稿的开始处插入一张“标题幻灯片”作为文稿的第一张幻灯片，主标题输入“讽刺与幽默”，并设置为 60 磅、加粗、红色(请用自定义标签中的红色 250、绿色 1、蓝色 1)。

(3) 保存文件。

16. 使用 PowerPoint 2010 打开演示文稿 E:\PPT\P016.pptx，按要求完成下列各项操作并保存(注意，没有要求操作的项目请不要更改)：

(1) 将整个演示文稿设置成“华丽”模板，将所有幻灯片的切换效果设置成“覆盖”。

(2) 将第 2 张幻灯片的版式改变为“垂直排列标题与文本”，然后将这张幻灯片移成演示文稿的第 1 张幻灯片，将第 3 张幻灯片的动画效果设置为“飞入”、“自左侧”。

(3) 保存文件。

17. 使用 PowerPoint 2010 打开演示文稿 E:\PPT\P017.pptx，按要求完成下列各项操作并保存(注意，没有要求操作的项目请不要更改)：

(1) 使用“华丽”演示文稿设计模板修饰全文，将所有幻灯片的切换效果设置为“百叶窗”。

(2) 将第 3 张幻灯片的版式设置为“标题和内容”，把幻灯片的对象部分的动画效果设置为“飞入”、“自顶部”；然后把第 3 张幻灯片移动为演示文稿的第 2 张幻灯片。

(3) 保存文件。

18. 使用 PowerPoint 2010 打开演示文稿 E:\PPT\P018.pptx，按要求完成下列各项操作并保存(注意，没有要求操作的项目请不要更改)：

(1) 使用演示文稿设计中的“活力”模板来修饰全文，并将所有幻灯片的切换效果设置成“百叶窗”。

(2) 将第 3 张幻灯片的版式改变为“标题和内容”，标题输入“顶峰”，将对象部分的动画效果设备为“飞入”、“自底部”，然后将该张幻灯片移为演示文稿的第 2 张幻灯片。

(3) 保存文件。

19. 使用 PowerPoint 2010 打开演示文稿 E:\PPT\P019.pptx，按要求完成下列各项操作并保存(注意，没有要求操作的项目请不要更改)：

(1) 将第 1 张幻灯片的主标题文字的字号设置成 54 磅，并将其动画设置为“飞入”、“自右侧”；将第 2 张幻灯片的标题字体设置为“楷体”、字号为 51 磅；将图片的动画设置为“飞入”、“自右侧”，动画顺序为先文本后图片。

(2) 在第1张幻灯片前插入新幻灯片，版式为“空白”，并插入样式为“填充-白色，渐变轮廓-强调文字颜色1”的艺术字“网民第一次上网的地点”(位置为水平3厘米，度量依据左上角，垂直为8厘米，度量依据左上角)。

(3) 将第2张幻灯片的背景填充预设“雨后初晴”，将所有幻灯片的切换效果设置为“形状”。

(4) 保存文件。

20. 使用PowerPoint 2010打开演示文稿E:\PPT\P020.pptx，按要求完成下列各项操作并保存(注意，没有要求操作的项目请不要更改)：

(1) 使用“透视”模板修饰全文，将所有幻灯片的切换效果设置为“覆盖”。

(2) 在第2张幻灯片前插入一张幻灯片，其版式为“内容与标题”，输入标题文字“活到100岁”，将其字体设置为“宋体”，字号设置为54磅；输入垂直文字“如何健康长寿?”，将其字体设置为“黑体”，字号设置为54磅，加粗，红色(请用自定义标签的红色250、绿色0、蓝色0)；插入Office收藏集中“athletes，baseball players…”类的剪贴画。

(3) 将第3张幻灯片文本的字体设置为“黑体”，字号设置为28磅、倾斜，并在备注区中插入文本“单击标题，可以循环放映”。

(4) 保存文件。

21. 使用PowerPoint 2010打开演示文稿E:\PPT\P021.pptx，按要求完成下列各项操作并保存(注意，没有要求操作的项目请不要更改)：

(1) 使用“复合”模板修饰全文。

(2) 将第1张幻灯片的主标题文字的字体设置为“黑体”，字号设置为53磅、加粗；将文本部分的字体设置为“宋体”，字号为28磅；将图片的动画设置为“缩放”、“对象中心”；将第3张幻灯片改为第1张幻灯片，并删除第3张幻灯片。

(3) 设置母版，使每张幻灯片的页脚处出现文本“中国年”，将其字体设置为“宋体”、字号为15磅，并设置幻灯片的页码和随系统日期更新幻灯片日期。

(4) 保存文件。

22. 使用PowerPoint 2010打开演示文稿E:\PPT\P022.pptx，按要求完成下列各项操作并保存(注意，没有要求操作的项目请不要更改)：

(1) 在第3张幻灯片的剪贴画区域中插入Office收藏集中的“academics，crayons，photographs…”类的剪贴画，然后将该幻灯片版式改为“内容与标题”，将文本部分的字体设置为“宋体”，字号设置为32磅，将剪贴画的动画设置为“缩放”、“幻灯片中心”；将第1张幻灯片的背景填充设置为“纹理”、“花束”。

(2) 删除第2张幻灯片，将所有幻灯片的放映方式设置为“观众自行浏览”。

(3) 保存文件。

23. 使用PowerPoint 2010打开演示文稿E:\PPT\P023.pptx，按要求完成下列各项操作并保存(注意，没有要求操作的项目请不要更改)：

(1) 在第2张幻灯片后面插入一张幻灯片，其版式为“标题”幻灯片，输入标题文字“燃放爆竹‘禁改限’”，将其字体设置为“黑体”，字号设置成64磅、加粗；输入副标题“北京市方案”，将其字体设置为“仿宋”，字号设置成34磅、红色(请用自定义标签的红色250、绿色0、蓝色0)；将第1张幻灯片的图片动画设置为“螺旋飞入”，并将第3张幻灯片改为第1张幻灯片。

(2) 删除第3张幻灯片，将所有幻灯片的切换效果设置为“库”。

(3) 保存文件。

24. 使用 PowerPoint 2010 打开演示文稿 E:\PPT\P024.pptx,按要求完成下列各项操作并保存(注意,没有要求操作的项目请不要更改):

(1) 将第 1 张幻灯片的主标题文字的字体设置为"黑体",字号设置为 57 磅、加粗,并下加线;将第 2 张幻灯片图片的动画设置为"切入"、"自底部",文本动画设置为"擦除"、"自顶部";将第 3 张幻灯片的背景设置为预设"茵茵绿原",底纹样式为"线性对角-左上到右下"。

(2) 第 2 张幻灯片的动画出现顺序为先文本后图片,然后使用"复合"模板修饰全文,将放映方式设置为"观众自行浏览"。

(3) 保存文件。

25. 使用 PowerPoint 2010 打开演示文稿 E:\PPT\P025.pptx,按要求完成下列各项操作并保存(注意,没有要求操作的项目请不要更改):

(1) 对于第 1 张幻灯片,主标题文字输入"发现号航天飞机发射推迟",其字体为"黑体",字号为 53 磅、加粗、红色(请用自定义标签的红色 250、绿色 0、蓝色 0);副标题输入"燃料传感器存在故障",其字体为"楷体",字号为 33 磅。然后将第 2 张幻灯片的版式改为"内容与标题",并将第 1 张幻灯片的图片移到第 2 张幻灯片的剪贴画区域,替换原有剪贴画。接着将第 2 张幻灯片的文本动画设置为"百叶窗"、"水平",将第 1 张幻灯片的背景填充设置为"水滴"纹理。

(2) 使用"华丽"模板修饰全文,设置放映方式为"演讲者放映"。

(3) 保存文件。

26. 使用 PowerPoint 2010 打开演示文稿 E:\PPT\P026.pptx,按要求完成下列各项操作并保存(注意,没有要求操作的项目请不要更改):

(1) 使用"透视"模板修饰全文,设置所有幻灯片的切换效果为"百叶窗"。

(2) 将第 1 张幻灯片的版式改为"两栏内容",文本设置字体为"黑体",字号为 35 磅;将第 4 张幻灯片的右上角图片移到第 1 张幻灯片的内容区域;将第 2 张幻灯片的版式改为"标题和竖排文字",原标题文字设置为艺术字,形状为"渐变填充-黑色,轮廓-白色,外部阴影",艺术字位置为水平 6.9 厘米,度量依据左上角,垂直 1.5 厘米,度量依据左上角;将第 3 张幻灯片的版式改为"比较",将第 3 张幻灯片左端文本的两段内容分别复制到标题下的左、右两个文本区,将第 4 张幻灯片左上角和右下角的图片依次复制到第 3 张幻灯片的左、右两个内容区域;删除第 4 张幻灯片,移动第 3 张幻灯片,使之成为第 2 张幻灯片。

(3) 保存文件。

第 6 章　计算机网络与 Internet

一、单项选择题

1. 最早出现的计算机网是(　　)。

A. Internet　　B. NSFnet　　C. ARPAnet　　D. Ethernet

2. 局域网的英文缩写为(　　)。

A. LAN　　B. WAN　　C. ISDN　　D. MAN

3. 计算机网络中广域网和局域网的分类是以(　　)来划分的。
   A. 信息交换方式　　B. 网络使用者
   C. 网络连接距离　　D. 传输控制方法
4. 中国教育科研网是指(　　)。
   A. CHINAnet　　B. CERNET　　C. Internet　　D. CEINET
5. OSI将计算机网络的体系结构规定为7层,而TCP/IP则规定为(　　)。
   A. 4层　　B. 5层　　C. 6层　　D. 7层
6. 在下列4项中,不属于OSI(开放系统互连)参考模型的7个层次的是(　　)。
   A. 会话层　　B. 数据链路层　　C. 用户层　　D. 应用层
7. 在ISO/OSI参考模型中,最低层和最高层分别为(　　)。
   A. 传输层和会话层　　B. 网络层和应用层
   C. 物理层和应用层　　D. 链路层和表示层
8. 合法的IP地址是(　　)。
   A. 202:144:300:65　　B. 202.112.144.70
   C. 202,112,144,70　　D. 202.112.70
9. 在TCP/IP(IPv4)协议下,每一台主机设定一个唯一的(　　)位二进制的IP地址。
   A. 16　　B. 32　　C. 24　　D. 12
10. TCP/IP是(　　)。
    A. 一种网络操作系统　　B. 一个网络地址
    C. 一种通信协议　　D. 一个部件
11. www.edu.cn是Internet上一台计算机的(　　)。
    A. 域名　　B. IP地址　　C. 非法地址　　D. 协议名称
12. 在计算机网络中,通常把提供并管理共享资源的计算机称为(　　)。
    A. 服务器　　B. 工作站　　C. 网关　　D. 网桥
13. DNS的中文含义是(　　)。
    A. 邮件系统　　B. 地名系统　　C. 服务器系统　　D. 域名服务系统
14. 域名系统DNS的作用是(　　)。
    A. 存放主机域名　　B. 存放IP地址
    C. 存放邮件地址　　D. 将域名转换成IP地址
15. 因特网上的服务都是基于某一种协议,Web服务基于(　　)。
    A. SNMP协议　　B. SMTP协议　　C. HTTP协议　　D. TELNET协议
16. ISDN的含义是(　　)。
    A. 计算机网　　B. 广播电视网
    C. 综合业务数字网　　D. 光缆网
17. 统一资源定位器URL的格式是(　　)。
    A. 协议://IP地址或域名/路径/文件名　　B. 协议://路径/文件名
    C. TCP/IP协议　　D. HTTP协议
18. 关于"链接",下列说法正确的是(　　)。
    A. 链接指将约定的设备用线路连通

B. 链接指将指定的文件与当前文件合并

C. 单击链接就会转向链接指向的地方

D. 链接为发送电子邮件做好准备

19. WWW 中的超文本指的是(　　)的文本。

A. 包含图片　　B. 包含多种文本

C. 包含链接　　D. 包含动画

20. 微软公司的 IE(Internet Explorer)是一种(　　)。

A. 浏览器软件　　B. 远程登录软件

C. 网络文件传输软件　　D. 收发电子邮件软件

21. 电子邮件地址的一般格式为(　　)。

A. 用户名@域名　　B. 域名@用户名

C. IP 地址@域名　　D. 域名@IP 地址名

22. 下列说法中错误的是(　　)。

A. 电子邮件是 Internet 提供的一项最基本的服务

B. 电子邮件具有快速、高效、方便、价廉等特点

C. 通过电子邮件可以向世界上任何一个角落的网上用户发送信息

D. 可发送的多媒体信息只有文字和图像

23. OutlookExpress 的主要功能是(　　)。

A. 创建电子邮件账户　　B. 搜索网上信息

C. 接收、发送电子邮件　　D. 电子邮件加密

24. FTP 的主要功能是(　　)。

A. 传送网上所有类型的文件　　B. 远程登录

C. 收发电子邮件　　D. 浏览网页

25. 匿名 FTP 是(　　)。

A. Internet 中一种匿名信的名称

B. 在 Internet 上没有主机地址的 FTP

C. 允许用户免费登录并下载文件的 FTP

D. 用户之间能够进行传送文件的 FTP

二、填空题

1. 计算机网络是计算机技术与________结合的产物。

2. 计算机网络主要包括________、________和________三大部分。

3. 在计算机网络中，WAN 的中文含义是________。

4. 在国际标准化组织提出的七层网络模型中，从高层到低层依次是物理层、数据链路层、________、________、会话层、表示层及________。

5. IP 地址由________和________两部分组成。

6. www.edu.cn 不是 IP 地址，而是________。

7. 根据 Internet 的域名代码规定，域名中的.com 表示________机构网站，.gov 表示________机构网站，.edu 代表________机构网站。

8. DNS表示________。

9. 用户要想在网上查询WWW信息,必须安装并运行一个被称为________的软件。

10. 中文Windows中自带的浏览器是________。

11. 打开Outlook Express后,在导航窗格中每个电子邮件账户下面都设有________、草稿箱、已发送邮件、已删除邮件、________和垃圾邮件等文件夹。

12. FTP的中文含义是________。

三、简答题

1. 计算机网络的主要功能有哪些?
2. 分别介绍局域网和广域网的特点。
3. ISO/OSI参考模型包含哪几层?
4. 什么是统一资源定位器?给出它的一般格式。
5. 如何将网页www.edu.cn设定为Internet Explorer的主页。
6. 请写出在Outlook的导航窗格中每个电子邮件账户都设有的文件夹(至少写出4个)。

四、操作题

按照以下要求完成操作:

(1) 在指定的文件夹中建立自己学号+姓名的文件夹。

(2) 在IE浏览器中打开中国教育网(http://www.edu.cn)主页,浏览"教育资源"页面,并将该网页中的所有文本以文件名resource.txt保存到要求(1)创建的文件夹中。

(3) 将要求(1)创建的文件夹进行压缩,压缩文件名与文件夹名相同。

(4) 将压缩文件上传到FTP指定的位置(例如FTP://192.168.0.8服务器的学生空间→作业提交→大学计算机基础→本班级的文件夹)中。

第7章　常用工具软件

一、单项选择题

1. 下列选项中不是360安全卫士的主要功能的是(　　)。

   A. 修复系统漏洞　　B. 查杀所有病毒
   C. 清理垃圾文件　　D. 清除恶评插件

2. 360安全卫士的开机加速在(　　)功能选项中。

   A. 清除插件　　B. 清理痕迹　　C. 高级工具　　D. 系统修复

3. 下列选项中不属于会声会影步骤面板上的按钮的是(　　)。

   A. 捕获　　B. 编辑　　C. 分享　　D. 上传

4. 下列说法中错误的是(　　)。

   A. 在会声会影中可以有多个视频轨
   B. 在会声会影中可以有多个覆叠轨
   C. 在会声会影中可以有多个标题轨

D. 在会声会影中可以有多个音乐轨

5. 关于 EasyRecovery 软件，下列说法中错误的是(　　)。

A. EasyRecovery 是由 ONTRACK 公司开发的数据恢复软件

B. EasyRecovery 主要通过在内存中重建被删除文件的分区表使数据能够安全地传送到其他磁盘分区中

C. 能够恢复误删除的文件

D. 不能恢复由于程序的非正常操作或系统故障造成的数据毁坏

6. 下面说法中正确的是(　　)。

① EasyRecovery 可以测试磁盘空间的大小情况，检测潜在的磁盘问题

② EasyRecovery 可以创建自引导诊断启动盘

③ EsyRecovery 可以修复损坏的 Word 文件、Excel 文件、PowerPoint 文件、Access 数据库文件以及 ZIP 压缩文件等

④ EasyRecovery 可以修复由 Outlook 软件收发的电子邮件

A. ①②正确　　B. ①②④正确

C. ①②③正确　　D. ①②③④正确

二、简答题

1. 什么是软件漏洞，360 安全卫士如何修复漏洞？

2. 什么是插件，360 安全卫士为什么要提供插件清理功能？

3. 在 360 安全卫士木马防火墙的系统防护中包含了哪些防火墙，各防火墙的主要作用是什么？

4. 在会声会影工具软件中将素材分成哪些类型？

5. 在会声会影的时间轴视图中包含哪些不同的轨道？

6. 什么叫转场，它在制作视频中有什么作用？

7. 简述 EasyRecovery 有哪些功能。

8. 简述 EasyRecovery 可以修复哪些情况下丢失的数据。

9. 数据恢复都需要经过哪 6 个步骤？

参考答案

第1章

一、单项选择题

1. B　2. A　3. C　4. C　5. A　6. B　7. B　8. C　9. C　10. D
11. A　12. C　13. C　14. A　15. C　16. A　17. A　18. C　19. C　20. D
21. A　22. D　23. C　24. C　25. B　26. A　27. B　28. C　29. B　30. A
31. B　32. D　33. C　34. D　35. C　36. D　37. D　38. C　39. A　40. B
41. D　42. C　43. B　44. A　45. B　46. C　47. A　48. B　49. B　50. A
51. C　52. A　53. B　54. A　55. B　56. D　57. B　58. B　59. A　60. C
61. C　62. A　63. A　64. D　65. B　66. A　67. A　68. A　69. C　70. B
71. B　72. A　73. C　74. C　75. C　76. B　77. B　78. B　79. B　80. D
81. B　82. A　83. B　84. C　85. D　86. C　87. C　88. C　89. D　90. C
91. C　92. B　93. B　94. C　95. C　96. B　97. D　98. B　99. D　100. B
101. D　102. B　103. A　104. C　105. B　106. B　107. A　108. B　109. D　110. D
111. C　112. B　113. A　114. B　115. B　116. C　117. B　118. D　119. D　120. B

二、多项选择题

1. ACD　2. ADE　3. BD　4. BCE　5. ACE　6. ABE
7. BD　8. CDE　9. ACDE　10. BC　11. ABCE　12. ABCD

三、填空题

1. 图灵测试　2. 机器语言 高级语言　3. 二　4. 磁盘　5. 地址　6. 算术、逻辑
7. 内存　8. 203H　9. 0、255　10. 阶码、尾数　11. 主频　12. 多媒体
13. 除 R 取余，倒排序　14. 乘 R 取整，顺排序　15. 11010111B　16. 10.625D
17. 1F5BH　18. 171　19. 4BH　20. 33、126　21. 输入码、机内码、字型码
22. 3473、B4F3　23. 200、72　24. 读/写磁盘、光盘或 Internet 网络进行
25. 电子邮件和受感染的程序

四、判断题

1. ×　2. √　3. √　4. ×　5. √　6. ×　7. ×　8. √　9. ×　10. √
11. ×　12. ×　13. √　14. ×　15. ×　16. √　17. √　18. √　19. √　20. ×

21. × 22. × 23. √ 24. √ 25. √ 26. √ 27. × 28. √ 29. × 30. ×
31. √ 32. √ 33. × 34. × 35. √ 36. √ 37. × 38. × 39. √ 40. √
41. × 42. √ 43. × 44. √ 45. × 46. × 47. × 48. × 49. √ 50. √

五、简答题

1.【参考答案】

巴贝奇在1834年设计的分析机与现代计算机十分相似，它有“存储库”、“运算室”，在穿孔卡片（只读存储器）中存储程序和数据，基本实现了控制中心（类似于今天的CPU）和存储程序的设想，而且程序可以根据条件进行跳转。

2.【参考答案】

爱达对计算机发展的主要贡献是她指出分析机可以编程，发现了编程的基本要素（例如循环、子程序）；建议分析机用二进制存储。

3.【参考答案】

图灵在计算机科学方面的主要贡献有两个：一是建立图灵机模型，奠定了可计算理论的基础；二是提出图灵测试，阐述了机器智能的概念。

4.【参考答案】

到目前为止，比较通用的说法是计算机发展经历了4个阶段。

第1阶段是1946—1957年，这一阶段的基本特征是主要元器件采用电子管，其特点是体积大、存储容量小、耗电多、运算速度慢。

第2阶段是1958—1964年，这一阶段的特征是主要元器件采用晶体管，其特点是体积小、重量轻、省电、寿命长、速度快。

第3阶段1965—1970年，这一阶段计算机的主要特征是元器件采用的是中、小规模集成电路，其体积更小、重量更轻、耗电更省、寿命更长、可靠性更高。内存储器采用的是半导体存储器。

第5阶段是1971—现在，这一阶段的计算机主要采用大规模、超大规模集成电路。

5.【参考答案】

计算机之所以采用二进制，主要原因有以下几个方面：

(1) 二进制在技术上容易实现；

(2) 二进制的运算规则简单；

(3) 二进制可以使计算机方便地进行逻辑运算；

(4) 机器的可靠性高；

(5) 通用性强。

6.【参考答案】

信息在计算机内是用二进制表示的，由于二进制中的一位信息是用比特(bit)表示的，它是计算机内表示数据的最小单位，仅有两个可能的值“0”和“1”，所以计算机内的所有信息都是用不同位数的bit表示的。

7.【参考答案】

按照冯·诺依曼的计算机结构，计算机硬件系统是由控制器、运算器、存储器、输入设备和输出设备5个部分组成的。控制器和运算器合在一起称为中央处理器，简称CPU。CPU

和存储器构成“主机”,输入设备和输出设备统称为外部设备。

8.【参考答案】

ASCII码是“美国信息交换标准码”的简称,ASCII码用7位二进制数表示。从0000000到01111111可以表示128种编码,用来表示128个不同的字符,其中包括10个数字,大、小写英文字母各26个,以及运算符、标点符号及专用符号等。共有95个可打印的字符和33个控制字符(例如回车、换行等)。

9.【参考答案】

存储程序原理是由冯·诺依曼于1946年提出的,他依据存储程序的基本原理设计出来的一个完整的现代计算机雏形,并确定了计算机的五大组成部分和基本工作方法。冯·诺依曼的这一设计思想被誉为计算机发展史上的里程碑,标志了计算机时代的真正开始。

由于计算机的工作方式取决于它的两个基本能力:一是能够存储程序,二是能够自动地执行程序。计算机是利用内存储器来存放要执行的程序的,而CPU可以依次从内存储器中取出程序中的每一条指令并加以分析和执行,直到完成程序的全部指令为止,这就是存储程序的原理。

计算机不仅能按照指令的存储顺序依次读取并执行指令,还能根据指令的执行结果进行程序的转移,这就使得计算机具有了类似于人脑的判断思维能力,再加上它非凡的高速运算能力,计算机真正地成为人类脑力劳动的得力助手。

10.【参考答案】

信息化社会是信息革命的产物,是多种信息技术综合利用的产物,信息化社会的主要技术支柱指的是计算机技术、通信技术和网络技术。

11.【参考答案】

由于计算机的迅速发展,加速了信息化社会的形成和发展,信息化社会的发展又进一步对计算机技术提出更高的要求,促进了计算机技术的发展。可以说“没有计算机也就不会有信息化社会”。计算机的无所不在、无所不能使其成为人们生产和生活中都离不开的工具。计算机已经深入到各个领域,扮演着一个非常重要的角色。在信息化社会中,计算机不再是单一地用于科学上的数值计算,它总是和信息的加工、处理、存储、检索、识别、控制、分析和利用等密不可分的。没有计算机就没有信息化,没有计算机及其与通信、网络的综合利用就没有日益发展的信息化社会。

12.【参考答案】

嵌入式计算机是指作为一个信息处理部件嵌入到应用系统之中的计算机。嵌入式计算机与通用计算机的主要区别在于系统和功能软件集成于计算机硬件系统之中。

13.【参考答案】

中间件(Middleware)是介于操作系统和应用软件之间的系统软件,它是一种独立的系统软件或服务程序。也就是说,在客户机和服务器之间增加一组服务,这些服务具有标准的程序接口和协议。这组服务(应用服务器)就是中间件。

14.【参考答案】

在云计算的概念中,“云”是一些可以自我维护和管理的虚拟计算资源,通常为一些大型服务器集群,包括计算服务器、存储服务器、宽带资源等。而云计算就是通过网络将庞大的计算处理程序自动拆分成无数个较小的子程序,再交由多个服务器所组成的庞大系统经搜寻、计算分析之后将处理结果回传给用户。

15.【参考答案】

计算机病毒是指编制或者在计算机程序中插入的破坏计算机功能或者破坏数据，影响计算机使用并且能够自我复制的一组计算机指令或者程序代码。计算机病毒严重地威胁着计算机信息系统的安全。

计算机病毒实际上是一种功能较特殊的、具有破坏性的计算机程序，并非真是医学上所说的病毒，这里只是借用了“病毒”的名称，对人体本身没有任何影响，它们所危害的是计算机系统。

一般将计算机病毒分成引导型计算机病毒、文件型病毒和混合型病毒几种类型。

16.【参考答案】

计算机病毒的传播方式有多种，例如在带有病毒的计算机上使用U盘和移动硬盘或在计算机上使用带病毒的U盘和移动硬盘等都会将“干净”的U盘、移动硬盘或计算机染上病毒；计算机病毒的另一种主要传播方式是通过互联网、电子邮件等进行广泛传播。近几年来，计算机病毒的危害越来越大，恶性病毒的种类越来越多。

17.【参考答案】

计算机病毒的防治应以预防为主，堵塞病毒的传播途径。一般来说，计算机病毒的预防分为两种：一种是在管理方法上进行预防，二是从技术上预防。这两种方法是相辅相成的，这两种方法的结合对防止计算机病毒的传染行之有效。

首先，用管理手段预防计算机病毒的传染。例如，养成使用备份的习惯，即使备份盘被染上病毒也可以将其格式化后再备份；不要在带有病毒的计算机上使用U盘和移动硬盘等；不要在计算机上使用带病毒的U盘和移动硬盘等；经常对计算机、U盘和移动硬盘等进行杀毒，尤其是要在计算机上使用移动设备时，在不能保证安全的情况下，最好先杀毒后使用。

其次，用技术手段预防计算机病毒的传染，即采用一定的技术措施(例如预防软件、病毒防火墙等)预防计算机病毒对计算机系统的入侵，或发现病毒要传染时向用户发出警报。

18.【参考答案】

关于知识产权的特征不同专家有不同的观点，有些专家认为知识产权具有无形性、专有性、地域性、时间性和可复制性5项特征，还有些专家认为知识产权具有专有性、地域性、时间性和国家授予性4项特征。

19.【参考答案】

知识产权的分类主要有两种：一种是把知识产权分为著作权和工业权；另一种是把知识产权分为创造性治理成果权和工商业标记权。

20.【参考答案】

世界各国通过法律形式对知识产权的保护主要集中在专利权、商标权、版权和商业秘密几个方面，与信息相关的对知识产权的保护有软件著作权和网络域名所有权等。

第2章

一、单项选择题

1. D　2. C　3. C　4. A　5. D　6. A　7. B　8. D　9. C　10. A
11. B　12. B　13. D　14. D　15. A　16. B　17. C　18. A　19. B　20. C

21. B 22. A 23. A 24. B 25. C 26. A 27. C 28. C 29. B 30. D
31. D 32. C 33. C 34. C 35. D 36. D 37. D 38. A 39. B 40. D
41. A 42. B 43. D 44. D 45. C 46. B 47. D 48. D 49. D 50. B
51. A 52. D 53. B 54. A 55. C 56. C

二、多项选择题

1. AB 2. ABCE 3. ACDE 4. ABDE 5. ABE 6. ABC 7. CDE 8. ABCD
9. BD 10. ABCD 11. AE 12. ABD 13. ABD

三、填空题

1. 微软 2. 右击或单击右键 3. 最大化、最小化、还原 4. 系统 5. 图形
6. 超大图标、大图标、中图标、小图标、平铺、列表、详细资料(任选3个) 7. Ctrl+X
8. 桌面 9. 快捷方式 10. 内存、硬盘 11. 屏幕保护 12. 当前窗口(或活动窗口)
13. 回收站 14. 右 15. 标题栏

四、判断题

1. × 2. √ 3. × 4. × 5. × 6. × 7. √ 8. × 9. × 10. √
11. √ 12. × 13. × 14. √ 15. √ 16. × 17. × 18. √ 19. ×

五、简答题

1.【参考答案】

右击“开始”按钮,选择“打开 Windows 资源管理器”命令;单击“开始”按钮,选择“所有程序”→“附件”→“Windows 资源管理器”命令;右击“开始”菜单,选择“Windows 资源管理器”命令;双击桌面上的“计算机”图标。

2.【参考答案】

文件是按一定方式存储于外部存储介质(例如磁盘、光盘等)上的一组相关数据的集合。用户可以对文件和文件夹进行创建、打开、排列和显示、重命名、删除、移动或复制、压缩或解压缩、搜索、属性设置等基本操作。

3.【参考答案】

资源管理器是 Windows 操作系统中的一个重要的应用程序,是系统对计算机软/硬件资源进行管理的重要工具。除了对文件或文件夹进行基本操作外,还可对硬件设备进行管理(例如磁盘管理、设备管理等)。

4.【参考答案】

单击“开始”按钮,选择“所有程序”下的相应程序;在资源管理器窗口中找到程序后双击其图标;若在桌面上有该程序的快捷图标,双击其快捷图标;右击任务栏的空白处,在弹出的快捷菜单中选择“启动任务管理器”命令,然后在弹出的对话框中单击“新任务”按钮,输入程序名启动。

5.【参考答案】

在资源管理器窗口中选择“组织”→“文件夹和搜索选项”命令,弹出“文件夹选项”对话

框，在“查看”选项卡的“高级设置”列表框中取消选择“隐藏已知文件类型的扩展名”复选框。

6.【参考答案】

单击“开始”按钮，选择“所有程序”→“附件”命令，然后右击“画图”图标，在弹出的快捷菜单中选择“发送到”→“桌面快捷方式”命令，接下来返回到桌面，右击“画图”快捷图标，在弹出的快捷菜单中选择“属性”命令，在弹出的对话框中单击“快捷方式”选项卡中的“更改图标”按钮。

7.【参考答案】

休眠是完全关机状态，休眠时计算机会保存更改的所有 Windows 设置，并将当前存储在内存中的全部信息写入硬盘，然后关闭计算机。当唤醒(重启)后，桌面将还原到计算机休眠前的状态。单击“开始”按钮，然后选择“关机”下的“休眠”命令即可进入休眠状态。

8.【参考答案】

右击桌面的空白处，在快捷菜单中选择“屏幕分辨率”命令，打开“屏幕分辨率”窗口，在“分辨率”下拉列表中选择 1024×768。然后单击“高级设置”超链接，切换到“监视器”选项卡，在“屏幕刷新频率”下拉列表中选择 70(或 70 以上的选项)。

9.【参考答案】

双击“回收站”图标，在打开的“回收站”窗口中选定要恢复的文件，然后单击“还原此项目”按钮。文件不一定恢复到原来的位置。

10.【参考答案】

单击“开始”按钮，然后依次单击“控制面板”下的“硬件和声音”、“鼠标”超链接，在弹出的对话框中设置即可。

11.【参考答案】

一种方法是使用应用软件自带的安装和卸载工具，另一种方法是单击“开始”按钮，然后单击“控制面板”下的“卸载程序”超链接。

第3章

一、单项选择题

1. D　2. C　3. A　4. B　5. A　6. C　7. A　8. C　9. B　10. D
11. B　12. D　13. C　14. A　15. B　16. B　17. C　18. D　19. C　20. A
21. A　22. B　23. C　24. D　25. D　26. A　27. D　28. B　29. C　30. A
31. A　32. A　33. C　34. A　35. C　36. C　37. A　38. D　39. C　40. A
41. C　42. A　43. D　44. C　45. D　46. C　47. D　48. D　49. A　50. B
51. C　52. C　53. C　54. C　55. B　56. B　57. A　58. A　59. B　60. D

二、填空题

1. 选项卡、组、按钮　2. 实时预览　3. 可靠性、高效性、安全性　4. Alt、F10

5. 主题、页面设置、页面背景、段落、排列　6. 水平标尺和垂直标尺、页面　7. 字符、段落　8. F1、Shift+F1　9. *.docx、*.docm　10. PDF、XPS　11. 下载模板　12. 另存为、另存为　13. 打开权限密码　14. 一个句子、一个单词或词组　15. Ctrl+C、Ctrl+Alt+V　16. 任意字符串、任意单个字符、Esc　17. 段落标记　18. 自动更正功能　19. 中文数字表示、阿拉伯数字表示 20. 左对齐、居中对齐、右对齐、小数点对齐、竖线对齐 21. 格式刷功能 22. 上页边距与纸张边缘之间的图形或文字、下页边距与纸张边缘之间的图形或文字 23. 将页眉整个段落包括段落标记选中 24. 某段的第一行出现在上一页的页尾或最后一行出现在下一页的页首 25. 分节符、分页符、分栏符、自动换行符 26. Ctrl+Enter 27. 顶端、底端、内侧、外侧 28. 32 767、63 29. 新增一行 30. 删除表格中的所有内容 31. 页面 32. 矢量 33. 内阴影、外阴影、透视阴影 34. 移动 35. 自绘图形、图形 36. 内置公式、符号、公式结构 37. 普通视图、页面视图、大纲视图、Web 版式视图、阅读版式视图 38. 普通视图、页面视图 39. 标题、大纲级别 40. 名称、编号 41. 页面的底部、文档的末尾 42. 3、页码 43. 以不同的颜色显示同时会增加下划线、改变颜色同时增加删除线 44. 在屏幕右侧的标记区显示批注、把批注嵌入正文、打开审阅窗格 45. 把多个审阅者对同一篇文稿所做的修订合并在一起 46. 主文档、数据源 47. 快捷键、快速访问工具栏 48. 域代码、域结果 49. 1,3,6 50. Ctrl+P

三、判断题

1. × 2. √ 3. × 4. × 5. × 6. √ 7. √ 8. × 9. × 10. √
11. √ 12. √ 13. √ 14. × 15. × 16. √ 17. × 18. × 19. × 20. ×
21. √ 22. √ 23. √ 24. × 25. × 26. × 27. × 28. × 29. × 30. √

四、操作题

答案略

第4章

一、单项选择题

1. A 2. B 3. C 4. D 5. A 6. D 7. D 8. A 9. B 10. A
11. A 12. D 13. A 14. A 15. D 16. C 17. D 18. D 19. B 20. A
21. B 22. D 23. B 24. C 25. D 26. D 27. A 28. D 29. D 30. B
31. D 32. A 33. D 34. C 35. C 36. D 37. B 38. C 39. A 40. C
41. A 42. B 43. B 44. D 45. D 46. A 47. D 48. D 49. C 50. D
51. C 52. B 53. A 54. A 55. C 56. A 57. C 58. C 59. C 60. B
61. B 62. B 63. B 64. C 65. B 66. D 67. A 68. B 69. D 70. A
71. D 72. C 73. A 74. A 75. B 76. B 77. A 78. A 79. D 80. A
81. C 82. A 83. C 84. A 85. C 86. A 87. C 88. A 89. A 90. B

二、多项选择题

1. ABC 2. CD 3. ABD 4. BCD 5. ABCD
6. ABCD 7. ABC 8. ABC 9. BD 10. AC
11. ABD 12. BCD 13. AB 14. ABCD 15. ABCD
16. ABCD 17. ABCD 18. ABCD 19. ABC 20. ABCD
21. ABD 22. ABCD 23. ABC 24. BD 25. ABC

26. ABCD　27. ACD　28. ABCD　29. AD　30. BC
31. AD　32. ABC　33. ABC　34. ABC　35. ABC
36. ACD　37. ABCD　38. BC　39. ABCD　40. BCD
41. AB

三、判断题

1. ×　2. ×　3. √　4. √　5. ×　6. √　7. ×　8. √　9. ×　10. ×
11. √　12. √　13. ×　14. ×　15. ×　16. √　17. ×　18. ×　19. ×　20. √
21. √　22. ×　23. ×　24. ×　25. ×　26. √　27. ×　28. √　29. √　30. √
31. ×　32. √　33. √　34. ×　35. √　36. ×　37. √　38. ×　39. √　40. ×
41. √　42. ×　43. ×　44. ×　45. √　46. √　47. √　48. √　49. √　50. ×
51. √　52. √　53. ×　54. ×　55. √　56. ×　57. √　58. √　59. ×　60. ×
61. ×　62. √　63. √　64. √　65. √　66. √　67. ×　68. √　69. ×　70. √
71. √　72. √　73. √　74. √　75. √　76. ×　77. √　78. √　79. √　80. ×
81. √　82. √　83. √　84. √　85. √　86. √　87. √　88. ×　89. ×　90. √
91. √　92. √　93. √　94. √　95. √　96. ×　97. √　98. ×　99. √　100. ×
101. ×　102. ×　103. √　104. √　105. √　106. √　107. √　108. √　109. √　110. √
111 . √　112. √　113. √　114. ×　115. √　116. √　117. √　118. √　119. √　120. √
121. √　122. √　123. √　124. √　125. ×　126. √　127. √　128. √　129. ×　130. √
131. ×　132. ×

四、填空题

1. . xlsx　2. 活动单元格或当前单元格　3. 0 空格　4. －3.21E－05　5. 256
6. ＃　7. 绝对引用　8. 右对齐　9. 左　10. A2＋B2　11. ＄A＄1＋B2
12. TRUE　13. Delete　14. northwind　15. 求从 B3 到 C4 的 4 个单元格数据的平均值
16. SUM　17. “开始”选项卡的“单元格”组　18. Sheet3！B3　19. 开始　20. 工作簿
21. 工作簿　22. 当前或活动　23. 37　24. 数据系列

五、简答题

1.【参考答案】

Excel 2010 是 MicrosoftOffice 的主要组件之一，是 Windows 环境下的优秀的电子表格软件，具有很强的图形、图表功能，可用于财务数据处理、科学分析计算，并能用图表显示数据之间的关系和对数据进行组织处理等。

2.【参考答案】

工作簿、工作表和单元格是 Excel 中的 3 个基本概念。一个工作簿就是一个 Excel 文件；一个工作表就是一个表格，一个工作簿可以包括多个工作表，最多可达 255 个；单元格就是工作表中的小表格，许多单元格构成一个工作表。

3.【参考答案】

在 Excel 中，单元格引用可分为相对引用、绝对引用和混合引用。公式的形式不变，而公式的内容发生了变化,单元格名能根据所处位置自动调节公式中单元格的地址,这种对公式的引用方法称为相对引用。针对相对引用,绝对引用就是在引用过程中公式完全不变。在 Excel 中,绝对引用必须在行号和列号前加"$"符号。混合引用就是在引用中单元格地址的行号或列号只有一个变化,也就是说,在公式中单元格地址的行号或列号前加"$"符号而成为绝对地址部分。

4.【参考答案】

当前工作簿的 Sheet3 工作表的 C2 单元格内容+工作表 Sheet4 的 C8 单元格内容+工作表成绩单的 A4 单元格内容。

5.【参考答案】

按住 Ctrl 键不放,选择各个非连续区域,这样被选中的区域均为黑色,活动单元格为最后所选区域内的第一个所选单元格。

6.【参考答案】

数据透视表的主要作用是从不同的方面分类汇总数据,它可以按多个字段进行分类并进行汇总。分类汇总则是按一个字段进行分类,并对一个或多个字段进行汇总。

7.【参考答案】

数据清除指的是清除单元格中的数据,而单元格本身依然存在。删除的操作对象是单元格本身,也就是删除单元格;在删除单元格后,单元格自身连同其所有内容以及定义全部消失,而且删除的位置由其下方或右方来填补。

8.【参考答案】

(1) 通过"插入"选项卡;(2)选择要建立图表的数据区域;(3)选择图表类型;(4)格式化图表中的各对象。

9.【参考答案】

选择"页面布局"选项卡,在"调整为合适大小"组中对"缩放比例"进行设置。"缩放比例"允许把工作表在10%至400%之间进行缩放,100%为正常大小;"调整为"是把工作表分为几页输出,例如"调整为1页宽1页高",Excel 会自动将打印的内容缩小至一页中。

六、操作题

答案略

第5章

一、单项选择题

1. D　2. A　3. B　4. C　5. C　6. B　7. D　8. D　9. B　10. D
11. C　12. C　13. B　14. D　15. A　16. B　17. D　18. C　19. A　20. C
21. A　22. A　23. C　24. C　25. B　26. B　27. C　28. B　29. C　30. A
31. C　32. A

二、多项选择题

1. ABC　2. ABCD　3. ABD　4. ACD　5. ABD　6. BCD　7. ABCD　8. AC
9. ABCD　10. ABC　11. ABCD　12. BC　13. AB

三、判断题

1. √ 2. √ 3. √ 4. √ 5. √ 6. √ 7. × 8. √ 9. × 10. √

四、填空题

1. 普通 2. 开始 3. 占位符 4. 使用模板 5. 悬挂缩进
6. 幻灯片母版、讲义母版、备注母版 7. 两端对齐、分散对齐
8. 幻灯片浏览视图 9. 幻灯片缩略图、大纲列表 10. Ctrl+B、Ctrl+L

五、操作题

答案略

第6章

一、单项选择题

1. C 2. A 3. C 4. B 5. A 6. C 7. C 8. B 9. B 10. C
11. A 12. A 13. D 14. D 15. C 16. C 17. A 18. C 19. C 20. A
21. A 22. D 23. C 24. A 25. C

二、填空题

1. 通信技术 2. 传输介质、网络连接设备、主机设备 3. 广域网
4. 网络层、传输层、应用层 5. 网络地址、主机地址 6. 域名 7. 商业、政府、教育
8. 域名系统 9. 浏览器 10. Internet Explorer 11. 收件箱、发件箱 12. 文件传输协议

三、简答题

1.【参考答案】

硬件资源共享、软件资源共享、用户间信息交换。

2.【参考答案】

局域网的特点是距离短、延迟小、数据速率高、传输可靠。

广域网的特点是传输速率比较低、网络结构复杂、传输线路种类比较少。

3.【参考答案】

物理层、数据链路层、网络层、传输层、会话层、表示层、应用层。

4.【参考答案】

统一资源定位器(Uniform Resource Locator,URL)是指专为标识Internet网上资源位置而设的一种编址方式。URL的一般格式为:

方式://主机名/路径/文件名

5.【参考答案】

步骤1:选择“工具”→“Internet选项”命令,弹出“Internet选项”对话框。

步骤2:在“Internet选项”对话框中单击“常规”选项卡。

步骤3：在“主页”区的“主页”框中输入 www.edu.cn，然后单击“确定”按钮即可。

6.【参考答案】

收件箱、草稿箱、已发送邮件、已删除邮件、发件箱和垃圾邮件。

四、操作题

答案略

第7章

一、单项选择题

1. B　2. C　3. D　4. A　5. D　6. D

二、简答题

1.【参考答案】

软件漏洞是指计算机软件、协议在开发实现过程中存在的缺陷，这些缺陷可能导致其他用户在未被系统管理员授权的情况下非法访问或攻击系统。

单击“常用”下面的“修复漏洞”选项卡，360安全卫士首先对计算机进行扫描检查，扫描完成界面给出已检测到的漏洞数目以及高危漏洞情况，并在下面的列表中将补丁分成必须修复补丁、功能性更新补丁和不推荐安装补丁3种类型。在列表中将补丁名称前面类型中的复选框置于选中状态，然后单击“立即修复”按钮，360安全卫士将自动完成选中补丁的安装，从而修复该漏洞。

2.【参考答案】

插件是一种遵循一定规范的应用程序接口编写出来的程序。很多软件都有插件，例如在IE中安装相关的Flash插件后，Web浏览器能够直接调用该插件程序，在IE中直接播放Flash文件。

大多数插件是为了方便软件的使用，起辅助性作用。然而有一些插件，它们非法监视用户的行为，并把所记录的数据报告给插件程序的创建者，以达到投放广告、盗取账号密码等非法目的，此类插件称为恶意插件。如果计算机中存在这类插件，则计算机安全存在极大的隐患，必须尽快清除。

3.【参考答案】

在360安全卫士防火墙的系统防护中有网页防火墙、漏洞防火墙、U盘防火墙、驱动防火墙、进程防火墙、文件防火墙、注册表防火墙和ARP防火墙等防护内容。

网页防火墙能够实时拦截网页中的木马和病毒；漏洞防火墙能够自动监测系统补丁、第三方软件漏洞，第一时间发现并修复系统漏洞，阻挡木马入侵系统；U盘防火墙能够阻止U盘中病毒和木马的运行，保护计算机的安全；驱动防火墙是从系统底层阻断木马，加强系统内核防护；进程防火墙拦截可疑进程在系统中创建，阻止木马激活运行，防范账号隐私被盗；文件防火墙用于防止系统关键文件感染，防止快捷键指向文件被篡改；注册表防火墙对木马经常利用的注册表关键位置进行保护；ARP防火墙又称为局域网防火墙，用于使局域网(ARP)内的连接不受ARP病毒攻击的侵扰。

4.【参考答案】

在会声会影中，素材类型包括视频、转场、标题、图形、过滤和音频等。

5.【参考答案】

在时间轴中包含了视频轨、覆叠轨、标题轨、声音轨和音乐轨等。

6.【参考答案】

转场效果使影片可以从一个场景平滑地切换到另一个场景，它们可以应用在"时间轴"中的素材之间，有效地使用此功能，可以为影片添加专业化的效果。

7.【参考答案】

EasyRecovery 的功能包括磁盘诊断、数据恢复、文件修复、Email 修复等。

8.【参考答案】

EasyRecovery 可以恢复误删除的数据、格式化或重新分区丢失的数据、由于病毒造成的数据损坏和丢失、由于断电或瞬间电流冲击造成的数据毁坏和丢失，以及由于程序的非正常操作或系统故障造成的数据毁坏和丢失。

9.【参考答案】

选择分区、扫描文件、标记需要恢复的文件、设置目标文件夹、复制数据、数据恢复报告。

第二部分

实验与上机指导

本“实验与上机指导”部分的内容主要是为陈国君、陈尹立教授主编的《大学计算机基础教程(第2版)》教材的理论教学部分而配的上机实践内容。上机操作是学生掌握计算机技能必不可少的环节,所以通过本部分内容的上机实践可以使学生更好地掌握计算机的操作技能。

实验 1 计算机操作基础

1.1 实验目的

(1) 了解开、关机的步骤。

(2) 掌握 Windows 的启动与退出。

(3) 熟悉键盘的使用。

1.2 实验内容

1. 开、关机的操作

(1) 开机。

(2) 重新启动计算机。

(3) 关机。

2. 键盘的操作

(1) 键盘的结构。

(2) 键盘的使用。

(3) 键盘的基本指法及汉字的输入。

1.3 实验步骤

1. 开、关机的操作

1) 开机

步骤 1：先打开显示器，再打开主机电源(Power)开关。

步骤 2：在登录窗口中进行正确的登录后，会出现 Windows 7 的桌面，如图 1.1 所示。

2) 重新启动计算机

步骤 1：单击“开始”按钮，然后单击“关机”按钮右侧的三角形按钮，如图 1.2 所示。

步骤 2：选择“重新启动”命令，即可重新启动计算机(此操作一般用于系统不能正常工作时)。

3) 关机

单击图 1.2 中的“关机”按钮，当屏幕无显示时关闭显示器即可。

注意：在关机前应关闭所有打开的窗口，用户必须通过该操作进行关机，而不能强行关闭电源。经关机操作后，一般情况下都会自动关闭主机电源。

图 1.1　Windows 7 桌面

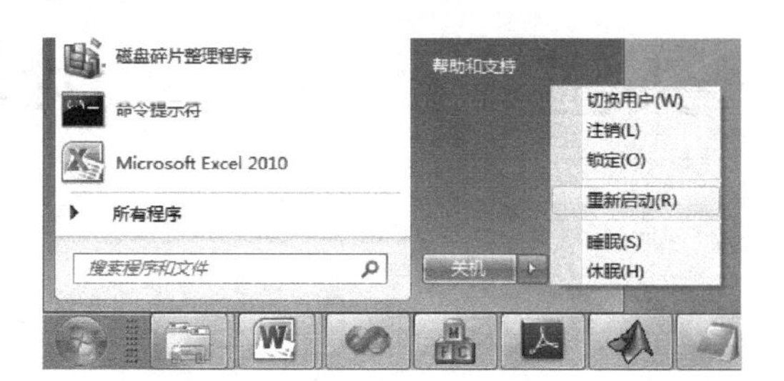

图 1.2　"关机"列表

2. 键盘的操作

1) 键盘的结构

键盘分为功能键区、电源控制键区、打字键区(主键盘)、编辑键区(光标控制键区)和数字键区(小键盘),如图 1.3 所示。

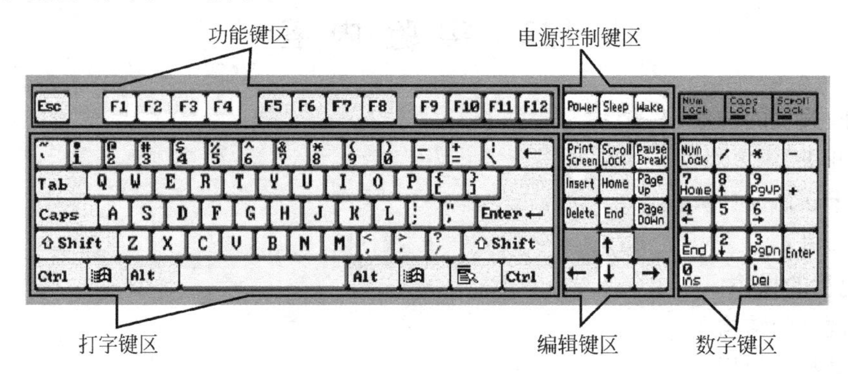

图 1.3　107 键盘结构图

此外还有 3 个显示灯,即数字键灯 Num Lock、大写字母灯 Caps Lock 和滚动锁定灯 Scroll Lock。

2) 键盘的使用

为了方便练习使用键盘,需要打开"记事本"文档。

单击"开始"按钮,选择"所有程序"→"附件"→"记事本"命令,打开记事本文档窗口。此时,键盘的各种输入都可以在其中显示。

(1) 击键方式:键盘的击键分为单键、组合键(双键或三键同时按下)两种操作。

① 单键:手指按下键后迅速抬起,若按下不动,则相当于连续按该键。

② 双键:如要将 Shift 键和＝键同时按下,写法为"Shift＋＝",实际操作时是先按下 Shift 键不放,再按下＝键。

③ 三键:如果要将 Ctrl 键、Shift 键和 Esc 键 3 个键同时按下(希望打开"Windows 任务管理器"窗口),写法为"Ctrl＋Shift＋Esc",实际操作时是先按下 Ctrl 键不放,再按下 Shift 键不放,最后按下 Esc 键。

(2) 功能键区:Esc 及 F1～F12 键在不同的应用程序中有不同的功能,下面是几个常用的功能。

① F1:显示当前程序或者 Windows 的帮助内容。

② F2：重命名选定项。

③ F3：搜索文件或文件夹。

④ F5：刷新活动窗口。

⑤ Esc：一般在应用程序中作为取消当前任务之用。

(3) 打字键区。

① 字母键 A～Z：对应大小写英文字母，默认为小写字母。当"大写字母灯"亮时，输入为大写。

② 数字键和符号键：这些键都有上、下两个符号，例如[%5]、[+=]键等。当直接按这些键时显示数字和下档的符号，例如"5"、"="。

③ Shift 键：上档键(换档键)，与数字键和符号键同时使用，显示这些键的上档符号。例如同时按下 Shift+5 键(应先按下 Shift 不放，再按下 5 键)，显示"%"号。该键也可以与字母键同时使用，起到转换大小写的作用。例如单独按下字母键输入的是小写字母，则按 Shift+A 键输入的是大写字母"A"。

④ Caps Lock 键："大写字母灯"开关键，按一下灯亮，再按一下灯灭。

⑤ Ctrl 键：控制键，此键必须和其他键配合组成组合键使用，例如 Ctrl+Z(撤销)。

⑥ Alt 键：转换键，此键必须和其他键配合组成组合键使用，例如 Ctrl+Alt+Delete。

⑦ Tab ⇆键：制表(跳格)键，按该键会使光标向前移动几个空格。

⑧ Backspace(←)键：退格键，位于打字键区的右上角，按该键将删除光标前面(左侧)的字符或选择的文本。

⑨ Enter 键：回车键，按该键光标将移动到下一行开始的位置，或标志着命令或语句输入结束。

⑩ Space 键：空格键，即键盘下面的长条形状键，按该键输入空格，即光标向右移一格。

此外还有两个带有图标的特殊键。

⊞键：Windows 徽标键，显示/取消"开始"菜单。

▤键：显示相应的快捷菜单。

(4) 编辑键区。

① 4 个标有不同方向(←、↑、→、↓)的光标移动键。

② Insert 键：插入/改写键，用于文档编辑中，作为插入/改写字符状态的切换开关键。

③ Delete 键：删除键，常用于文档编辑中，用于删除光标后面(右侧)的字符或选择的文本。若在桌面或文件夹窗口中，则删除所选择的对象。

④ Home 键：行首键，在文档编辑中用于将光标移动到行首，在浏览网页时用于将光标移动到网页的顶端，在桌面或文件夹窗口中则选中第一个对象。

⑤ End 键：行尾键，在文档编辑中将光标移动到行末，在浏览网页时将光标移动到网页底端，在桌面或文件夹窗口中则选中最后一个对象。

⑥ Page Up 键：前翻页键，将光标或页面向上移动一个屏幕。

⑦ Page Down 键：后翻页键，将光标或页面向下移动一个屏幕。

⑧ Print Screen 键：屏幕硬复制键，将整个屏幕的显示作为图形放入剪贴板。若按 Alt+Print Screen 键，则将当前活动窗口作为图形放入剪贴板。

⑨ Scroll Lock 键：滚动锁定键，按该键可开启/关闭滚动锁定灯，该键现已基本不用。

⑩ Pause/Break 键：暂停键，一般不使用该键。在一些程序中，按该键将暂停程序，同时按 Ctrl+Pause/Break 键，将停止程序的运行。

(5) 数字键区：数字键区主要用于进行数值数据的输入。当 Num Lock 处于开启状态时(Num Lock 灯亮)，可以使用数字键盘来输入数字。当 Num Lock 处于关闭状态时，数字键盘中的数字键和小数点键将作为编辑键使用(这些功能印在键上面的数字或符号下边)。

① PgUp 键与 Page Up 键的功能相同。

② PgDn 键与 Page Down 键的功能相同。

③ Ins 键与 Insert 键的功能相同。

④ Del 键与 Delete 键的功能相同。

3) 键盘的基本指法

(1) 正确的键盘操作坐姿如图 1.4 所示，正确的操作姿势有利于快速、准确地输入信息，同时输入者也不容易产生疲劳。

图 1.4　正确坐姿示意图

① 坐姿端正，身体坐直或稍微倾斜，身体正对键盘，后背紧靠座椅的靠背，双脚自然地平放在地板上。

② 显示器应在视线的正前方，距离大约是手臂的长度。颈部要伸直不要前倾。座位高低要合适，屏幕的顶部与眼睛基本上保持同一高度，显示器稍微向上倾斜。

③ 肩部放松，两肩齐平，上臂自然下垂并贴近身体，胳膊肘呈 90°(或者稍微更大一点)。前臂和手应该平放。手腕处于自然位置，手指自然弯曲轻轻地放在基准键上。

(2) 键盘指法。

① 基本键位：基本键位于打字键区的中间一行，共有 8 个键，即 A、S、D、F(左手)和 J、K、L、;(右手)。在输入时，4 个手指应分别自然弯曲轻放在基本键位上面，大拇指置于空格键上，基本键与手指的对应关系如图 1.5 所示。在按其他键后必须重新放回基本键上面，然后开始新的输入。为了帮助盲打时定位基准键位，在两个食指基准键“F”和“J”上设计了凸起点，可通过触觉感知。

图 1.5　基本键位与手指对应的关系图

注意：在输入时不要让手掌接触到键盘托架或桌面(会影响输入速度)。

② 打字键区的指法：以基准键位为基础，指法要求将主键盘上的所有按键分配到左、右两手的 10 个手指上，具体分配情况如图 1.6 所示。每个手指负责所分配键位的按键操作，组合键(如 Shift 键、Alt 键、Ctrl 键)两手都可以使用。

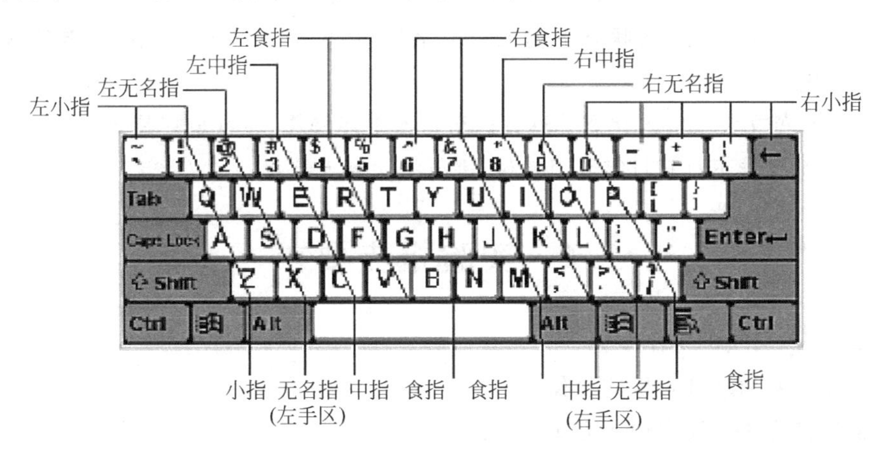

图 1.6　手指分工图

③ 数字键区指法：数字键区是为了方便批量地输入数据，在输入大量数据时使用数字键区要比使用打字键区方便、快捷。

数字键的基本指法是将右手的食指、中指、无名指分别放在标有 4、5、6 的数字键上。在打字的时候，0、1、4、7、Num Lock 键由食指负责；2、5、8、/键由中指负责；Delete、3、6、9、* 键由无名指负责；Enter、+、-键由小指负责。

注意：数字键区的数字只有在其上方的 Num Lock 指示灯亮时才能输入，这个指示灯是由 Num Lock 键控制的，当该指示灯不亮时其作用为对应编辑键区的按键功能。

4) 指法练习

练习指法首先要打开"记事本"或打开由教师指定的编辑文档才可进行。

(1) 输入字母、数字和各种符号。

步骤 1：输入字母 a、b、c…z(Caps Lock 灯不亮)；

步骤 2：输入字母 A、B、C…Z(按下 Caps Lock 键，使 Caps Lock 灯亮)；

步骤 3：输入数字 1、2、3…9、0；

步骤 4：输入符号"，"、"．"、"\"、"；"、"'"、"["、"]"、"-"、"="、"\"；

步骤 5：进入中文输入状态，再输入一次，注意观察有何变化。

注意：每输入完一组内容都要按 Enter 键切换到下一行继续输入。

(2) 编辑键的使用及删除操作。

步骤 1：使用光标移动键将光标移到刚输入的数字 6 的前面；

步骤 2：按一下 Backspace(←)键，观察屏幕的变化；

步骤 3：再按一下 Delete 键，观察屏幕的变化；

步骤 4：反复多做几次，了解 Backspace 与 Delete 的区别。

(3) 上档键的使用。

步骤1:在英文输入状态下输入符号!、@、#、$…+、|、{、}、:、"、<、>、?。

注意:在输入以上符号时,要先按下 Shift 键不放,再按这些符号键。

步骤2:在中文输入状态下再输入一次以上符号,注意观察其变化。

步骤3:在英文小写输入状态下输入一个字母,然后按下 Shift 键不放,再按这个字母键,观察其变化。

步骤4:在英文大写输入状态下继续进行一次上述操作,注意观察其变化。

(4) 在教师指导下打开打字练习软件,进行指法输入练习。

1.4 实验报告要求

(1) 简述开、关机的操作步骤。

(2) 写出重新启动计算机的步骤。

(3) 简述怎样进入汉字输入方式。

(4) 简述 Shift 键的作用,并说明怎样用双键进行组合键的输入。

(5) 写出打开"记事本"的步骤。

(6) 说明在进行输入之前,各手指应放在键盘的什么位置。

1.5 五笔字型输入法简介

1. 认识五笔字型

五笔字型码是一种形码,它是按照汉字的字形(笔画、部首)进行编码的,是非常流行的汉字输入方法。下面简单介绍一下五笔字型的拆分规则。

1) 汉字的笔画

从书写形态上认为汉字的笔画一般有点、横、竖、撇、捺、挑(提)、钩、(左右)折8种。

在五笔字型方法中,把汉字的笔画归结为横、竖、撇、捺(点)、折5种。把"点"归结为"捺"类,是因为两者的运笔方向基本一致;把挑(提)归结为"横"类;除竖能代替左钩以外,将其他带转折的笔画都归结为"折"类。

2) 笔画的书写顺序

在书写汉字时,应该按照:先左后右、先上后下、先横后竖、先撇后捺、先内后外、先中间后两边、先进门后关门等规则。

3) 汉字的部件结构

在五笔字型编码的输入方案中,选取了大约130个部件作为组字的基本单元,并把这些部件称为基本字根,众多的汉字全部由它们组合而成。例如,"明"字由日和月两个字组成,"吕"字由两个口字组成。在这些基本字根中有些字根本身就是一个完整的汉字,例如日、月、人、火、手等。

4) 汉字的部位结构

基本字根按一定的方式组成汉字,在组字时这些字根之间的位置关系就是汉字的部位结构。

(1) 单体结构：由基本字根独立组成的汉字，例如西、目、甲、白、水、女等。

(2) 左右结构：左右结构的字由左、右两部分或左、中、右 3 个部分构成，例如朋、引、彻、喉等。

(3) 上下结构：上下结构的字由上、下两部分或自上往下几部分构成，例如吕、旦、党、意等。

(4) 内外结构：汉字由内、外两部分构成，例如国、向、句、匠、达、库、厕、问等。

5) 汉字的字型信息

在向计算机输入汉字时，只靠告诉计算机该字是由哪几个字根组成的，这往往不够。例如“叭”和“只”字，都是由“口”和“八”两个字根组成的，为了区别究竟是哪一个字，必须把字型信息告诉计算机。在五笔字型输入法中，为了获取字型信息，把汉字信息分成 3 种类型。

(1) 1 型：左右部位结构的汉字，例如肚、拥、咽、枫等。虽然“枫”的右边是由两个基本字根按内外型组合而成的，但整字仍属于左右型。

(2) 2 型：部位结构是上下型的字，例如字、节、看、意、想、花等。

(3) 3 型：称为杂合型，包括部位结构的单字和内外型的汉字，即没有明显的上下和左右结构的汉字。

2. 五笔编码输入法

1) 五笔的字根及排列

在五笔字型编码输入法中，选取了组字能力强、出现次数多的 130 个左右的部件作为基本字根，其余所有的字，在输入时都要拆分成基本字根的组合。

对于选出的 130 多种基本字根，按照其起笔笔画，分成 5 个区。以横起笔的为第 1 区，以竖起笔的为第 2 区，以撇起笔的为第 3 区，以捺(点)起笔的为第 4 区，以折起笔的为第 5 区，如图 1.7 所示。

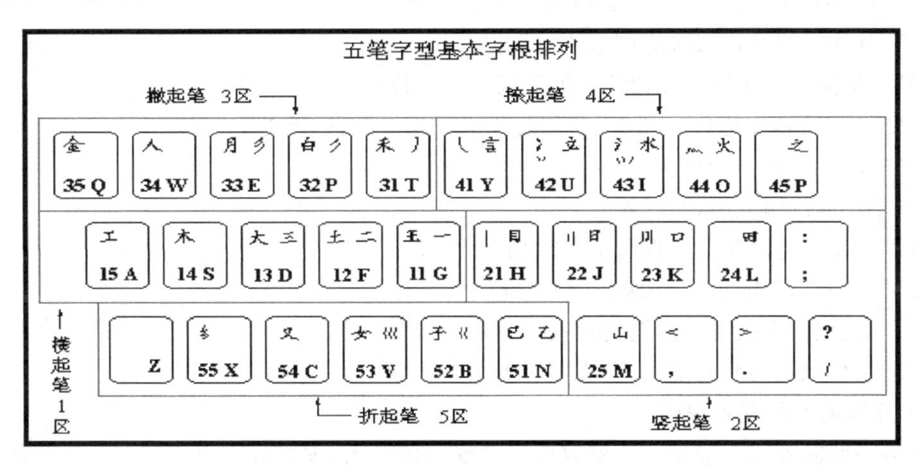

图 1.7　五笔字型字根分区图

每一区内的基本字根又分成 5 个位置，也以 1、2、3、4、5 表示。这样，130 多个基本字根就被分成了 25 个类，每个类平均 5～6 个基本字根。这 25 类基本字根安排在除 Z 键以外的 A～Y 的 25 个英文字母键上。五笔字型字根总表以及五笔字型键盘字根排列如图 1.8 所示。

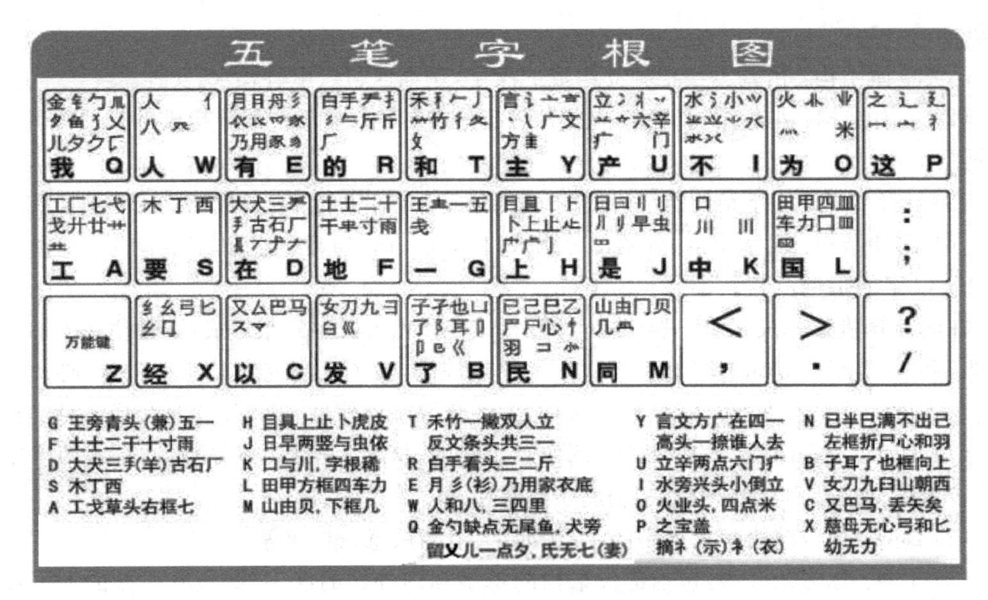

图 1.8 五笔字型字根总表

在同一个键位上的几个基本字根中选择一个具有代表性的字根,称为键名。在图 1.8 中,键位左上角的字根就是键名。为了便于记忆基本字根在键盘上的位置,图 1.8 下面的部分分别是第 1 区~第 5 区的字根助记口诀。

11G 王旁青头戋(兼)五一(兼是借同音转义)

21H 目具上止卜虎皮(“具上”指具字的上部“且”)

31T 禾竹一撇双人立(“双人立”即“彳”) 反文条头共三一(“条头”即“夂”)

32R 白手看头三二斤(“三二”指第 3 区第 2 个键位)

33E 月彡(衫)乃用家衣底(“家衣底”即“豕”)

34W 人和八,三四里(“三四”即第 3 区 4 个键位)

35Q 金勹缺点无尾鱼(指“勹、鱼”)犬旁留乂儿一点夕,氏无七(妻)

44O 火业头,四点米(“火”、“业”、“灬”)

45P 之宝盖,摘礻(示)衤(衣)

52B 子耳了也框向上(“框向上”指“凵”)

53V 女刀九臼山朝西(“山朝西”为“彐”)

54C 又巴马,丢矢矣(“矣”丢掉“矢”为“厶”)

55X 慈母无心弓和匕幼无力(慈母无心为“ ”,“幼”去掉“力”为“幺”)

2) 五笔输入的编码规则

五笔字型输入法一般敲 4 次键完成一个汉字的输入,编码规则总表如图 1.9 所示。

编码规则分成两大类,下面进行介绍。

(1) 基本字根编码:这类汉字直接标在字根键上,其中包括键名汉字和一般成字字根汉字两种。键名汉字指王、土、大、木、工、目、日、口、田、山、禾、白、月、人、金、言、立、水、火、之、已、子、女、又、纟,共 25 个,它们采用把该键连敲 4 次的方法输入。

一般成字字根的汉字输入采用先敲字根所在键一次(称为挂号),然后敲该字字根的第一、第二以及最末一个单笔按键。例如石,第一键为“石”字根所在的 D,第二键为首笔“横”

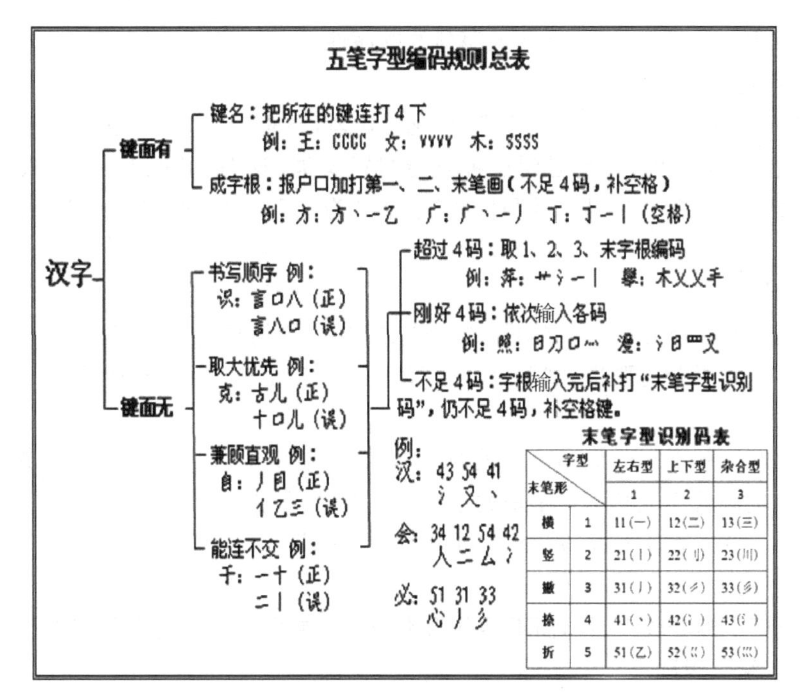

图1.9　五笔字型编码规则总表

G键，第三键为次笔"撇"T键，第四键为末笔"横"G键。

但对于用单笔画构成的字，例如"一"、"丨"、"丿"、"丶"、"乙"等，第一、二键是相同的，规定后面增加两个英文LL键。这样，"一"、"丨"、"丿"、"丶"、"乙"等的单独编码如下：

一：GGLL 丨：HHLL 丿：TTLL 丶：YYLL 乙：NNLL

(2) 复合汉字编码：凡是由基本字根(包括笔型字根)组合而成的汉字都必须拆分成基本字根的一维数列，然后再依次输入计算机。

例如，"新"字要拆分成立、木、斤；"灭"字要拆分成一、火；"未"字要拆分成二、小等。注意，拆分要有一定的规则，这样才能最大限度地保持唯一性。

字根间的位置关系分为单、散、连、交4种。

单：本身就单独成为汉字的字根；

散：构成汉字不止一个字根，且字根间保持一定的距离；

连：五笔字型中字根间的相连关系并非通俗的望文生义的相互连接之意，字根间的相连关系特指以下两种情况。

- 单笔画与某基本字根相连：例如自是丿连目；千是丿连十；且是月连一；尺是尸连丶；不是一连小；主是丶连王；下是一连卜；入是丿连丶。需要说明的是，单笔画与基本字根间有明显距离的不认为是相连的，例如个、少、旧、鱼等。
- 带点结构的字认为是相连的：例如勺、太、义、斗、头等。

交：指两个或多个字根交叉套迭构成的汉字，例如里是日交土；必是心交丿；专是二交乙等。

① 拆分的基本规则。

a. 按书写顺序。

例如："新"字要拆分成立、木、斤，而不能拆分成立、斤、木；"想"字要拆分成木、目、心，

而不能拆分成木、心、目等，以保证字根序列的顺序性。

b. 能散不连。

例如："占"字拆分为卜、口，两者若按"连"处理，便是杂合型(3型)，两者若按"散"处理，便是上下型(2型正确)。当遇到这种既能"散"又能"连"的情况时，规定只要不是单笔画，一律按"能散不连"判之。即"散"时的汉字字型为上下、左右型，"连与交"时的汉字字型一般为杂合型。

c. 能连不交。

例如："于"字拆分为一、十，而不能拆分为二、丨。因为后者两个字根之间的关系为交，而前者是"连"。在拆分时要遵守"散"比"连"优先，"连"比"交"优先的原则。

d. 取大优先

保证在书写顺序下拆分成尽可能大的基本字根，使字根数目最少。所谓最大字根是指如果增加一个笔画就不成其基本字根的字根。例如，"果"拆分为日、木，而不拆分为旦(不是基本字根)、小；"克"拆分为古、儿，而不拆分为十、口、儿。

e. 兼顾直观。

例如："自"字拆分成丿、目，而不拆分为亻、乙、三或白、一等，后者欠直观。

② 复合字编码规则。

按上述原则拆分以后，按字根的多少分别处理：

a. 刚好4字根，依次取该4个字根的码输入。

例如："到"字拆分成一、厶、土、刂，则其编码为GCFJ。

b. 超过4个字根，则取一、二、三、末4个字根的编码输入。

例如："酸"字取西、一、厶、文，编码为SGCT。

c. 不足4个字根，加上一个末笔字型交叉识别码，若仍不足4个码，则加一个空格键。

③ 末笔字型交叉识别码。

对于不足4个码的汉字，例如"汉"字拆分成氵、又，只有IC两个码，因此要增加一个所谓的末笔字型交叉识别码Y。

在此举个例子来说明它的必需性。例如"汀"字拆分成氵、丁，编码为IS，"沐"字拆分成氵、木，编码也为IS；"洒"字拆分成氵、西，编码也为IS。这是因为木、丁、西3个字根都在S键上，就这样输入，计算机无法区分它们。

为了进一步区分这些字，在五笔字型编码输入法中引入了一个末笔字型交叉识别码，它是由字的末笔笔画和字型信息共同构成的，如表1.1所示。

表1.1　末笔字型交叉识别码表

字型 末笔笔画	左右型1	上下型2	杂合型3
横1	11G	12F	13D
竖2	21H	22J	23K
撇3	31T	32R	33E
捺4	41Y	42U	43I
折5	51N	52B	53V

末笔笔画只有5种，字型信息只有3类，因此，末笔字型交叉识别码只有15种，如表1.1所示。

从该表中可知，“汉”字的交叉识别码为Y，“字”字的交叉识别码为F，沐、汀、洒的交叉识别码分别为Y、H、G。如果字根编码和末笔交叉识别码都一样，这些汉字称为重码字。对于重码字只有进行选择操作，才能获得需要的汉字。

3. 五笔编码输入技巧

1）字根键位的特征

五笔字型输入法把130多个字根分成五区五位，科学地排列在25个英文字母键上，便于记忆，也便于操作，其特点如下：

(1) 每键平均2～6个基本字根，有一个代表性的字根称为键名，为便于记忆，关于键名有以下“键名谱”。

① (横)区：王、土、大、木、工

② (竖)区：目、日、口、田、山

③ (撇)区：禾、白、月、人、金

④ (捺)区：言、立、水、火、之

⑤ (折)区：已、子、女、又、纟

(2) 每一个键上字根的形态与键名相似。

例如：“王”字键上有一、五、戋、王等；“日”字键上有日、曰、早、虫等字根。

(3) 单笔画基本字根的种类和数目与区位编码相对应。

例如：一、二、三这3个单笔画字根分别安排在1区的第一、二、三位上；丨、刂、川这3个单笔画字根分别安排在2区的第一、二、三位上等。丶、冫、氵、灬这4个单笔画字根分别安排在4区的第一、二、三、四位上。

2）Z键的用法

从五笔字型的字根键位图可知，26个英文字母键只用了A～Y共25个键，Z键用于辅助学习。

当对汉字的拆分一时难以确定用哪一个字根时，不管它是第几个字根都可以用Z键来代替。借助于软件，把符合条件的汉字都显示在提示行中，再输入相应的数字，即可把相应的汉字选择到当前光标位置处。在提示行中还显示了汉字的五笔字型编码，可以作为学习编码规则之用。

4. 提高输入速度的方法

五笔字型一般敲4次键输入一个汉字，为了提高速度，设计了简码输入和词汇码输入方法。

1）简码输入

(1) 一级简码字。

对于一些常用的高频字，敲一键后再敲一空格键即可输入一个汉字。高频字共25个，如图1.10所示，键左上角为键名字(按4次该键)，键左下角为高频字，即一级简码字。

(2) 二级简码字。

在汉字中较常用，出现频率极高的字筛选为二级简码。由单字全码的前两个字根代码加一空格键组成，共有588个二级简码汉字。二级简码的输入方法是取汉字前两个字根的

图1.10　五笔字型的一级简码字

编码,再按空格键输入。例如,天(一、大,GD)、打(扌、丁,RS)。二级简码中成字字根汉字的输入法是先输入成字字根对应的键,然后再输入该汉字第一笔对应的键,例如刀(VN)、九(VT)。

(3) 三级简码字。

三级简码字由单字的前3个字根加一个空格键组成。凡前3个字根在编码中是唯一的,都选作三级简码字,一共约4 400个。对于三级简码字,虽然敲键次数未减少。但省去了最后一码的判别工作,仍有助于提高输入速度。例如,意(立、日、心,UJN)、想(木、目、心,SHN)。

2) 词汇输入

汉字以字作为基本单位,由字组成词。在句子中若把词作为输入的基本单位,则输入速度更快。五笔字型中的词和字一样,一词仍只需4个码。用每个词中汉字的前一、二个字根组成一个新的字码,与单个汉字的代码一样,来代表一条词汇。下面介绍词汇代码的取码规则。

(1) 双字词:分别取每个字的前两个字根构成词汇简码。

例如,"计算"取"言、十、竹、目"构成编码(YFTH)。

(2) 三字词:前两个字各取一个字根,第3个字取前两个字根作为编码。

例如,"操作员"取"扌、亻、口、贝"构成一个编码(RWKM);"解放军"取"⺈、方、冖、车"作为编码(QYPL),等等。

(3) 四字词:每个字取第一个字根作为编码。

例如,"程序设计"取"禾、广、言、言"(TYYY)构成词汇编码。

(4) 多字词:取一、二、三、末4个字的第一个字根作为编码。

例如,"中华人民共和国"取"口、人、人、囗"(KWWL)等。

五笔字型中的字和词都是四码的,因此,词语占用了同一个编码空间。之所以词、字能共同容纳于一体,是由于每个字4个键,共有25×25×25×25种可能的字编码,约39万个,大量的码空闲着。对于词汇编码而言,由于词和字的字根组合的分布规律不同,它们在汉字编码空间中各占据着基本上互不相交的一部分。因此,词和字的输入完全一样。

3) 重码与容错

如果一个编码对应着几个汉字,这几个汉字称为重码字;如果几个编码对应一个汉字,这几个编码称为汉字的容错码。

在五笔字型中,当输入重码时,重码字显示在提示行中,较常用的字排在第一个位置上,并用数字指出重码字的序号，如果用户要的就是第一个字，可继续输入下一个字，该字会自动跳到当前光标位置，其他重码字要用数字键加以选择。

例如“嘉”字和“喜”字，都分解为 FKUK，因这“喜”字较常用，它排在第一位，“嘉”字排在第二位。若用户需要“嘉”字，则要用数字键 2 选择。

在汉字中有些字的书写顺序往往因人而异，为了能适应这种情况，允许一个字有多种输入码，这些字称为容错字。在五笔字型编码输入方案中，容错字有 500 多种。

实验2 Windows 7 的基本操作

2.1 实验目的

(1) 熟悉 Windows 7 的桌面及其相关操作。

(2) 熟悉任务栏及其相关操作。

(3) 了解窗口的组成,掌握改变窗口位置和大小的方法。

(4) 熟悉联机帮助的使用。

(5) 熟悉中文输入法。

2.2 实验内容

1. 桌面图标的认识与操作

(1) 注意区分哪些是系统图标,哪些是快捷方式图标;

(2) 在桌面上建立“Word”、“记事本”和“画图”的快捷图标;

(3) 对桌面图标进行打开、移动、更名、删除等操作;

(4) 分别按名称、大小、类型和修改时间对桌面图标进行排列。

2. “回收站”的使用

(1) 删除桌面上“记事本”的快捷方式;

(2) 恢复已删除的“记事本”快捷方式;

(3) 永久删除桌面上“Word”的快捷方式。

3. 任务栏及“开始”菜单的相关设置

(1) 注意观察任务栏的结构及熟悉各部位的作用;

(2) “开始”菜单的相关设置。

4. 排列、移动和改变窗口的大小

(1) 打开“计算机”、“文档”和“画图”程序;

(2) 对 3 个窗口进行层叠窗口、横向平铺窗口和纵向平铺窗口排列;

(3) 对“计算机”窗口进行移动和改变大小的操作。

5. 联机帮助的使用

(1) 通过联机帮助的搜索栏来了解帮助主题(例如“回收站”)的相关使用;

(2) 通过联机帮助的“选择一个帮助主题”(例如“Windows 的基础知识”)来学习相关知识。

6. 中文输入操作

(1) 打开“记事本”并进入一个自己喜欢的中文输入方式;

(2) 进行中/英文混合输入(从实验2的“实验目的”开始输入)。

2.3 实验步骤

1. 桌面图标的认识与操作

(1) 开机进入 Windows 7 的桌面,系统图标是“我的电脑”、“回收站”、“Internet Explorer”,快捷方式图标左下方有一个向上的斜箭头。

(2) 在桌面上建立“Word”、“记事本”和“画图”的快捷图标。

① 建立 Word 2010 的桌面快捷方式。

步骤1:选择“所有程序”→Microsoft Office 命令;

步骤2:在出现的级联菜单中右击 Microsoft Office Word 2010;

步骤3:从弹出的快捷菜单中选择“发送到”→“桌面快捷方式”命令。

② 建立记事本和画图程序的桌面快捷方式。

步骤1:选择“所有程序”→“附件”命令;

步骤2:在出现的级联菜单中右击“记事本”;

步骤3:从弹出的快捷菜单中选择“发送到”→“桌面快捷方式”命令;

步骤4:用同样的方法在桌面上建立“画图”的快捷方式图标,并注意观察桌面上生成图标的情况。

(3) 对桌面图标进行打开、移动、更名、删除等操作。

① 将“画图”快捷方式图标在桌面上移动位置并更名为“HT”。

步骤1:用鼠标拖动“画图”快捷方式图标到一个新的位置;

步骤2:右击该图标,在弹出的快捷菜单中选择“重命名”命令(或单击该图标的名称);

步骤3:当名称出现高亮反白后,输入“HT”并按 Enter 键。

② 打开“计算机”和“画图”程序。

步骤1:双击“计算机”图标;

步骤2:双击“HT”快捷图标。

③ 删除“HT”快捷图标。

步骤1:关闭“画图”程序;

步骤2:单击任务栏右侧的“显示桌面”按钮,回到桌面;

步骤3:选择“HT”图标,然后按 Delete 键或右击“HT”,从弹出的快捷菜单中选择“删除”命令。

(4) 分别按名称、大小、类型和修改时间对桌面图标进行排列。

步骤1:右击桌面空白处,在弹出的快捷菜单中选择“排列图标”命令;

步骤2:在出现的级联菜单中分别选择“名称”、“大小”、“类型”和“修改时间”命令,注意观察桌面图标的变化。

2. "回收站"的使用

(1) 删除桌面上"记事本"的快捷方式。

步骤1:选择"记事本"快捷方式图标;

步骤2:按Delete键或右击"记事本"快捷方式图标,从弹出的快捷菜单中选择"删除"命令。

(2) 恢复已删除的"记事本"快捷方式。

步骤1:双击"回收站"图标,在打开的窗口中选择"记事本"快捷方式图标;

步骤2:单击"还原此项目"按钮,或右击"记事本"快捷方式图标,从弹出的快捷菜单中选择"还原"命令。

(3) 永久删除桌面上的"Word"快捷方式。

① 删除桌面上的"Word"快捷方式图标。

步骤1:选择桌面上的"Word 2010"快捷方式图标;

步骤2:按Delete键或右击"Word 2010",从弹出的快捷菜单中选择"删除"命令。

② 删除"回收站"中的"Word 2010"快捷方式图标。

步骤1:双击"回收站"图标,在打开的窗口中选择"Word 2010"快捷方式图标;

步骤2:右击"Word 2010"快捷方式图标,从弹出的快捷菜单中选择"删除"命令。

3. 任务栏及"开始"菜单的相关设置

(1) 通过观察任务栏,了解其结构及各部位的作用,如图2.1所示。

图2.1 任务栏

(2) "开始"菜单的相关设置。

步骤1:单击"开始"按钮,观察"开始"菜单的结构,然后右击任务栏的空白处;

步骤2:从弹出的快捷菜单中选择"属性"命令,在弹出的对话框中单击"「开始」菜单"选项卡;

步骤3:单击"自定义"按钮对"开始"菜单的外观进行设置;

步骤4:单击"确定"按钮完成设置,单击"开始"按钮,观察两种"开始"菜单的区别。

4. 排列、移动和改变窗口的大小

(1) 打开"计算机"、"文档"和"画图"程序。

步骤1:双击桌面上的"计算机"图标,若打开的"计算机"窗口为最大化窗口,通过窗口标题栏右上角的"还原"按钮使窗口还原显示在桌面上;

步骤2:双击桌面上的"文档"图标,若打开的"文档"窗口为最大化窗口,通过窗口标题栏右上角的"还原"按钮使窗口还原显示在桌面上;

步骤3:双击桌面上的"画图"程序快捷图标,若打开的"画图"窗口为最大化窗口,通过窗口标题栏右上角的"还原"按钮使窗口还原显示在桌面上。

(2) 对3个窗口进行层叠窗口、堆叠显示窗口和并排显示窗口。

步骤1:右击任务栏的空白处;

步骤 2：从弹出的快捷菜单中分别选择“层叠窗口”、“堆叠显示窗口”和“并排显示窗口”命令，观察屏幕的变化。

(3) 对“计算机”窗口进行移动和改变大小的操作。

步骤 1：用鼠标单击桌面上的“计算机”窗口的任意处；

步骤 2：将鼠标指针移到“计算机”窗口的四周边沿处或四角处，当鼠标指针变为↔、↕、↘、↗时拖动窗口。

5. 联机帮助的使用

(1) 通过联机帮助的搜索栏来了解帮助主题(例如“回收站”)的相关使用。

步骤 1：单击“开始”按钮，选择“帮助和支持”命令，打开“Windows 帮助和支持”窗口，如图 2.2 所示。

步骤 2：在搜索栏中输入“回收站”，然后单击 🔍 按钮开始进行搜索。

步骤 3：在搜索结果中选择“永久删除回收站中的文件”项，可根据所显示的操作步骤清空“回收站”，也可以选择其他项进行学习、操作。

图 2.2 “Windows 帮助和支持”窗口

(2) 通过联机帮助的“选择一个帮助主题”(例如“了解有关 Windows 基础知识”)来学习相关知识。

步骤 1：在图 2.2 所示的窗口中单击“了解有关 Windows 基础知识”选项；

步骤 2：根据提示选择自己想要了解的内容选项。

6. 中文输入操作

(1) 打开“记事本”并进入一个自己喜欢的中文输入方式。

步骤 1：双击桌面上的“记事本”快捷图标，或选择“所有程序”→“附件”→“记事本”命

令,打开“记事本”;

步骤2:单击任务栏上的“语言栏”,从弹出的快捷菜单中选择一个自己喜欢的中文输入方式,或通过反复按Ctrl+Shift键来选择中文输入方式。

(2) 进行中/英文混合输入(从实验2的“实验目的”开始输入)。

① 左、右双引号“”都是通过Shift+⁝键(Enter键左侧)得到的,第一次按下Shift+⁝键显示的是左双引号““”,第二次按Shift+⁝键会自动显示右双引号“””。

② 顿号通过按斜杠键\输入。

③ 在切换中文/英文输入状态时,按Ctrl+Space(空格)键。

④ 可进入打字软件进行指法及中文输入的练习。

2.4 实验报告要求

(1) 简述当对桌面图标进行按名称、大小、修改时间排列时系统图标是如何排列的。

(2) 写出在桌面上建立“Word”快捷图标的步骤。

(3) 写出永久删除桌面上“Word”快捷方式图标的步骤。

(4) 若要将桌面上已建立的“画图”快捷方式图标更名为“HT”,请写出两种不同的方法。

(5) 若要将已删除到“回收站”的桌面快捷方式图标“HT”恢复到桌面,请写出两种不同的方法。

(6) 简述如何移动和改变窗口的大小。

(7) 简述如何通过联机帮助来了解“回收站”的使用方法。

(8) 简述如何进行中文/英文输入的切换,如何进行中文输入方式间的切换。

实验3　Windows 7 的文件和文件管理操作

3.1　实验目的

(1) 掌握 Windows 资源管理器的使用。

(2) 掌握文件与文件夹的管理及其相关操作。

(3) 掌握文件和文件夹的查找方法。

(4) 掌握文件和文件夹相关属性的设置。

3.2　实验内容

1. Windows 资源管理器的使用

(1) 打开"资源管理器"窗口；

(2) 用图标、列表和详细信息方式浏览"C:\Windows\Web\Wallpaper"目录；

(3) 查看 D 盘的可用空间和总空间等信息。

2. 文件与文件夹的操作

(1) 在 D 盘根目录下创建名为"我的收藏"和"备份"的两个文件夹，并在"我的收藏"文件夹中创建名为"图片"和"文档"的两个子文件夹；

(2) 在"文档"子文件夹中创建名为"Test1. txt"的文本文件和名为"Test2. docx"的 Word 文件；

(3) 将"C:\Windows\Web\Wallpaper"目录下的所有文件复制到"图片"子文件夹中；

(4) 将"我的收藏"文件夹移动到"我的文档"文件夹中；

(5) 将"我的收藏"文件夹改名为"收藏"；

(6) 将"图片"子文件夹压缩成名为"图片. rar"的压缩文件，将"文档"子文件夹中的文件"Test1. txt"压缩成名为"T1. rar"的压缩文件放到桌面上；

(7) 将压缩文件"图片. rar"中的一个文件解压到 D 盘根目录下的"备份"文件夹中，将压缩文件"T1. rar"也解压到"备份"文件夹中，将压缩文件"图片. rar"整体解压到桌面上。

3. 搜索工具的使用

(1) 查找文件"Test1. txt"；

(2) 查找 C 盘中所有大于 40KB 的. jpg 图像文件。

4. 文件和文件夹相关属性的设置

(1) 将"D:\备份\Test1. txt"设置为"只读"属性，然后打开该文件，任意输入几个字符

后保存该文件,观察其现象;

(2) 将“D:\备份\Test1. txt”设置为“隐藏”属性,然后选择“查看”→“刷新”命令,观察其现象;

(3) 设置显示所有文件和文件夹;

(4) 设置或取消隐藏已知文件类型的扩展名。

3.3 实验步骤

1. Windows 资源管理器的使用

(1) 双击桌面上的“计算机”图标,打开 Windows 资源管理器,如图 3.1 所示。

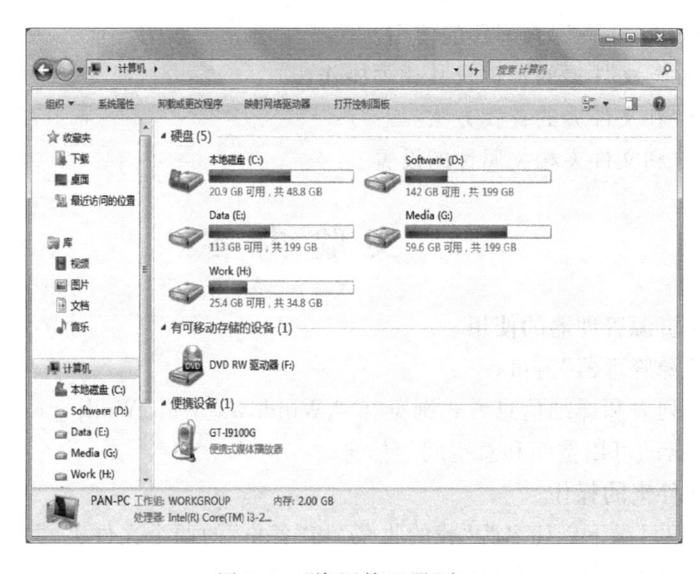

图 3.1 “资源管理器”窗口

(2) 用图标、列表和详细信息方式浏览“C:\Windows\Web\Wallpaper\风景”目录。

步骤 1:在“资源管理器”窗口中打开“C:\Windows\Web\Wallpaper\风景”文件夹;

步骤 2:单击工具栏中的 按钮,分别选择超大图标、大图标、中等图标、小图标、列表、详细信息、平铺和内容等方式进行浏览。

(3) 查看 D 盘的可用空间和总空间等信息。

步骤 1:将“资源管理器”窗口返回到图 3.1 所示的“计算机”处(地址栏为“计算机”);

步骤 2:以“详细信息”方式查看 D 盘驱动器的可用空间和总空间等信息,或右击 D 盘驱动器图标,在弹出的快捷菜单中选择“属性”命令,在弹出的“属性”对话框中显示 D 盘的已用空间、可用空间和容量等信息。

(4) 预览文档内容。

步骤 1:在“资源管理器”窗口中选中一个 Word 文档(或 Excel、JPG 等文档);

步骤 2:单击工具栏中的“显示预览窗格”按钮 ,即可预览所选文档的内容。

2. 文件与文件夹的操作

(1) 在 D 盘根目录下创建名为“我的收藏”和“备份”的两个文件夹,在“我的收藏”文件夹中创建名为“图片”和“文档”的两个子文件夹。

步骤 1：在图 3.1 所示的“资源管理器”窗口中单击 D 盘驱动器图标进入 D 盘根目录；

步骤 2：右击工作区的空白处，从弹出的快捷菜单中选择“新建”→“文件夹”命令，将新创建的文件夹更名为“我的收藏”；

步骤 3：用同样的方法创建“备份”文件夹；

步骤 4：双击“我的收藏”文件夹进入该文件夹内，按上述方法创建“图片”和“文档”两个子文件夹。

(2) 在“文档”子文件夹中创建名为“Test1. txt”的文本文件和名为“Test2. docx”的 Word 文件。

步骤 1：双击“文档”子文件夹进入该文件夹内；

步骤 2：右击文件列表区的空白处，从弹出的快捷菜单中选择“新建”→“文本文件”命令，将新创建的文件更名为“Test1. txt”；

步骤 3：用同样的方法选择“Microsoft Word 文档”命令，创建“Test2. docx”文件。

(3) 将“C:\Windows\Web\Wallpaper\风景”目录下的所有文件复制到“图片”子文件夹中。

步骤 1：进入“C:\Windows\Web\Wallpaper\风景”目录，选择“组织”→“全选”命令；

步骤 2：选择“组织”→“复制”命令；

步骤 3：进入“D:\我的收藏\图片”；

步骤 4：选择“组织”→“粘贴”命令，或右击文件列表区的空白处，从弹出的快捷菜单中选择“粘贴”命令。

(4) 将“我的收藏”文件夹改名为“收藏”。

步骤 1：右击“我的收藏”文件夹；

步骤 2：从弹出的快捷菜单中选择“重命名”命令，将名称改为“收藏”。

(5) 将“图片”子文件夹压缩成名为“图片. rar”的压缩文件，将“文档”子文件夹中的文件“Test1. txt”压缩成名为“T1. rar”的压缩文件放到桌面上。

步骤 1：双击“收藏”文件夹，进入该文件夹；

步骤 2：右击“图片”子文件，从弹出的快捷菜单中选择“添加到压缩文件”命令，弹出“压缩文件名和参数”对话框，如图 3.2 所示；

步骤 3：单击“确定”按钮，在“我的文档”的“收藏”文件夹中生成压缩文件“图片. rar”；

步骤 4：右击“Test1. txt”文件，从快捷菜单中选择“添加到压缩文件”命令，弹出“压缩文件名和参数”对话框；

步骤 5：在“压缩文件名和参数”对话框中单击“浏览”按钮，弹出“查找压缩文件”对话框，在左侧选择“桌面”，在“文件名”栏的文本框中将文件名“Test1. txt”改为“T1”，如图 3.3 所示；

步骤 6：在图 3.3 所示的对话框中单击“确定”按钮，返回“压缩文件名和参数”对话框，如图 3.4 所示，然后单击“确定”按钮，完成压缩操作，到桌面查看结果。

(6) 将压缩文件“图片. rar”中的“img11. jpg”文件解压到 D 盘根目录下的“备份”文件夹中。

步骤 1：进入“我的文档”中的“收藏”文件夹，双击“图片. rar”压缩文件夹，打开“图片. rar-WinRar”窗口，然后双击“图片”子文件夹，选中“img11. jpg”文件(若没有该文件，可换成其他文件)，如图 3.5 所示；

图3.2 “压缩文件名和参数”对话框

图3.3 “查找压缩文件”对话框

图3.4 “压缩文件名和参数”对话框

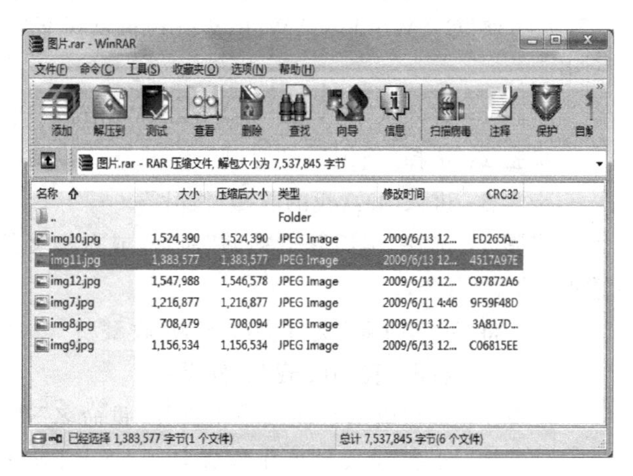

图3.5 “图片.rar - WinRAR”窗口

步骤2：单击工具栏中的“解压到”按钮，弹出“解压路径和选项”对话框，如图3.6所示；

步骤3：在图3.6所示的对话框右窗格的“文件夹树”中选择“D:\备份”，然后单击“确定”按钮，进入D盘根目录下的“备份”文件夹中，观察其结果。

(7) 将压缩文件“图片.rar”全部解压到桌面上。

步骤1：回到“我的文档”中的“收藏”文件夹，右击压缩文件夹“图片.rar”，从快捷菜单中选择“解压文件”命令，弹出“解压路径和选项”对话框(参见图3.6)；

步骤2：在“解压路径和选项”对话框的右窗

图3.6 “解压路径和选项”对话框

格的“文件夹树”中选择“桌面”，然后单击“确定”按钮，返回到桌面观察其结果（注意对比以上两种解压的不同）。

(8) 将压缩文件“T1.rar”解压到“备份”文件夹中。

步骤1：双击桌面上的“T1.rar”压缩文件，打开“T1.rar-WinRar”窗口；

步骤2：在该窗口中单击“释放到”按钮，弹出“释放路径和选项”对话框，在“文件夹树”中选择D盘的“备份”文件夹；

步骤3：在弹出的“释放路径和选项”对话框中单击“确定”按钮，完成释放操作后，进入D盘的“备份”文件夹查看结果（注意对比与图片文件解压的不同）。

3. 搜索工具的使用

(1) 查找文件“Test1.txt”。

在“资源管理器”窗口左窗格中选中D盘，然后在地址栏右侧的搜索框中输入文件名“Test1.txt”后，Windows 7将自动在当前目录中查找并显示结果，如图3.7所示。

(2) 查找C盘中所有10～100KB的.jpg图像文件。

步骤1：在图3.8所示的“搜索框”中输入“*.jpg”；

步骤2：在“搜索框”中单击鼠标，在弹出的小窗口中单击“大小：”超链接，选择“小(10-100KB)”选项，Windows 7将按要求自动搜索文件并显示结果。

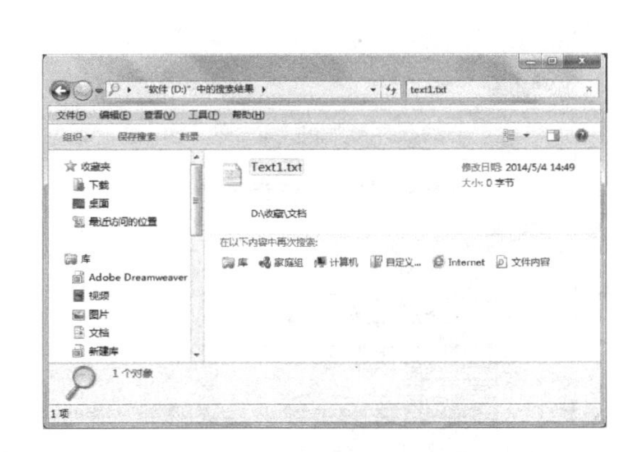

图3.7 “搜索结果”窗口

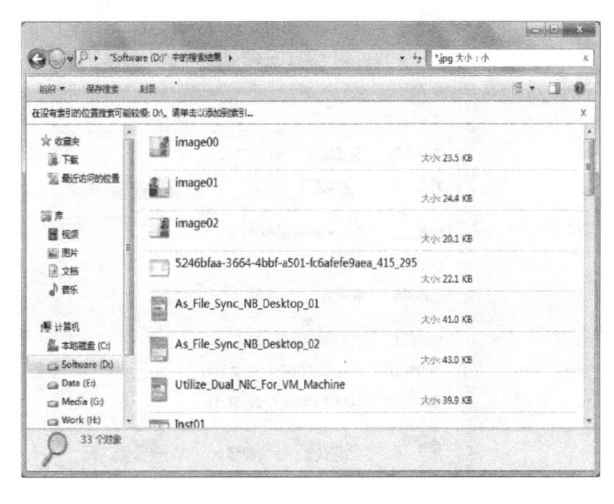

图3.8 搜索指定大小的文件

4. 文件和文件夹相关属性的设置

(1) 设置“D:\备份\Test1.txt”文件的属性为“只读”。

步骤1：进入D盘的“备份”文件夹，右击“Test1.txt”文件，从快捷菜单中选择“属性”命令；

步骤2：在弹出的“Test1属性”对话框中选择“属性”区域中的“只读”复选框（如图3.9所示），然后单击“确定”按钮；

步骤3：打开“Test1.txt”文件，任意输入几个字符，然后选择“文件”→“保存”命令，观察其现象。

(2) 设置“D:\备份\Test1.txt”文件的属性为“隐藏”。

步骤1：进入D盘的“备份”文件夹，右击“Test1.txt”文件，从快捷菜单中选择“属性”命令；

步骤2：在图3.9所示的“Test1属性”对话框中选择“属性”区域中的“隐藏”复选框，然后单击“确定”按钮；

步骤3：单击地址栏右侧的“刷新”按钮，观察其现象(若还未隐藏，先继续做下面的实验内容)。

(3) 设置显示所有文件和文件夹。

步骤1：在D盘的“备份”文件夹窗口中选择“组织”→“文件夹和搜索选项”命令，在弹出的“文件夹选项”对话框中单击“查看”选项卡，如图3.10所示；

步骤2：在图3.10所示的对话框中的“隐藏文件和文件夹”中选择“显示隐藏的文件、文件夹和驱动器”单选按钮，然后单击“确定”按钮，观察“备份”文件夹窗口的情况。

注意：若原先“显示隐藏的文件、文件夹和驱动器”单选按钮已被选中，则选择“不显示隐藏的文件、文件夹或驱动器”单选按钮后，单击“确定”按钮，观察“备份”文件夹窗口的情况。

(4) 设置或取消“隐藏已知文件类型的扩展名”选项。

在图3.10所示的对话框中选择“隐藏已知文件类型的扩展名”复选框后，单击“确定”按钮，观察“备份”文件夹窗口的情况。

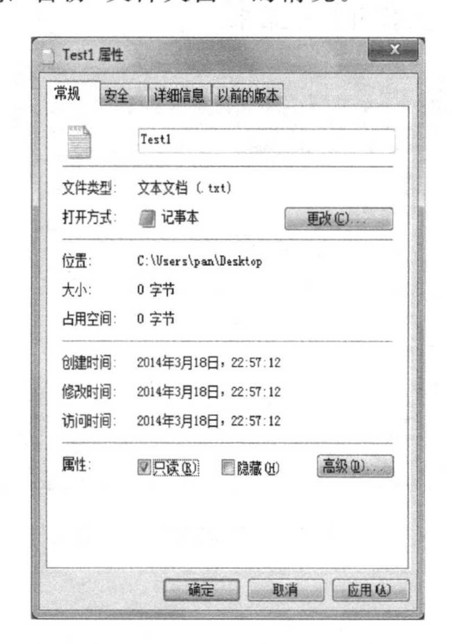

图3.9 “Text1属性”对话框

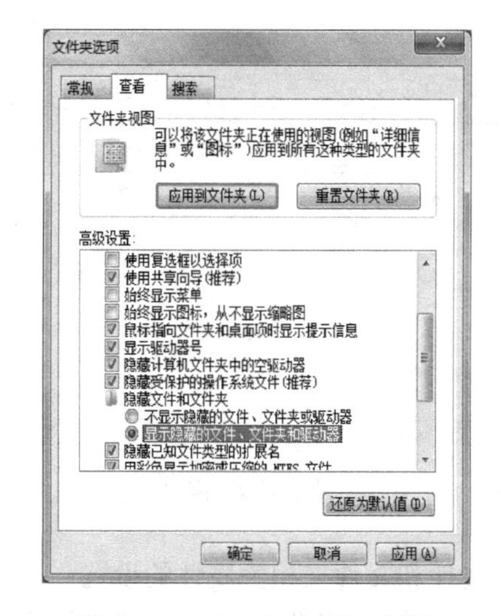

图3.10 “文件夹选项”对话框

注意：若原先“隐藏已知文件类型的扩展名”复选框已被选中，则取消其选中后，单击“确定”按钮观察“备份”文件夹窗口的情况，再重新做上述操作。

3.4 实验报告要求

(1) 简述用图标、列表和详细信息等方式浏览“C:\Windows\Web\Wallpaper”目录的操作步骤。

(2) 写出在D盘根目录下创建名为“我的收藏”文件夹的操作步骤。

(3) 写出将D盘根目录下已创建的名为“我的收藏”的文件夹移至“文档”文件夹中的操作步骤。

(4) 写出将“我的收藏”文件夹的属性设置为“隐藏”的操作步骤。

(5) 写出设置“显示隐藏的所有文件、文件夹和驱动器”的操作步骤。

(6) 写出在整个计算机中查找所有大于40KB的.jpg图像文件的操作步骤。

(7) 写出将“C:\Windows\Web”目录中的“Wallpaper”文件夹压缩成名为“墙纸.rar”压缩文件并放到桌面上的操作步骤。

(8) 写出将桌面压缩文件“墙纸.rar”中的一个文件(例如img11.jpg)解压到“我的文档”中的操作步骤。

实验 4　Windows 常用工具的使用

4.1　实验目的

(1) 掌握“控制面板”的相关操作。

(2) 掌握磁盘清理和磁盘碎片整理程序的使用。

(3) 了解计算器和画图程序的使用。

4.2　实验内容

1. “控制面板”的使用

(1) 将系统时间设置成按 12 小时显示的格式，注意观察其变化；将长日期格式设置为 yyyy 年 m 月 d 日，设置完成后用鼠标指针指向任务栏的时间显示器，注意观察其变化；

(2) 将桌面背景设置为另一幅画面。

2. 磁盘清理和磁盘碎片整理程序的使用

(1) 对 D 盘进行一次磁盘清理工作；

(2) 对 C 盘进行一次磁盘碎片整理操作。

3. 计算器的使用

(1) 用“标准型”计算器进行下列计算，分别使用鼠标和键盘各计算一次：

125－84/7＋8 * 2＝________、(121＋58) * (78－36/3)＝________。

(2) 用“科学型”、“程序员”、“统计信息”计算器计算以下各式：

125－89/7＋8 * 2＝________、(121＋58) * (78－36/3)＝________。

十进制数 57 的二进制数为________、八进制数为________。

8^3＝________、8^5＝________、$\sqrt[3]{8}$＝________、8! ＝________、$\frac{1}{8}$＝________。

求和(1,2,3,4,5,6,7,8,9)＝________、平均值(1,2,3,4,5,6,7,8,9)＝________。

4. 画图软件的使用

画一个奥运会徽并在其下方写上“奥林匹克运动会”字样（如图 4.1 所示），保存在 D 盘的 Test4 文件夹中。

(1) 画布宽为 450 像素、高为 300 像素，背景为白色。

(2) 五环颜色按奥运会徽样式设定（上面 3 个环从左至右分别是蓝、黑、红色，下面两个环从左至右分别是黄、绿色）。

图 4.1　奥运会徽

(3) 文字用 30 号、华文行楷、粗体字。

(4) 文件类型为默认的 PNG 格式图像文件。

4.3 实验步骤

1. “控制面板”的使用

(1) 将系统时间设置成按 12 小时显示的格式，将长日期格式设置为“yyyy '年 'M '月 'd '日 '”的格式。

步骤 1：单击“开始”按钮，打开“控制面板”，依次单击“时钟、语言和区域”、“区域和语言”链接，弹出“区域和语言”对话框，如图 4.2 所示；

步骤 2：在图 4.2 所示的对话框中单击“格式”选项卡；

步骤 3：在“长日期”栏中选择“yyyy '年 'M '月 'd '日 '”选项，然后单击“其他设置”按钮，弹出“自定义格式”对话框，如图 4.3 所示；

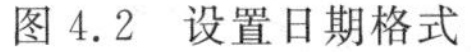

图 4.2 设置日期格式

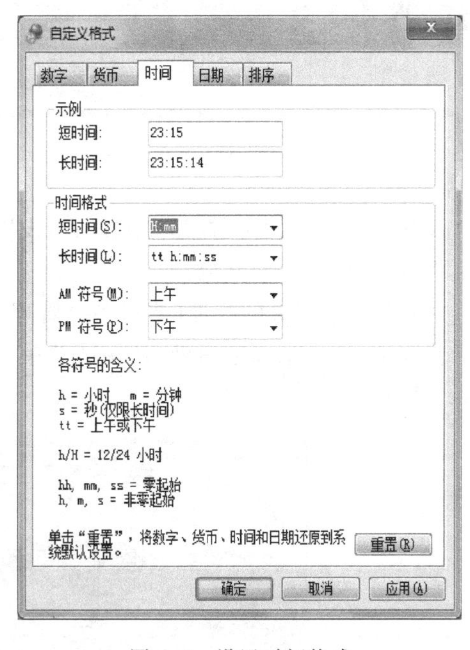

图 4.3 设置时间格式

步骤 4：单击“时间”选项卡，在“时间格式”栏中选择“tt:hh:mm:ss”(或“tt:h:mm:ss”)、在“AM 符号”栏中选择“上午”、在“PM 符号”栏中选择“下午”，然后单击“确定”按钮，保存所有设置。设置完成后用鼠标指针指向任务栏的时钟，注意观察其变化。

(2) 将桌面背景设置为另一幅画面。

步骤 1：单击“开始”按钮，打开“控制面板”，然后单击“更改桌面背景”链接，显示“选择桌面背景”窗口，如图 4.4 所示；

步骤 2：在“图片位置”下拉列表中可以选择图片的位置，也可以单击“浏览”按钮选择图片所在的文件夹，相应位置的图片便以缩略图的形式显示出来。用鼠标单击缩略图，便可指定作为桌面背景的图片。在设置期间，注意观察桌面变化，可反复试几次。

(3) 为计算机设置一个屏幕保护程序。

步骤1：在“个性化”窗口中，单击“屏幕保护程序”图标，弹出“屏幕保护程序设置”对话框，如图4.5所示；

步骤2：在“屏幕保护程序”栏中选择一项(例如三维文字)，将“等待”时间设为1分钟；

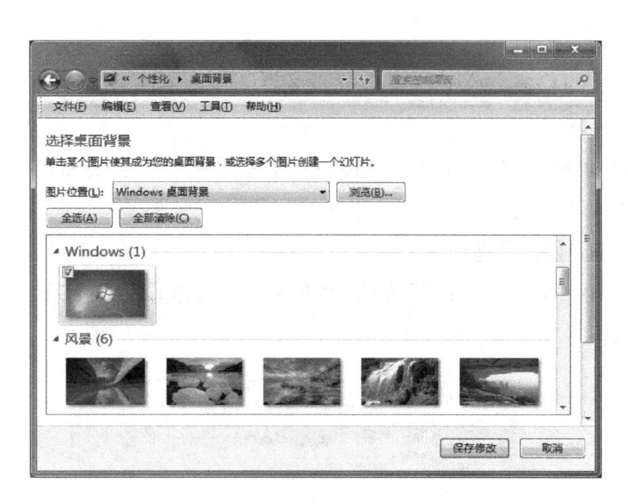

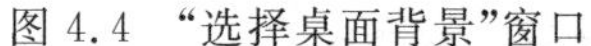

图4.4 “选择桌面背景”窗口

图4.5 “屏幕保护程序设置”对话框

步骤3：单击“确定”按钮完成设置，设置完成后停止任何操作1分钟，注意观察变化，然后再将等待时间设为10分钟。

(4) 桌面小工具的管理(要求系统管理员权限)。

步骤1：右击桌面空白处，从快捷菜单中选择“小工具”命令，打开“桌面小工具”窗口，如图4.6所示；

图4.6 “桌面小工具”窗口

步骤2：双击“时钟”图标，将时钟添加到桌面上；

步骤3：单击时钟右上角的“设置”按钮，打开“时钟”对话框进行设置，并查看时钟的变化；

步骤4：单击时钟右上角的“关闭”按钮，即可将时钟工具从桌面上移除。

2. 磁盘清理和磁盘碎片整理程序的使用

(1) 对D盘进行一次磁盘清理工作。

步骤1：单击“开始”按钮，选择“所有程序”→“附件”→“系统工具”→“磁盘清理”命令；

步骤2：在弹出的“磁盘清理驱动器选择”对话框中选择D盘(如图4.7所示)，然后单击“确定”按钮。

(2) 对C盘进行一次磁盘碎片整理操作。

步骤1：单击“开始”按钮，选择“所有程序”→“附件”→“系统工具”→“磁盘碎片整理程序”命令，弹出“磁盘碎片整理程序”对话框，如图4.8所示；

步骤2：单击“分析”按钮，注意观察提示信息(需要等待片刻)，无论分析结果是否应进行磁盘碎片整理，都单击“碎片整理”按钮进行碎片整理操作；

步骤3：注意观察“磁盘碎片整理程序”对话框的情况，由于该操作一般都需要较长的时间，熟悉其操作步骤就可以了，单击“停止”按钮结束该操作。

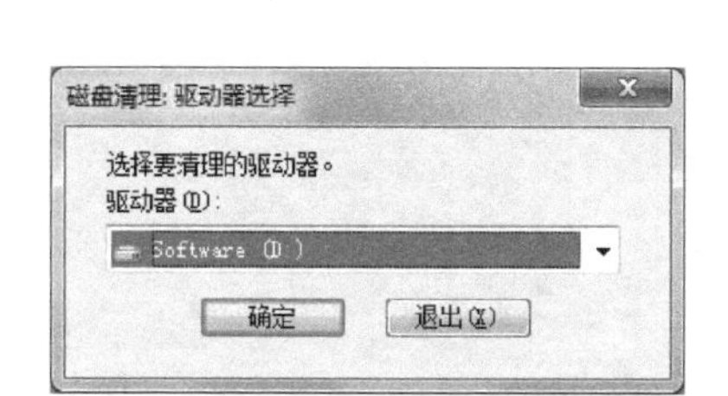

图4.7　磁盘清理：“驱动器选择”对话框

图4.8　“磁盘碎片整理程序”对话框

3. 计算器的使用

(1) 用“标准型”计算器进行下列计算，分别使用鼠标和键盘各计算一次：

步骤1：先单击“开始”按钮，选择“所有程序”→“附件”→“计算器”命令，进入“计算器”窗口(若不是“标准型”计算器，则选择“查看”→“标准型”命令)；

步骤2：使用鼠标计算125－84/7＋8＊2＝ 129 ，输入125→MS→84/7＝→＋/－→M＋→8＊2＝→M＋→MR；或84/7＝→MS→8＊2＋125－→MR→＝；

步骤3：使用键盘计算125－84/7＋8＊2＝ 129 ，输入125→Ctrl＋M→84/7→Enter(或＝)→F9→Ctrl＋P→8＊2→Enter→Ctrl＋P→Ctrl＋R；或84/7→Enter→Ctrl＋M＋→8＊2＋125－→Ctrl＋R→Enter；

注意：使用键盘输入时，数值、运算符号及Enter键应使用数字键区进行输入。

步骤4：使用鼠标计算(121＋58)＊(78－36/3)＝ 11814 ，输入121＋58＝→MS→36→＋/－→/3＋78＊→MR→＝；或36/3＝→＋/－→＋78＝→MS→121＋58＊→MR→＝；

步骤5：使用键盘计算(121+58)*(78−36/3)= 11814 ，输入121+58→Enter→Ctrl+M→36→F9→/3+78*→Ctrl+R→Enter；或36/3→Enter→F9→+78→Enter→Ctrl+M→121+58*→Ctrl+R→Enter。

(2) 用"科学型"、"程序员"、"统计信息"计算器计算以下各式：

首先选择"查看"→"科学型"命令，打开"科学型"计算器窗口；

① 125−84/7+8*2= 129 。

步骤1：使用鼠标时，只要按计算式的数字及运算符号顺序单击"计算器"窗口中的各键即可；

步骤2：使用键盘时，只要按计算式的数字及运算符号顺序按键盘上的各相应键即可。

注意：使用键盘输入时，=键应使用数字输入区的Enter键替代。

② (121+58)*(78-36/3)= 11814 。

步骤1：使用鼠标输入121+58=→MS→78-36/3=*→MR→=；

步骤2：使用键盘输入121+58→Enter→Ctrl+M→78-36/3→Enter→*→Ctrl+R。

③ 十进制数57的二进制数为 111001 、八进制数为 71 。

步骤1：输入十进制数57，选择"二进制"单选按钮；

步骤2：选择"八进制"单选按钮。

④ 8^3= 512 、8^5= 32768 、$\sqrt[3]{8}$= 2 、8! 40320 、$\frac{1}{8}$= 0.125 。

步骤1：选择"十进制"单选按钮；

步骤2：8^3：8→x^3；

步骤3：8^5：8→x^y→5→Enter；

步骤4：$\sqrt[3]{8}$：8→x^y→3→1/x→Enter；

步骤5：8!：8→n!；

步骤6：$\frac{1}{8}$：8→1/x。

⑤ 平均值(1,2,3,4,5,6,7,8,9)= 5 、和(1,2,3,4,5,6,7,8,9)= 45 。

步骤1：选择"查看"→"统计信息"命令，如图4.9所示。

步骤2：从键盘输入1→Enter→2→Enter→3→Enter→4→Enter→5→Enter→6→Enter→7→Enter→8→Enter→9→Enter，然后分别单击 $\bar{x}$ 、$\sum x$ 按钮，便可获得计算结果。

4. 画图软件的使用

画一个奥运会徽并在其下方写上"奥林匹克运动会"字样，如图4.1所示，保存在D盘的Test4文件夹中。

(1) 画布宽为450像素、高为300像素，背景为白色。

步骤1：单击"开始"按钮，选择"所有程序"→"附件"→"画图"命令，进入"画图"程序窗口；

步骤2：单击"图像"组中的"重新调整大小"按钮，弹出"调整大小和扭曲"对话框，设置宽度为450、高度为300，如图4.10所示。

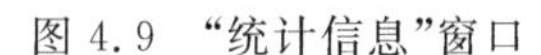

图 4.9 “统计信息”窗口

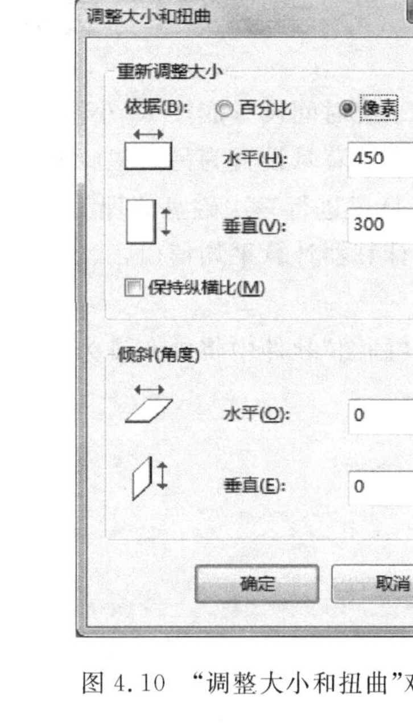

图 4.10 “调整大小和扭曲”对话框

(2) 五环颜色按奥运会徽样式设定(上面 3 个环从左至右分别是蓝、黑、红色,下面两个环从左至右分别是黄、绿色)。

步骤 1：先在“颜色”组中选取蓝色作为前景颜色,然后在“形状”按钮下选择“直线”工具,在“粗细”按钮下选择一个线条宽度(例如最宽的选项),再以同样的方法选择“椭圆”绘图工具在适当的位置画上面的第一个圆(画圆时应同时按下 Shift 键);

步骤 2：在“颜色”组中选取黑色作为前景颜色,在适当的位置画上面的第二个圆;

步骤 3：用同样的方法依次将红、黄、绿 3 个圆按图 4.1 所示的位置、结构画到画布上;

步骤 4：按图 4.1 所示对圆的交叉部位进行修改,例如修改蓝色和黄色圆的交叉部位,先使用放大镜把要修改的部位放大,然后再选取“铅笔”工具进行修改。

(3) 文字用 22 号、华文行楷、粗体字。

步骤 1：选取“文字”工具,在“五环图”下画一个文本输入框;

步骤 2：输入“奥林匹克运动会”字样;

步骤 3：在“文本”选项卡上设置“华文行楷”、22 号字和粗体,然后按 Enter 键;

步骤 4：选取“选择”工具,将“奥林匹克运动会”全部选择后进行位置的调整。

(4) 文件为默认的 PNG 图像格式文件。

步骤 1：完成全部绘图后,单击左上角的“保存”按钮;

步骤 2：在“保存在”栏中选择 D 盘;

步骤 3：在文件列表区中选择“Test4”文件夹(若没有,可立即右击列表区空白处,新建一个“Test4”文件夹);

步骤 4：在“文件名”栏中输入一个文件名(例如：OLPK),然后单击“保存”按钮。

4.4 实验报告要求

(1) 简述将系统时间设置成按12小时显示的格式的步骤。

(2) 简述将桌面背景设置为另一幅画面的操作步骤。

(3) 简述对D盘进行一次磁盘清理工作的操作步骤。

(4) 简述用计算器计算平均值(1,2,3,4,5,6,7,8,9)、和(1,2,3,4,5,6,7,8,9)的操作步骤。

(5) 简述在“画图”软件中将画布设为宽450像素、高300像素的操作步骤。

实验5 制作会议通知

5.1 实验目的

(1) 了解Word 2010的启动、退出的方法，熟悉其工作界面。

(2) 掌握文档的基本操作。

(3) 掌握文档处理的基本过程，包括取纸、输入、编辑与校对、修饰、排版、保存与打印。

(4) 掌握文本的输入与编辑技巧。

(5) 掌握文本的字符格式设置、段落格式设置及页面格式设置。

5.2 实验内容

(1) 使用不同操作方法启动中文Word 2010，并熟悉中文Word 2010工作界面中的标题栏、快速访问工具栏、功能区、标尺、滚动条及状态栏等。

(2) 为新文档设计版心并输入文档内容。

(3) 设置文本的字符格式和段落格式。

(4) 调整文档的版面效果。

(5) 保存与输出文档。

5.3 实验步骤

(1) 启动中文Word 2010，并熟悉其工作界面。

① 启动Word 2010的常用方法有以下几种。

方法1：双击桌面上的Word 2010快捷图标。

方法2：在任务栏单击“开始”按钮，在弹出的菜单中选择“所有程序”→Microsoft Office 2010→Microsoft Office Word 2010命令。

方法3：单击“开始”按钮，选择“所有程序”→“附件”→“运行”命令，弹出“运行”对话框，在其中输入“Winword”，然后单击“确定”按钮或按Enter键。

方法4：打开任一Word文档。

② 熟悉Word 2010的工作界面。Word 2010工作界面窗口如图5.1所示，通过查看和了解各选项卡中的各组按钮及其功能、将功能区最小化、设置显示/隐藏标尺等操作熟悉其工作界面。

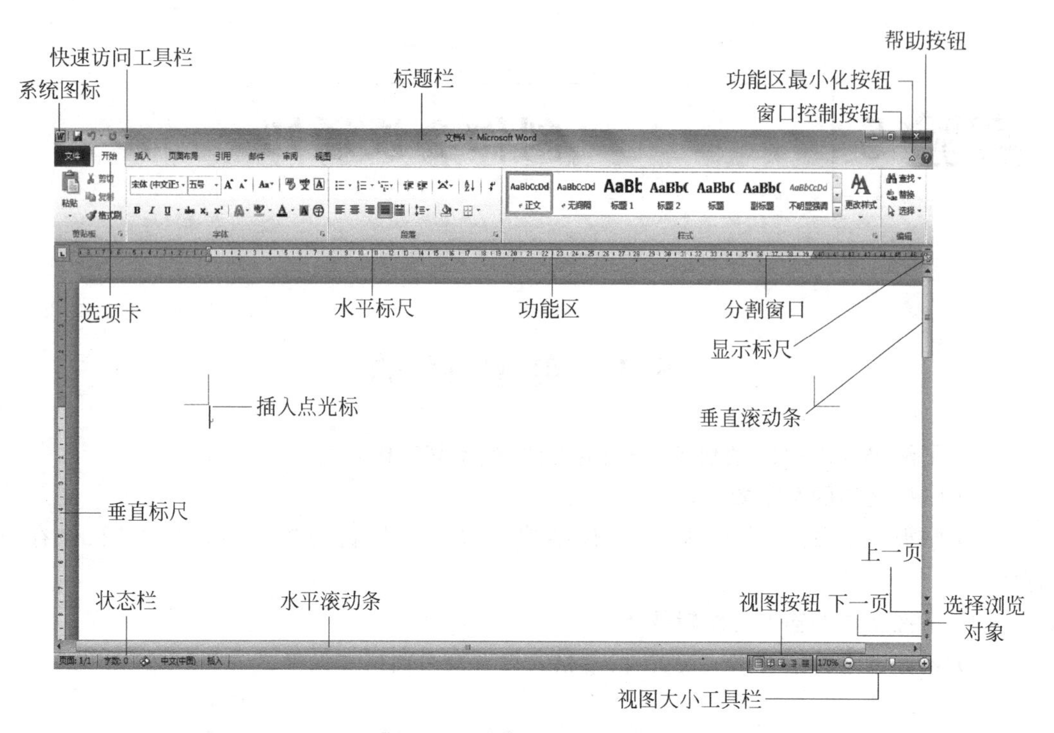

图 5.1　Word 2010 工作界面

(2) 为新文档设计版心并输入文档内容。

① 首次进入 Word 2010 会自动创建名为“文档 1”的 Word 文档，或者单击“文件”选项卡，在文件管理面板中选择“新建”→“空白文档”，然后单击“创建”按钮，创建一个空白文档窗口。

② 纸张选择包括设置纸张方向、纸张大小和页边距等，下面介绍其操作方法。

方法 1：在功能区的“页面布局”选项卡的“页面设置”组中分别单击“纸张方向”、“纸张大小”和“页边距”按钮，然后在相应的下拉菜单中选择所需的选项。

方法 2：在功能区的“页面布局”选项卡的“页面设置”组中单击其右下角的“对话框启动器”按钮，或者是在“页面设置”组中选择“页边距”→“自定义边距”或“纸张大小”→“其他页面大小”命令，都将弹出如图 5.2 所示的“页面设置”对话框，在该对话框的“页边距”选项卡中，用户可以设置页面的左/右边距、装订线距离及纸张方向，在“纸张”选项卡中，用户可以自定义纸张大小和纸张来源。

在本例中，设置纸型为 A4、上边距为 3.7 厘米、下边距为 3.5 厘米、左边距为 2.8 厘米、右边距为 2.5 厘米，设置装订线位于左侧 0.4 厘米，纸张方向为纵向。

③ 在文本编辑区的插入点处输入以下文本。

> 由于本单位业务范围不断扩大，信息交流日超频繁，在以电子化文档交流方式日益普及的情况下，就形成了文体风格的杂乱现像。这一现像严重影响到单位的整体形象。所以，统一文书格式已经成为一项亟待解决的工作。为保证不同类型的的对内对外文件具有相对统一的风格，经单位领导讨论后决定召开有关专题会议，特此通知。会议内容包括三部分：讨论……；制定……；研究……。

本例中的省略号“……”可在中文输入状态下通过 Shift+6 键输入。

④ 通过编辑，将输入的内容调整成如图 5.3 所示的效果。

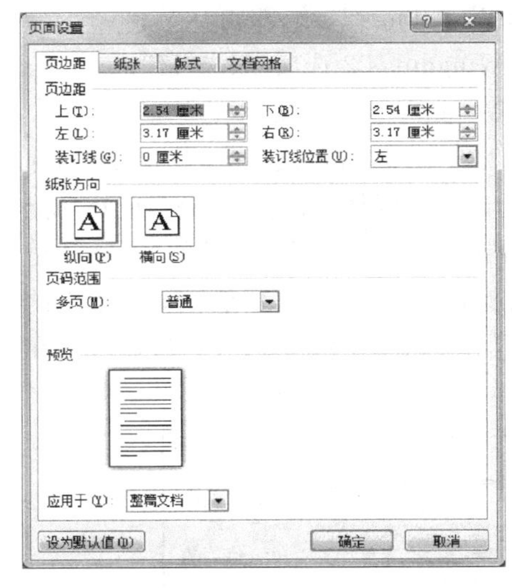

图 5.2 “页面设置”对话框

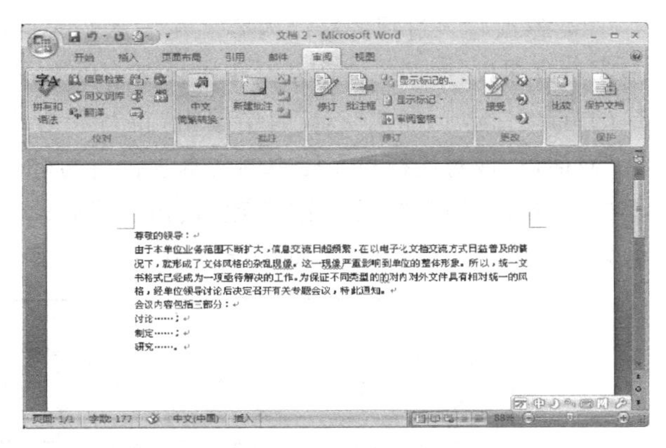

图 5.3 段落在调整后的效果

⑤ 添加特殊符号。

在文本的最后一行添加以下符号：

∮∮∮∮∮ ♣♣♣♣♣ 🕸🕸🕸🕸🕸 🖰🖰🖰🖰🖰 ☑☑☑☑☑ ⇆⇆⇆⇆⇆

对于无法直接从键盘输入的符号，例如♣、🖰、🕸等，可在“插入”选项卡的“符号”组中单击“符号”按钮，在下拉列表中单击要输入的符号即可在文本区中插入符号。如果符号不在下拉列表中，可在下拉列表中选择“其他符号”命令，弹出如图 5.4 所示的“符号”对话框。对于更多符号，可在“符号”选项卡或“特殊字符”选项卡中选择输入。

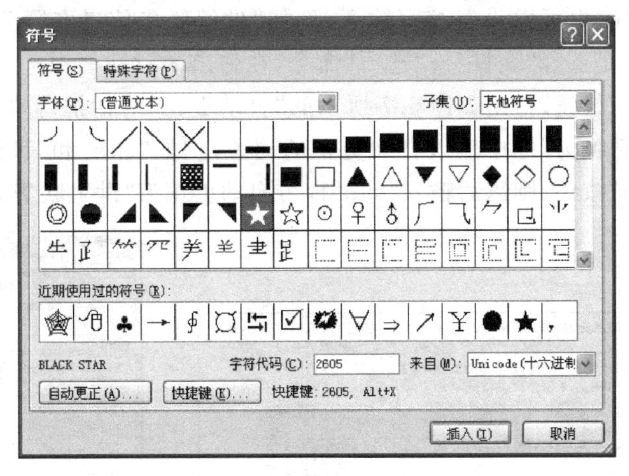

图 5.4 “符号”对话框

文本中的具体符号可参考以下方法输入：

∮——在“符号”选项卡的“字体”下拉列表中选择“普通文本”选项，在“子集”下拉列表中选择“数学运算符”选项，双击“∮”；

♣——在“符号”选项卡的“字体”下拉列表中选择 Symbol 选项，双击“♣”；

⬟——在“符号”选项卡的“字体”下拉列表中选择 Webdings 选项，双击“⬟”；

🖰——在“符号”选项卡的“字体”下拉列表中选择 Wingdings 选项，双击“🖰”；

☑——在“符号”选项卡的“字体”下拉列表中选择 Wingdings 2 选项，双击“☑”；

⇆——在“符号”选项卡的“字体”下拉列表中选择 Wingdings 3 选项，双击“⇆”。

⑥ 修改输入过程的错误内容。在显示错误词语“现像”位置右击，会弹出快捷菜单，并显示更改建议，如图 5.5 所示。单击快捷菜单中正确的建议即可替换错误的内容，或在功能区的“审阅”选项卡的“校对”组中单击“拼写和语法”按钮，弹出如图 5.6 所示的“拼写和语法”对话框，该对话框对文档中的文本进行拼写和语法检查，并提供修改建议。对文本中的第二个“现像”输入错误单击“更改”按钮接受修改建议，对多余的“的”字输入错误可直接在该对话框的预览窗口修改，即删除其中一个。

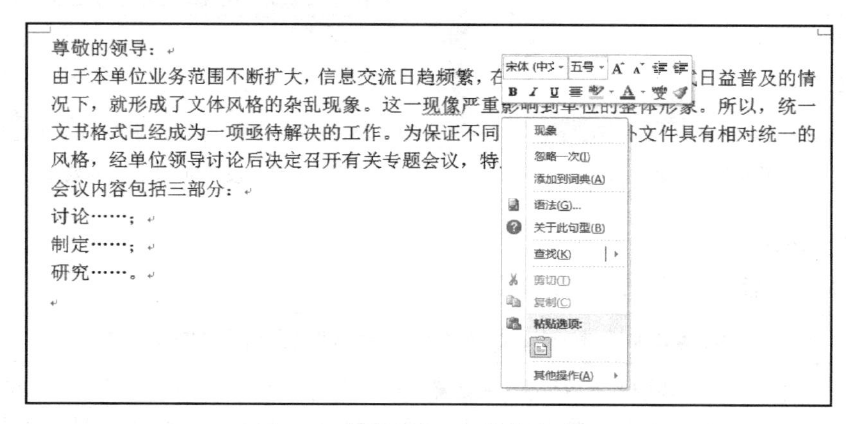

图 5.5　为错误输入提供修改建议

⑦ 自动更正的扩展应用。用于处理特殊符号的输入，例如“:(”=“☹”，“:)”=“☺”。针对固定的长词或长句，也可以设置缩写输入，例如“世纪联华信息有限公司”设置缩写字母“sjlh”来输入。方法是选择“文件”→“选项”命令，在弹出的对话框中选择“校对”选项，然后单击“自动更正选项”按钮，弹出如图 5.7 所示的“自动更正”对话框。单击“自动更正”选项卡，在“替换”框和“替换为”框中输入自动更正的词条，例如“sjlh”和“世纪联华信息有限公司”，然后单击“添加”按钮，则以后输入“sjlh”即可自动更正为“世纪联华信息有限公司”。

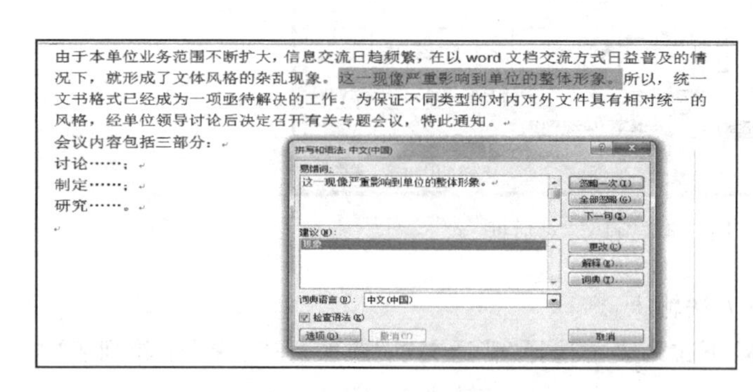

图 5.6　拼写和语法检查

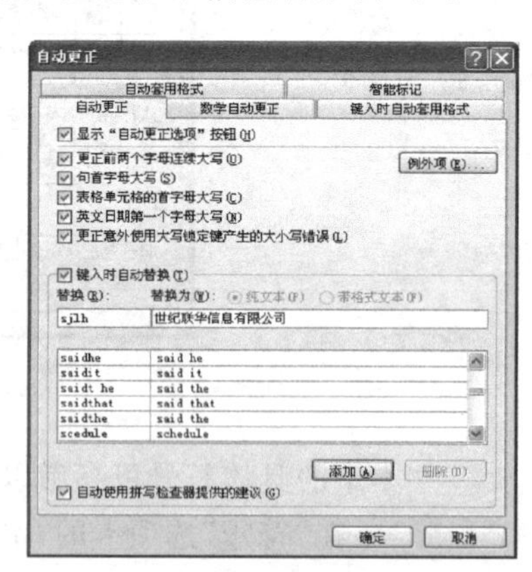

图 5.7　“自动更正”对话框

⑧ 移动和复制文本。通过剪贴板或直接拖动的方法将最后一段内容即符号段落移到最前面或复制到最前面成为第一段。

⑨ 字符的删除与修改。选择“超”字后按 Delete 键或 Backspace 键将其删除，然后从键盘输入“趋”字即可。

⑩ 撤销和重复操作。选定符号段落（包括段落标记），按 Delete 键或 Backspace 键将其删除或按 Ctrl+X 键将其剪切。单击快速访问工具栏上的“撤销”按钮 或按 Ctrl+Z 键，可恢复被删去的内容。单击快速访问工具栏上的“重复”按钮 或按 Ctrl+Y 键，可重复最近一步的操作。最后，文档中不再保留符号段落。

(3) 设置文本的字符格式和段落格式。

① 在最前面增加标题段，内容为“关于统一行文规范的会议通知”。

② 设置标题的字体与字号。在日常文书处理过程中，对于文字格式（字体、字号等）均有固定的要求。参照表 5.1 的要求将文档中的首行标题段落设置为“黑体、二号”，方法为选择首行标题段落，此时会弹出一个半透明的浮动工具栏，把鼠标移动到它上面就可以显示出完整的屏幕提示，在浮动工具栏的“字体”下拉列表框中选择“黑体”、在“字号”下拉列表框中选择“二号”。设置正文的字符格式为“宋体、四号”，方法为选定全部正文内容，在“开始”选项卡的“字体”组的“字体”下拉列表框中选择“宋体”、在“字号”下拉列表框中选择“四号”。

表 5.1 常规行文过程中标准字体格式

用途	字体		字号	
	中文	英文	中文	英文
一级标题	黑体	Arial 或加粗“B”	二号	14 磅
二级标题	黑体	Arial 或加粗“B”	四号	12 磅
正文	宋体、仿宋体	Times New Roman	四号	12 磅

③ 设置字符的其他效果。例如空心字、阴影字、加宽字符间距等。操作方法为在正文中选定任意文本块，在功能区的“开始”选项卡的“字体”组中单击右下角的“对话框启动器”按钮或在右键快捷菜单中选择“字体”命令或按 Ctrl+D 键，弹出如图 5.8 所示的“字体”对话框，在其中进行更细致、更复杂的字符格式设置。

图 5.8 “字体”对话框

说明：在“字体”选项卡中除了可以设置字体、字号等常规字符效果外，还可以设置删除线、上/下标、隐藏等特殊效果。如果文本中既包含中文又包含西文，需要先设置中文字体，再设置西文字体。在“字符间距”选项卡中可以设置字符的缩放比例、字符之间的距离和字符的位置等。其中，“缩放”框用于设置字符的“胖瘦”；“间距”框用于设置字符的间距；“位置”框用于设置字符的垂直位置。

④ 复制字符格式。通过格式刷可以快速地将已设置字符格式应用于其他文本上。方法是选定要取其格式的文本或将插入点置于该文本的任意位置，在“开始”选项卡的“剪贴板”组中单击“格式刷”按钮，此时指针呈刷子形状，用鼠标拖过要应用格式的文本即可快速应用已设置好的格式；双击“格式刷”按钮则可以一直应用格式刷功能，直到按Esc键或再次单击“格式刷”按钮取消。

说明：使用格式刷功能同样可以复制段落格式，其操作类似于复制字符格式。

⑤ 清除正文字符格式，然后重新将其格式设置为“宋体、四号”。清除字符格式的方法是选定正文内容，在“开始”选项卡的“字体”组中单击“清除格式”按钮将所选文本的所有格式清除，只留下纯文本内容，重新设置为“宋体、四号”字符格式可参照前面的方法进行。

说明：按Shift+F1键，打开“显示格式”任务窗格查看所选内容的字符格式和段落格式是否设置正确。

⑥ 设置段落对齐格式。将光标置于标题段落的任意位置，在“开始”选项卡的“段落”组中单击“居中对齐”按钮。选定全部正文段落，在“开始”选项卡的“段落”组中单击右下角的“对话框启动器”按钮，或者在右键快捷菜单中选择“段落”命令，弹出如图5.9所示的“段落”对话框，在该对话框的“缩进和间距”选项卡的“常规”区中选择“对齐方式”下拉列表中的“两端对齐”选项。

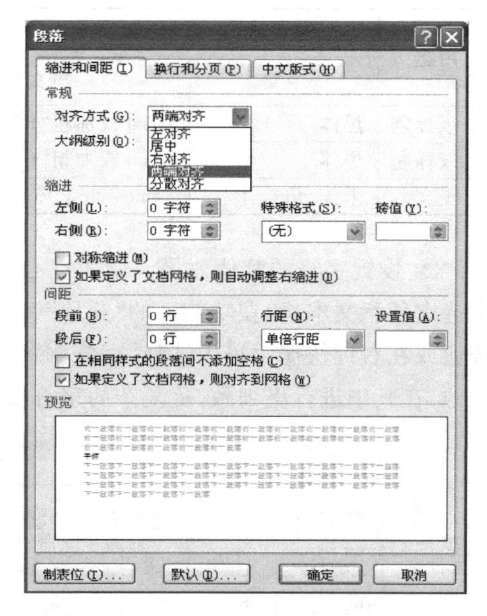

图5.9 “段落”对话框

⑦ 设置正文段落的缩进格式。一般常规正文段落的缩进方式为首行缩进，条款、法律类段落则采用悬挂缩进。按此规则，将文档中的所有正文段落设置为“首行缩进”，其操作方法主要有下面两种。

方法1：通过“段落”对话框进行设置。按照前述方法打开“段落”对话框，然后在“缩进和间距”选项卡的“缩进”区中单击“特殊格式”下拉列表设置“首行缩进”。

方法2：通过标尺设置缩进格式。通过拖动标尺上面的各缩进标记来设置段落的缩进格式及缩进量。当首行缩进标记位于左缩进标记的右边时，段落缩进格式为首行缩进；当首行缩进标记在左缩进标记的左侧时，段落缩进格式为悬挂缩进。

⑧ 使用项目编号。对“会议内容包括三部分：”下面3个段落的段首位置添加项目编号“1.”、“2.”和“3.”，其操作为选定该3个段落，然后在“开始”选项卡的“段落”组中单击“编

号”按钮。如果编号不符合要求，可单击“编号”按钮右侧的下拉箭头按钮，从中选择所需的编号，如图5.10所示。

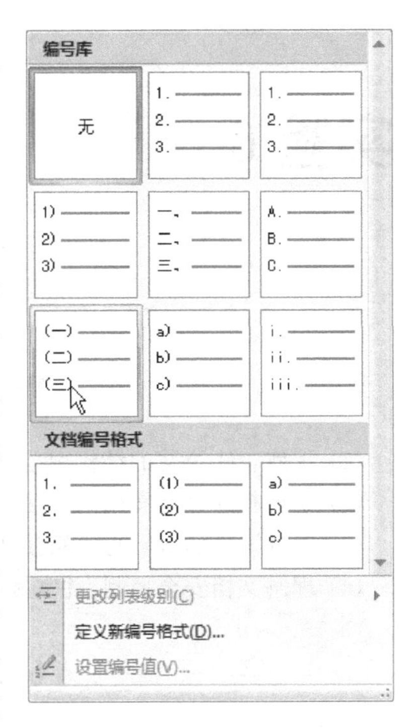

图5.10 更多项目编号的选择

(4) 调整文档的版面效果。

① 预览文档的页面效果。单击“文件”选项卡，在文件管理面板中选择“打印”选项展开打印面板，也可以将“打印预览”按钮添加到快速启动工具栏后，在快速启动工具栏单击该按钮打开打印面板。在打印面板的右边预览显示该文档的实际打印效果。

② 调整文档的版面效果。如果对文档页面效果不满意，既可在预览状态下进行调整，也可退出预览状态后按前述方法重新进行页面设置。

(5) 保存与输出文档。

① 保存文档。在文档内容输入完毕后，单击快速访问工具栏上的“保存”按钮，或单击“文件”选项卡打开文件管理面板，在面板左边选择“保存”命令，弹出“另存为”对话框，在“文件名”框中输入“会议通知”，在“保存类型”下拉列表中选择“Word 文档”，在“保存位置”选取要保存的目的文件夹“D:\”，单击“保存”按钮即可将文档进行保存。

② 打印文档。在打印面板中设置好打印选项后，单击“打印”按钮，即可在指定的打印机上打印输出。若要按默认设置快速打印，可先将“打印”按钮添加到快速启动工具栏中，然后在快速启动工具栏中单击该按钮。

5.4 实验报告要求

根据前面的操作撰写实验报告，要求包含以下内容：

(1) 启动和退出 Word 2010 的各种方法比较。

(2) Word 2010 工作界面的组成。

(3) 文档的基本操作方法，包括新建、保存等。

(4) 文档的输入与编辑操作。

(5) 字符格式的含义及一般字符格式的设置方法。

(6) 特殊字符效果的设置方法。

(7) 段落格式的含义及其设置方法。

(8) 页面格式的设置方法。

(9) 添加项目编号的操作方法。

(10) 打印预览的操作及与打印操作的联系和区别。

实验 6　制作会议日程表

6.1　实验目的

(1) 了解正式公文的结构规范。

(2) 掌握打开已有文档的方法。

(3) 掌握表格的编辑与排版技巧。

(4) 理解文档安全控制,并掌握常用安全控制方法。

6.2　实验内容

(1) 打开已有文档"会议通知.docx"。

(2) 将文稿转换为正式公文。

(3) 建立会议日程表。

(4) 认识表格标记,调整表格大小和位置。

(5) 调整表格结构。

(6) 表格内容的修饰技巧。

(7) 保存文档与进行文档安全控制。

6.3　实验步骤

(1) 打开已有文档"会议通知.docx"。

方法 1:在 Word 环境中打开已有文档。启动 Word 后,单击"文件"选项卡,从文件管理列表中选择"最近所用文件",在展开面板的"最近使用的文档"列表中选择要打开的文档"会议通知",或在文件管理列表中选择"打开"命令,在"打开"对话框中选择要打开的文档"D:\会议通知.docx"。

方法 2:在 Windows 环境中打开最近使用过的文件。在 Windows 桌面上单击底部任务栏中的"开始"按钮,从弹出的菜单中选择"我最近的文档"(或"文档")→"会议通知",如图 6.1 所示。如果 Word 2010 尚未运行,则单击文件名后,系统会自动启动 Word 2010 并在窗口中显示文档的内容。

方法 3:使用"我的电脑"或"资源管理器"来打开。由于日常归档工作经常在"我的电脑"或"资源管理器"中进行,此方法可以在这种情况下快速地打开待用文档。具体操作参考 Windows 相关操作。

(2) 将文稿编辑为正式公文。

为了使该文档成为正式公文,必须添加一些公文特征,即文件头和落款部分,包括内容和格式,并输入文件题头、文件编号、落款、日期等内容,如图 6.2 所示。

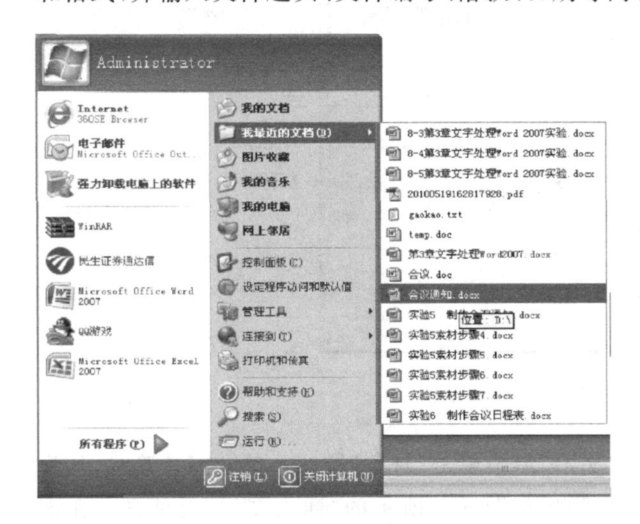

图 6.1 通过“开始”菜单打开近期使用过的文档

XXX 单位文件

办字[2011-001]号

关于统一行文规范的会议通知

尊敬的领导:

由于本单位业务范围不断扩大,信息交流日趋频繁,在以 word 文档交流方式日益普及的情况下,就形成了文体风格的杂乱现象。这一现象严重影响到单位的整体形象。所以,统一文书格式已经成为一项亟待解决的工作。为保证不同类型的对内对外文件具有相对统一的风格,经单位领导讨论后决定召开有关专题会议,特此通知。

会议内容包括三部分:

1. 讨论……;
2. 制定……;
3. 研究……。

办公室

2010 年 11 月 1 日

报送:
抄送:

图 6.2 将文稿编辑为正式公文

① 添加文字内容。在文档前面添加文件头段落(内容为“XXX 单位文件”)和文件编号段落(内容为“办字[2011-001]号”)。在文档偏右下角位置添加落款单位段落(内容为“办公室”)和落款时间。在文档后面添加报送和抄送段落,见图 6.2。

② 对新添加的文本进行格式设置。设置参数如下:

文件头段落:黑体、初号,红色,居中对齐,无缩进;

文件编号段落:黑体、小四号,红色,居中对齐,无缩进;

报、抄送段落:仿宋体、小四号,黑色,居左排列,无缩进;

落款单位和时间:同正文格式,位置偏右下角。

具体操作参考上一实验。

③ 设置段落分割线。将公文抬头区域与正文区域分割显示,方法是在“文件编号”段中三击选择该段落,在“开始”选项卡的“段落”组中单击“框线”按钮右侧的下拉按钮,从打开的下拉列表中选择“边框和底纹”命令,弹出“边框和底纹”对话框后单击“边框”选项卡,设置框线样式为红色、3 磅、实线,然后在预览区中单击“下边框”按钮,将此框线应用于下边框(如图 6.3 所示),最后单击“确定”按钮加以确认。

④ 添加公文附加页(插入新页)。在落款日期后添加新页,以便制作会议日程表,方法是移动光标到当前文档的最后一个空段落位置,在功能区的“插入”选项卡的“页”组中单击“空白页”或“分页”按钮,或者在功能区的“页面布局”选项卡的“页面设置”组中单击“分隔符”按钮,在弹出的下拉列表中选择“分页符”命令插入一张新页,此时光标被置于新页首行首位。

⑤ 导入外部信息。通过导入方法向当前文档中添加内容,避免重复性输入。由于素材文件“素材日程表.docx”已经存有该会议的日程安排,因此可将该内容导入到当前文档中,实现的方法有下面两种。

图 6.3 "边框和底纹"对话框

方法 1：在功能区的"插入"选项卡的"文本"组中单击"对象"按钮右侧的下拉箭头，从弹出的下拉列表中选择"文件中的文字"命令，弹出如图 6.4 所示的"插入文件"对话框。在该对话框中找到所需文件后单击"插入"按钮即可将素材文件的内容插入到当前文档的光标所在位置，如图 6.5 所示。该方法适用于已有文件中的所有文本恰好是当前文档所需的，否则，需要使用另一种方法。

图 6.4 "插入文件"对话框

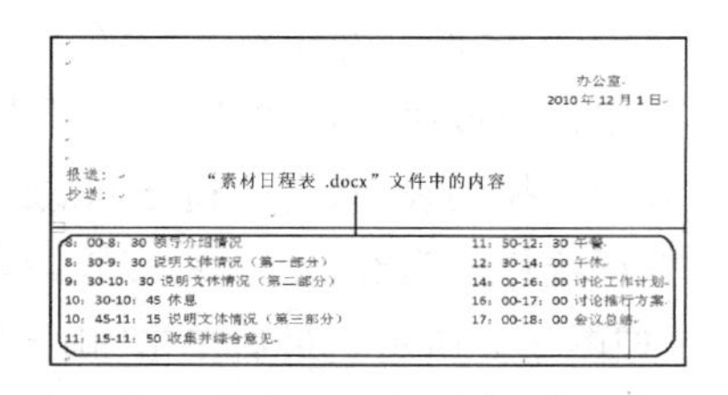

图 6.5 插入现有文件中的文本

方法 2：打开文件"素材日程表.docx"，将所需文本复制到剪贴板，然后回到当前文档粘贴即可。用户也可以在功能区的"视图"选项卡的"窗口"组中单击"全部重排"或"并排查看"按钮，在一个屏幕上显示两个文档窗口，选定要插入的文本内容，用鼠标拖放到当前文档的合适位置。完成后恢复单一文档窗口显示。

(3) 建立会议日程表。

前面虽然从素材文件中导入了一组表格式数据，但是版式上存在一些问题，即各列不易对齐，见图 6.5。如果要解决该问题有两种方法，一种方法是用制表符来设定每列的对齐方式，另一种方法是将其转换为表格。

① 用制表符对齐日程表的各列内容。具体操作是选定日程表的各行，移动光标至水平标尺栏中，分别在标尺刻度“8、22 和 30”位置上单击以添加左对齐制表符。选择第一行的时间与日程两组内容的空白区，按 Tab 键替换原区域的空格并使第一行第二列文字在标尺第 8 个字符位置左对齐，使用同样的方法把每一行的时间与日程或日程与时间的空白区的空格用 Tab 键替换并使后列文本在相应的制表符位置上左对齐，完成后的效果如图 6.6 所示。

说明：在功能区的“开始”选项卡的“段落”组中单击“显示/隐藏编辑标记”按钮，可以显示常规编辑符号。如果不采用左对齐制表符，可在放置制表符前在水平标尺栏的最左边单击以选择所需的制表符类型。

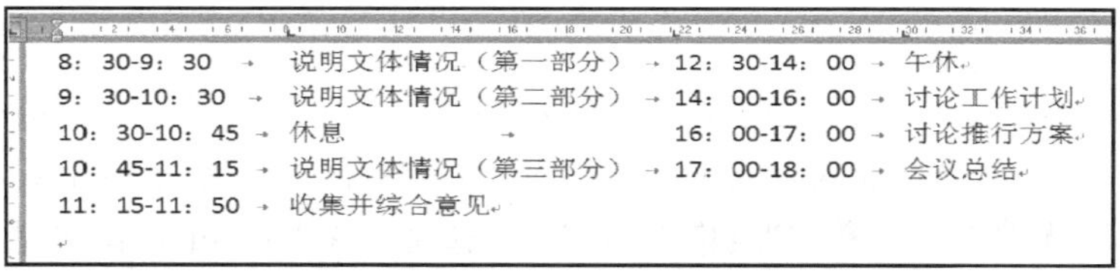

8：30-9：30 → 说明文体情况（第一部分） → 12：30-14：00 → 午休
9：30-10：30 → 说明文体情况（第二部分） → 14：00-16：00 → 讨论工作计划
10：30-10：45 → 休息 → 16：00-17：00 → 讨论推行方案
10：45-11：15 → 说明文体情况（第三部分） → 17：00-18：00 → 会议总结
11：15-11：50 → 收集并综合意见

图 6.6 用制表符来对齐各列内容

② 将列表内容转换为表格。如果要将列表内容转换为正确的表格，要求各列之间采用统一的分隔符，例如空格或制作符，否则转换后的表格可能会出现错乱，所以最好先将列表内容用前述方法在各列之间用统一的分隔符。本实验中，将上一步已对齐的列表内容转换为表格，具体操作为选定列表内容，在“插入”选项卡的“表格”组中选择“表格”→“文本转换成表格”命令，弹出如图 6.7 所示的“将文字转换成表格”对话框，在该对话框中指定文字的分隔符为“制表符”、列数为“4”，单击“确定”按钮即可将其转换为表格，效果如图 6.8 所示。

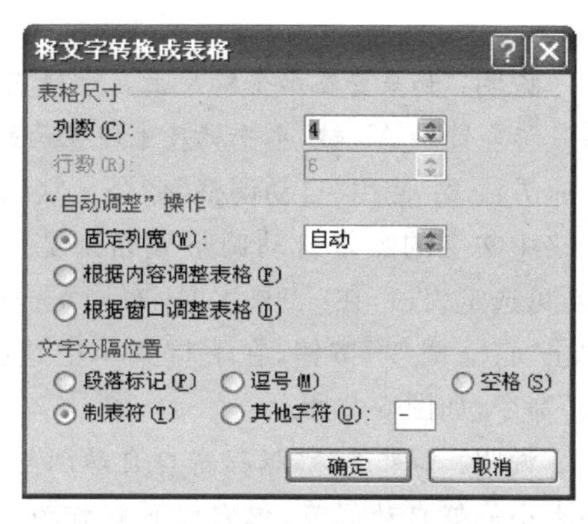

图 6.7 “将文字转换成表格”对话框

表格 1

8：00-8：30	领导介绍情况	11：50-12：30	午餐
8：30-9：30	说明文体情况（第一部分）	12：30-14：00	午休
9：30-10：30	说明文体情况（第二部分）	14：00-16：00	讨论工作计划
10：30-10：45	休息	16：00-17：00	讨论推行方案
10：45-11：15	说明文体情况（第三部分）	17：00-18：00	会议总结
11：15-11：50	收集并综合意见		

图 6.8 将列表内容转换为表格

③ 在 Word 中建立日程表（创建表格）。由上表可以看出，日程表由 6 行、4 列构成。如果要建立这种表格，有 3 种方法可以实现。

(4) 认识表格标记，调整表格大小和位置。

① 表格中常见的光标形态、用途及显示位置见表 6.1。

表 6.1　表格中的鼠标形态和用途

光标形态	用　　途	位　　置
	选择整个表格	显示于表格区域左上角外侧
	选择整行	显示于表格区域左侧线外
	选择整列	显示于表格列顶部横线外部
	选择单元格	显示于当前单元格左侧格线内部
	改变列宽	显示于当前列竖线上
	改变行高	显示于当前行横线上
	改变表格大小	显示于表格尺寸控点上

说明：通过拖动鼠标或按住 Shift 或 Ctrl 键再选择表格对象，可选定连续或不连续的多个对象。

② 选择表格对象。一种方法是用鼠标直接选择，见表 6.1。另一种方法是通过功能区中的相应按钮来选择，当把插入点置于表格中时，功能区中会出现"表格工具/设计"选项卡和"表格工具/布局"选项卡。单击"表格工具/布局"选项卡，在"表"组中单击"选择"按钮，会弹出一个下拉菜单，从中可以根据需要选择插入点所在的单元格或者行、列甚至是整个表格。

③ 调整列宽和行高。

方法 1：拖动表格尺寸控点或表格的边框线或标尺上的行或列标志即可调整列宽或行高。

说明：如果要在水平标尺上显示列宽的数值，可将鼠标指针移到标尺的列标志上，同时按住鼠标左键和 Alt 键，水平标尺上即显示列宽的数值。同理，可在垂直标尺上显示行高值。

方法 2：使用"自动调整"命令。默认情况下，Word 2010 根据表格中文字的数量自动调整表格列宽。如果发现没有打开此功能，可选定表格，在"表格工具/布局"选项卡的"单元格大小"组中单击"自动调整"按钮，在下拉菜单中选择"根据内容自动调整表格"命令，如图 6.9 所示。

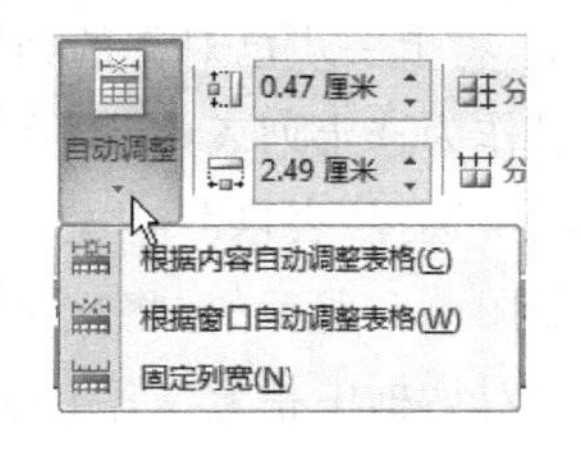

图 6.9　"自动调整"下拉菜单

说明：如果选择"根据窗口自动调整表格"命令，也会看到单元格大小能够自动调节，但它以页宽作为参照进行调整。如果选择"固定列宽"命令，那么列宽是固定的，不管输入什么内容，都不会自动调节列宽，当文字太长无法在一行显示时会自动调整行高。

方法 3：精确地设置列宽和行高。在功能区的"表格工具/布局"选项卡的"表"组中单击"属性"按钮，或者在"单元格大小"组中单击右下角的"对话框启动器"按钮，或者在右键快捷菜单中选择"表格属性"命令，都将弹出"表格属性"对话框。该对话框中的"表格"、"行"、"列"、"单元格"选项卡分别用于设置表格、行高、列宽和单元格的宽度。

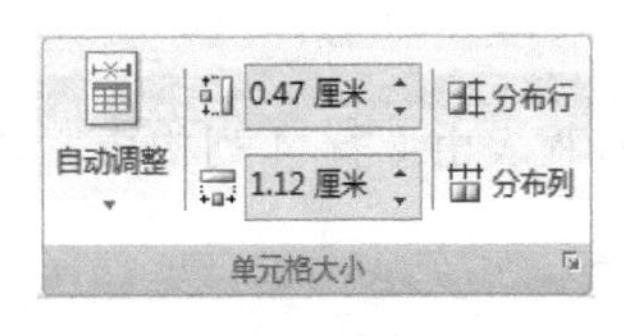

图 6.10　"单元格大小"组

用户也可以在"表格工具/布局"选项卡的"单元格大小"组中通过"行高度"框和"列宽度"框进行设置，如图 6.10 所示。"单元格大小"组中还有两个按钮，单击"分布行"按钮可平均表格各行的高度；单击"分布列"按钮则平均表格各列的宽度。

④ 将日程表设置为针对版心居中的排版格式。方法是在

“表格属性”对话框的“表格”选项卡中的“对齐方式”区选择“居中”选项，或者选定整个表格后在功能区的“开始”选项卡的“段落”组中单击“居中对齐”按钮。

(5) 调整表格结构。

改变表格结构(包括插入行与列、删除无用的行与列、添加/删除单元格等)的操作会产生内容的错位现象，所以必须小心处理。

① 在日程表格的第一行与第二行之间插入新行。方法是选定第一行(或第二行)，然后在“表格工具/布局”选项卡的“行和列”组中单击“在下方插入”(或“在下方插入”)按钮，如图 6.11 所示。使用类似方法在第一列前插入一个新列。

② 在日程表格尾部插入一个新行。方法是将插入点定位在最后单元格，然后 Tab 键快速插入新行。

③ 在日程表格第二列的第二行与第三行之间插入新的单元格，并查看结构变化。方法是单击第二列第三个单元格，在“表格工具/布局”选项卡的“行和列”组中单击右下角的“对话框启动器”按钮，或在右键快捷菜单中选择“插入”→“插入单元格”命令，在弹出的“插入单元格”对话框选择单元格的移动方向。

④ 删除前面为日程表格添加的第二行(空行)。方法是单击日程表格第二行内的任意单元格，在“表格工具/布局”选项卡的“行和列”组中单击“删除”按钮，弹出如图 6.12 所示的下拉列表，从中选择“删除行”命令。

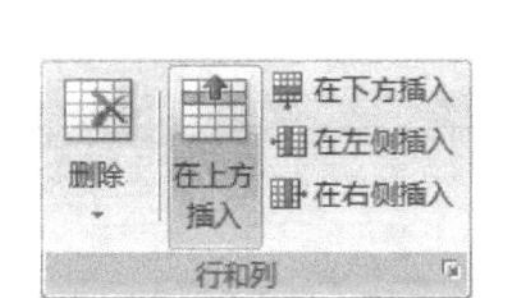

图 6.11 “行和列”组

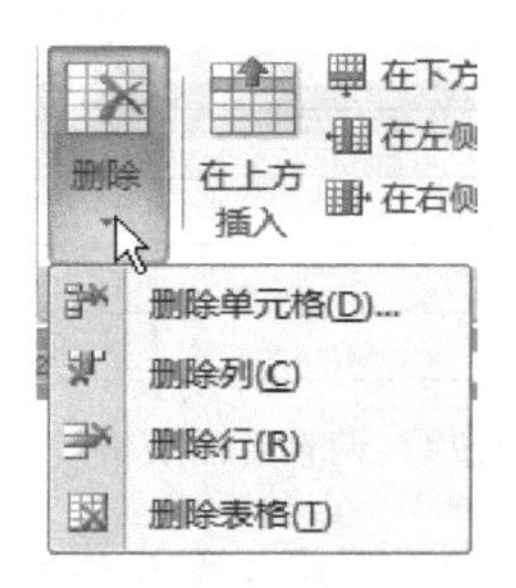

图 6.12 “删除”下拉菜单

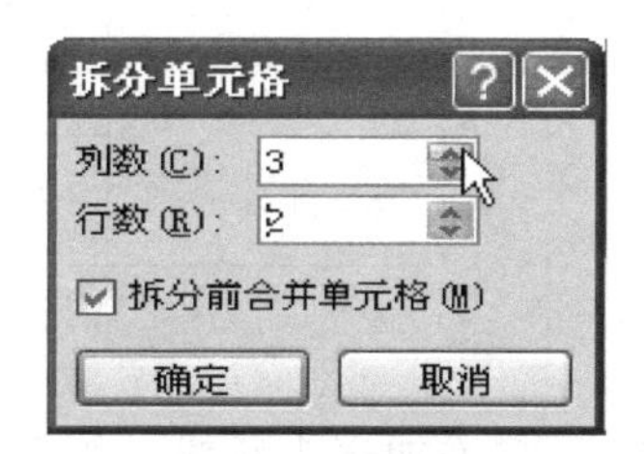

图 6.13 “拆分单元格”对话框

⑤ 删除前面为日程表格添加的单元格(第二列第二行)。方法是单击或选定该单元格，在图 6.12 所示的列表中选择“删除单元格”命令，或者在右键快捷菜单中选择“删除单元格”(选定的表格对象不同，右键快捷菜单的删除命令会有所不同)命令，在弹出的“删除单元格”对话框中设置右侧单元格左移或下方单元格上移。如果右侧单元格左移，可能导致列框线不在一条竖线上，需加以调整。

⑥ 将新增的第一列中的第一行至第六行合并。方法是选定需要合并的单元格，然后在“表格工具/布局”选项卡的“合并”组中单击“合并单元格”按钮，或者在右键快捷菜单中选择“合并单元格”命令，都可以将选定的单元格合并为一个单元格。

⑦ 将刚才合并后的单元格拆分为 3 列 2 行。方法是选定要拆分的单元格，然后在“表格工具/布局”选项卡的“合并”组中单击“拆分单元格”按钮，或者在右键快捷菜单中选择“拆分单元格”命令，弹出“拆分单元格”对话框(如图 6.13 所示)，在该对话框设置要把选定的单元格拆分为几行几列，最后单击“确定”按钮即可。

由于上述拆分单元格后的表格对后面的编辑没有实际意义，因此通过“撤销”按钮恢复拆分前的表格结构。

说明：在“表格工具/设计”选项卡的“绘图边框”组中单击“擦除”按钮，鼠标指针变成橡皮形状，此时单击需要合并的单元格之间的框线即可擦除该框线，也实现了单元格的合并。同理，单击“绘制表格”按钮，鼠标指标变成画笔形状，在单元格内部添加框线，即可拆分单元格。

⑧ 将日程表格的后两列移动到该表格的第二列第七行中，使之形成一个三列结构的表格。方法是拖动选定第三、四列的一至五行，移动鼠标指针到被选中区域，按住鼠标左键拖动到第二列第七行单元格内后释放鼠标即可。

⑨ 对日程表进行一些必要的调整，清理当前表格中多余的部分，以便后面继续使用，包括删除无用的第五、六列；在第一行上部添加表头行；合并第一列中的后5个单元格；调整各列的宽度；添加相应的表头文字。调整后的表格如图6.14所示。

	时间	内容
上午	8：00-8：30	领导介绍情况
	8：30-9：30	说明文体情况(第一部分)
	9：30-10：30	说明文体情况(第二部分)
	10：30-10：45	休息
	10：45-11：15	说明文体情况(第三部分)
	11：15-11：50	收集并综合意见
下午	11：50-12：30	午餐
	12：30-14：00	午休
	14：00-16：00	讨论工作计划
	16：00-17：00	讨论推行方案
	17：00-18：00	会议总结

图6.14　调整后的表格

⑩ 添加表头斜线。绘制中文格式的表头斜线并添加说明文字，使表格结构更加清晰。在Word 2010中移除了旧版中的“绘制斜线表头”功能，需要手工绘制斜线表头，方法是在“表格工具/设计”选项卡的“绘图边框”组中单击“绘制表格”按钮，当鼠标指针变成笔形后在表头单元格中绘制斜线，然后在表头单元格中输入“日程”、“时间”，“日程”和“时间”文本中间设置硬换行或分段使其在合适的位置显示，若有必要，在文本前还需输入空格。

说明：用户也可通过插入文本框的方法设置行标题和列标题。

(6) 表格内容的修饰技巧。

表格的修饰与文字的修饰基本相同，只是操作对象不同而已。

① 设置日程表格上表头的文字水平居中对齐，方法是选定上表头区，在“开始”选项卡的“段落”组中单击“居中对齐”按钮；设置日程表格左表头的文字中部居中对齐，方法是选定左表头区，在“表格工具/布局”选项卡的“对齐方式”组中单击“中部居中对齐”按钮，如图6.15所示。用户也可在右键快捷菜单中选择“单元格对齐方式”→“中部居中对齐”命令。

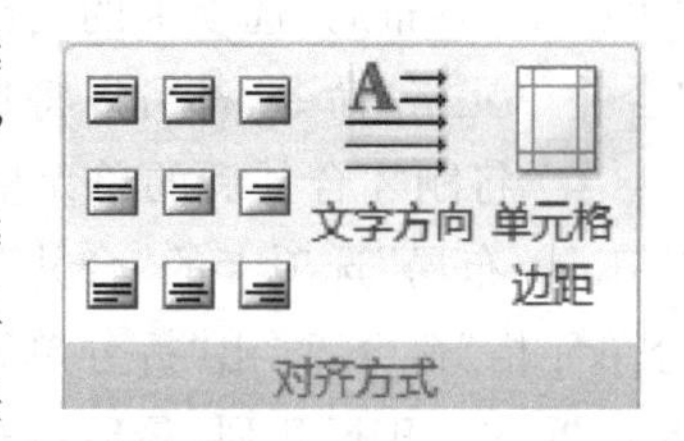

图6.15　“对齐方式”组

② 为表格设置边框。为前面的日程表格上、下午之间的日程活动建立一个双横线格式的分割效果，有以下方法可以实现。

方法1：在“表格工具/设计”选项卡的“绘图边框”组中单击“笔样式”下拉按钮选择框线样式“双横线”，此时用笔形指针划过表格中的上、下午日程间的框线即可。

方法2：选定上午日程表格区域，在“表格工具/设计”选项卡的“绘图边框”组中设置“笔样式”为“双横线”，然后在“表样式”组中单击“边框”按钮打开下拉列表并选择“下边框”命令即可。

③ 为日程表格的上表头和左表头添加绿色背景效果。方法是选定上表头区和左表头区，在“表格工具/设计”选项卡的“表样式”组中单击“底纹”按钮右边的下拉箭头，在打开的颜色面板中选择“绿色”。

说明：此外，用户还可通过“边框和底纹”对话框设置表格的边框和底纹，其操作与设置段落、文字边框和底纹类似，请用户自行尝试。

(7) 保存文档与进行文档安全控制。

① 将文档更名保存。单击“文件”选项卡，从文件管理列表中选择“另存为”命令，弹出“另存为”对话框，在“文件名”框中输入文件名“会议通知的备份”，在“保存类型”下拉列表中选择“Word 文档”，在“保存位置”中选取要保存的目的文件夹，例如“E:\”，然后单击“保存”按钮即可将文档作为副本进行保存。

② 设置文件打开和修改密码。方法是先按前面的方法打开“另存为”对话框，单击其左下角的“工具”按钮，在弹出的菜单选择“常规选项”命令，弹出“常规选项”对话框。然后在“常规选项”对话框中设置“打开文件时的密码”和“修改文件时的密码”，如图6.16所示。设置完毕后，返回“另存为”对话框保存文档。

说明：在“常规选项”对话框中单击“确定”按钮时，系统会提示用户再输入一遍打开权限密码。修改权限密码与打开权限密码可以相同也可以不同。

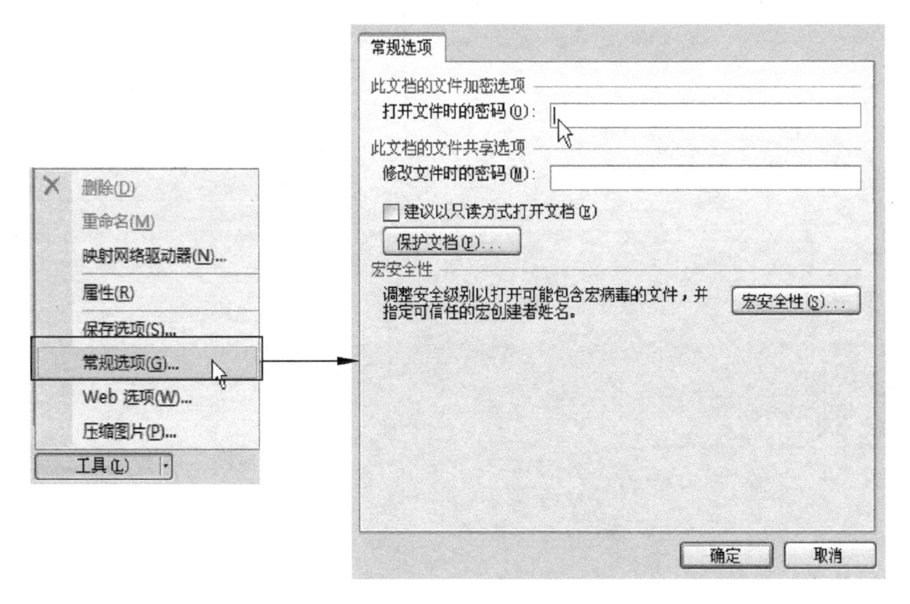

图6.16 设置打开和修改文件时的密码

6.4 实验报告要求

根据前面的操作撰写实验报告,要求包含以下内容:

(1) 建立表格的方法及其特点。

(2) 表格的编辑操作(包括移动、调整大小、增删行/列/单元格、拆分与合并单元格、拆分与合并表格等)。

(3) 设置表格的格式。

(4) 文档的安全控制。

实验7 制作图文并茂的邀请函

7.1 实验目的

(1) 掌握在文档中插入图片、艺术字等对象的方法。

(2) 掌握图片、艺术字等对象的编辑与格式设置方法。

(3) 掌握图文混排的方法。

(4) 了解域的概念,理解邮件合并,掌握其操作步骤。

7.2 实验内容

(1) 准备邀请函内容,并设置其用纸。

(2) 为邀请函添加背景图片。

(3) 添加和编辑艺术字。

(4) 通过文本框添加会议通知的简要内容。

(5) 版面效果的整体控制。

(6) 制作邮件合并,并打印分发。

7.3 实验步骤

(1) 准备邀请函内容,并设置其用纸。

① 设置邀请函用纸。新建一空白文档,然后设置其纸型为"32开"、"横向"版式,其具体操作可以参考实验5。

② 准备邀请函内容。输入邀请函必备的文字,并编排修饰,如图7.1所示,其具体操作参考实验5。

(2) 为邀请函添加背景图片。

① 查找剪辑内容并添加剪贴画。将光标置于页首位置,在"插入"选项卡的"插图"组中单击"剪贴画"按钮,在Word窗口右侧打开"剪贴画"任务窗格,如图7.2所示。选择"包括Office.com内容"复选框,然后在"搜索文字"文本框中输入文字"办公"进行搜索,搜索结果将出现在下面的列表中,单击需要的剪贴画,在弹出的菜单中选择"插入"命令,即可把该剪贴画插入到文档中。

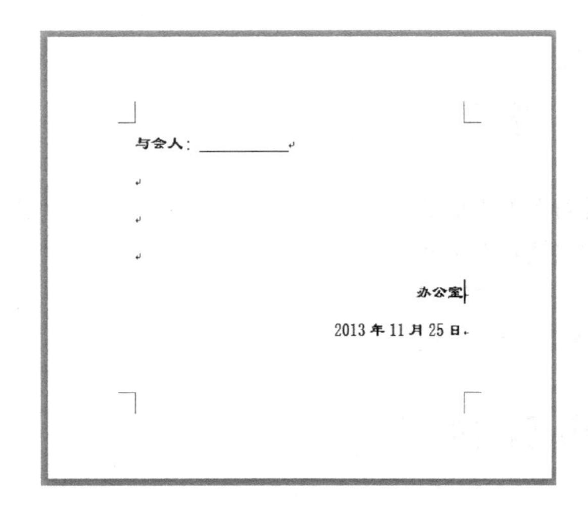

图7.1 完成准备工作的邀请函

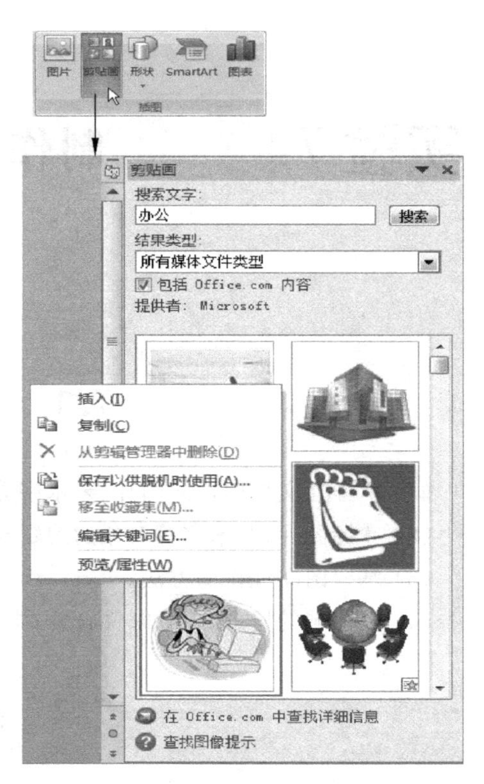

图7.2 插入剪贴画

② 设置图片与文字混排，其排版版式为“衬于文字下方”。具体操作是选中图片，然后在“图片工具/格式”选项卡的“排列”组中单击“自动换行”按钮，从弹出的下拉列表中选择“衬于文字下方”命令，或者右击图片，在快捷菜单中选择“自动换行”→“衬于文字下方”命令。

③ 改变图片的大小。

方法1：选定图片，然后将鼠标指针移到尺寸控点上，这时鼠标指针变成双向箭头，向里或向外拖动鼠标可改变图片的大小，拖动横向缩放控点或纵向缩放控点只改变图片的宽度或高度，图片会发生变形。

方法2：选定图片，然后在“图片工具/格式”选项卡的“大小”组中设置“形状高度”为“13厘米”、“形状宽度”为“18.4厘米”，使图片符合文档的页面大小。如果纵横比例被锁定，则需采用方法3来精确地设置图片大小。

方法3：选定图片，然后在“图片工具/格式”选项卡的“大小”组中单击右下角的“对话框启动器”按钮，或在右键快捷菜单中选择“大小”命令弹出“布局”对话框，取消选择“锁定纵横比”复选框，并设置合适的高度和宽度，如图7.3所示。

说明：*如果要把图片恢复到插入时的原始大小，可在“图片工具/格式”选项卡的“调整”组中选择“重设图片”→“重设图片和大小”命令。*

④ 调整图片在页面的排版位置。前面虽然调整了图片的尺寸大小(与32开纸张尺寸相同)，但由于邀请函用纸存在预留版边，所以图片并未与纸张完全重叠。移动该背景图片，使之充满整个纸张页面。方法是选定图片，然后按住鼠标将图片拖到新位置。

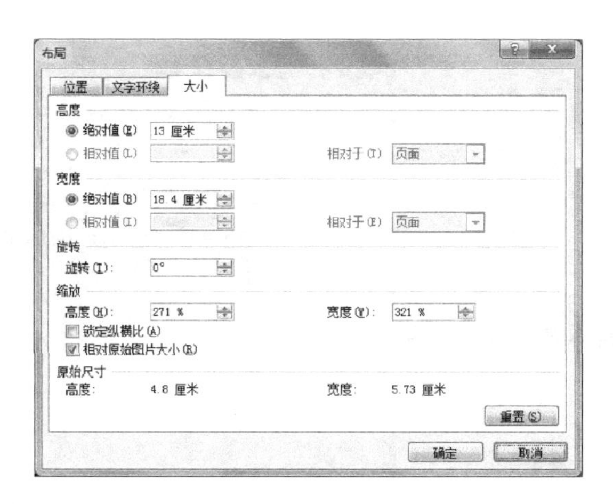

图 7.3　设置图片大小

说明：对于图片的其他设置，例如旋转和翻转、裁剪、镜像、着色、发光等，请用户自行尝试操作并观察其效果，完成后通过“撤销”按钮恢复处理前的状态。

⑤ 将背景图片设置成水印效果以突出页面中的文字内容。其具体操作是选定图片，在“图片工具/格式”选项卡的“调整”组中单击“颜色”按钮，打开下拉菜单选择“重新着色”→“冲蚀”命令，见图 7.4。

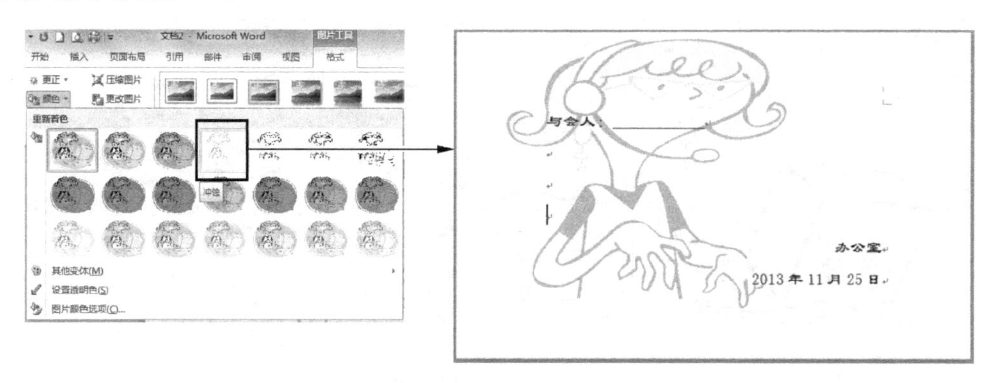

图 7.4　设置水印效果

⑥ 改变图片的对比度和明亮度，以增强屏幕显示或打印输出效果。选定图片后，在“图片工具/格式”选项卡的“调整”组中单击“更正”按钮，从弹出的下拉菜单中选择合适的亮度，并注意观察屏幕图片的显示效果。调整对比度的方法与此类似。调整对比度和明亮度在实际应用中经常配合使用，以使图片的显示效果达到最佳。

(3) 添加和编辑艺术字。

添加艺术字标题“会议邀请函”，使标题内容突出显示于邀请函页面中。其具体操作如下：

① 插入艺术字。在功能区的“插入”选项卡的“文本”组中单击“艺术字”按钮，在弹出的艺术字样式列表中单击所需要的样式，随即在文档输入光标处会插入艺术字文本框，如图 7.5 所示。在此文本框中可输入需要的文字（“会议邀请函”），并可对文本按正常内容进行字符、段落格式设置。

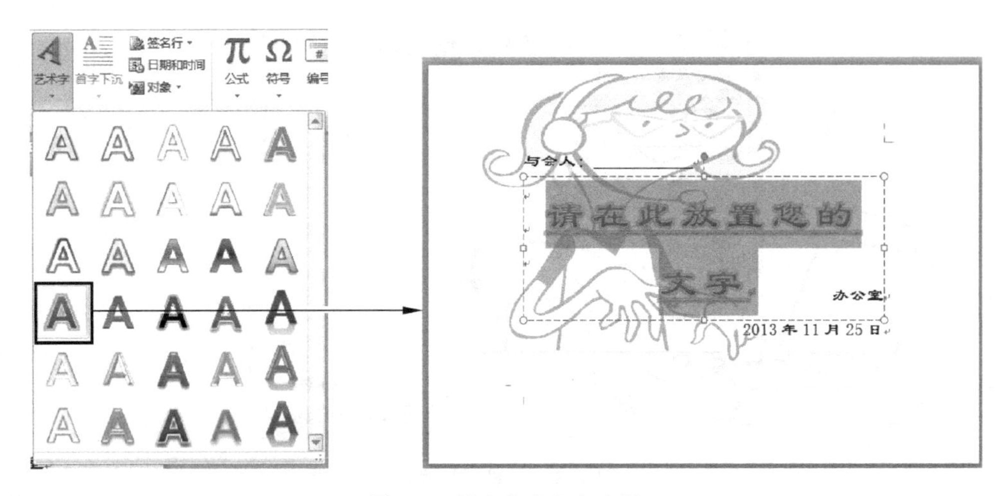

图 7.5　插入艺术字文本框

② 按前面的方法对艺术字文本框设置文字环绕方式为"浮于文字上方"。

③ 更改艺术字形状。选定艺术字后，在"绘图工具/格式"选项卡的"艺术字样式"组中选择"文字效果"→"转换"命令，弹出如图 7.6 所示的形状列表，从中选择合适的形状。

图 7.6　设置艺术字形状

④ 改变艺术字的线条和填充色。选定艺术字后，在"绘图工具/格式"选项卡的"艺术字样式"组中单击"文字填充"按钮设置所需的填充，单击"文本轮廓"按钮设置所需的轮廓线条。

⑤ 调整艺术字大小、添加阴影或三维效果等。由于艺术字属于文本框文字，具有绘制图形的基本特征，所以其编辑方法与绘制图形的编辑方法基本相同。这些设置请用户自行尝试。

(4) 通过文本框添加会议通知的简要内容。

① 插入文本框。在功能区的"插入"选项卡的"文本"组中单击"文本框"按钮，在打开的下拉列表中选择"简单文本框"选项即可在文档中插入文本框。

说明：*如果选择"绘制文本框"或"绘制竖排文本框"命令，此时鼠标指针变成十字形状，按下鼠标左键并拖动鼠标即可在文档中绘制文本框。用户也可以先选择"形状"→"矩形"命令，然后在绘制的矩形中添加文字形成文本框。*

② 在文本框内输入与邀请函内容相关的文字，并按前面的方法设置文字的格式，效果如图 7.7 所示。

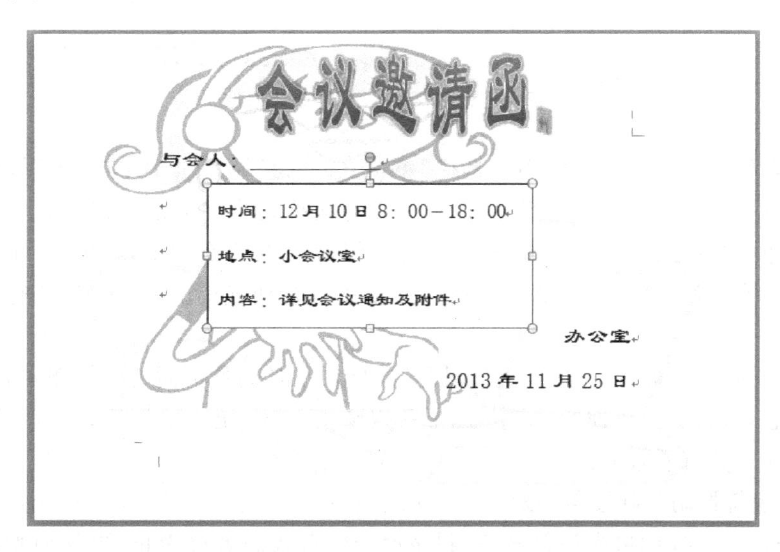

图 7.7　添加文本框及其内容

③ 调整文本框的大小和位置，以免覆盖其他内容。其调整方法可参考图形对象的调整方法。

④ 对上述添加的文本框取消边框线、添加绿色背景并设置为透明状态。

方法 1：选定文本框后，在功能区的"绘图工具/格式"选项卡的"形状样式"组中选择"形状轮廓"→"无边框"命令取消文本框的边框线。用户也可采用方法 2 来设置或取消文本框的框线。由于这里希望设置文本框的背景色为透明状态，采用方法 2 设置背景更加方便。

方法 2：在功能区的"绘图工具/格式"选项卡的"形状样式"组中单击右下角的"对话框启动器"按钮，弹出如图 7.8 所示的"设置形状格式"对话框，在"填充"选项卡的"填充"区中设置颜色为"绿色"、透明度为"90%"(值越大，颜色越淡，也越透明)，在"线条颜色"选项卡的"线条颜色"区中设置颜色为"无颜色"。

(5) 版面效果的整体控制。

① 改变屏幕的显示比例，使屏幕的显示更有利于编辑操作。调整视图比例和切换视图

图 7.8　设置文本框的填充和边框

模式，在“状态栏”右边的“视图大小工具栏”中单击“＋”按钮放大视图比例，单击“－”按钮缩小视图比例，用户也可以直接拖动中间的滑块来调整视图比例。在“状态栏”右边的“视图模式”区中单击相应的按钮就可以切换到对应的视图模式，或者在“视图”选项卡的“文档视图”组中单击相应的按钮进行切换(比较各种视图模式下的视图效果)。

② 调整页的整体布局。通过“页面设置”或标尺工具调整页面的整体布局，保证文档的打印输出状态，包括页边距控制，文字、图形等对象的混排、统一协调等。在调整过程中，用户可通过打印预览查看效果。

③ 用制表符控制落款段落的对齐。方法是拖动选择两个段落，先移动光标至水平标尺左侧的制表符位置，连续单击该符号，直到显示居中对齐制表符为止，再移动光标至页面水平标尺的第“27 字符”处单击，在该位置设置一个居中对齐制表符。选择落款第一段落的段首空白区域，按 Tab 键可设置当前段落内容在版心第“27 字符”位置处居中。用同样的方法，可将第二个落款段落设置为在版心第“27 字符”位置处居中。通过上述操作，避免了版式不齐的现象。

④ 按前面的方法保存文档为“D:/会议邀请函.docx”，然后关闭该文档。

(6) 制作邮件合并，并打印分发。

① 新建一个空白文档，并按下面的方法将其设置为邮件合并用的主文档。

方法 1：在“页面设置”对话框中设置纸张类型为自定义的“22 厘米×11 厘米”，上、下、左、右边距均为“1 厘米”。

方法 2：在“邮件”选项卡的“开始邮件合并”组中单击“开始邮件合并”按钮，在弹出的下拉菜单中选择“信封”命令，弹出“信封选项”对话框。在该对话框的“信封选项”选项卡的“信封尺寸”中设置信封类型为“普通 5”，如图 7.9 所示。

说明：在“邮件”选项卡中单击“开始邮件合并”下的“邮件合并分步向导”命令，打开“邮件合并”任务窗格，然后选择“信封”单选按钮，单击“下一步：正在启动文档”链接，并单击“信封选项”链接，同样可以打开“信封选项”对话框。

图 7.9　选择标准信封用纸

② 在主文档落款区中输入发件人信息，例如落款单位及邮政编码（使用“全角”数字），并进行相应的修饰（四号、楷体，针对信封右侧某一点居中对齐），效果如图 7.10 所示。

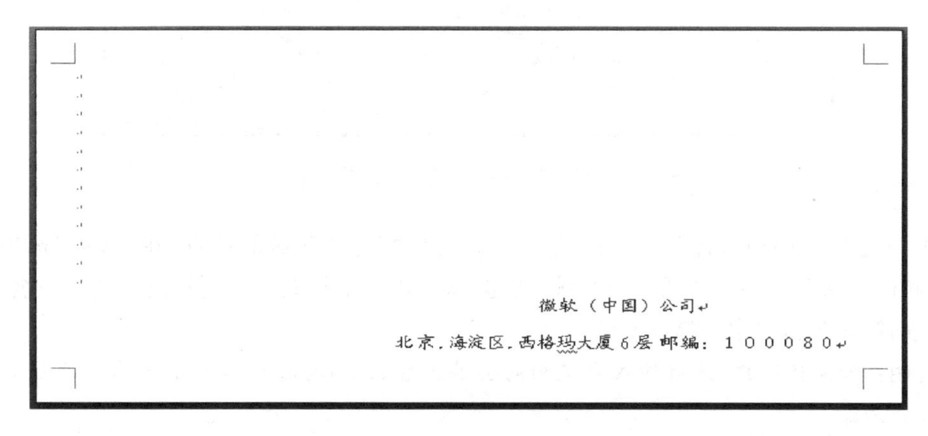

图 7.10　在信封中添加发件人信息

说明：通过方法 2 建立的主文档，在页面内自动提供了两处落款内容（收件人和发件人）的输入区，输入发件人信息的方法同上。

③ 创建数据源文档。具体操作是新建一个空白文档，输入表 7.1 所示的内容，并将该文档保存为“data.docx”。回到主文档，在向导的第 3 步窗口中选择“使用现有列表”单选按钮，然后单击“浏览”按钮，或在功能区中选择“邮件”选项卡的“开始邮件合并”组中的“选择收件人”→“选择现有列表”命令弹出“选取数据源”对话框。找到“data.docx”文档后，单击“打开”按钮弹出如图 7.11 所示的“邮件合并收件人”对话框。在该对话框中可以选择、修改或增删数据记录，设置完成后，单击“确定”按钮返回到主文档中。

表 7.1 示例数据表

姓名	单　　位	地　　址	邮编	称谓
张三	新农开发有限公司	广州龙洞东街 223 号	510521	先生
李四	北京仰达咨询有限公司	北京三里河路 344 号	100062	小姐
王五	上海三九娱乐有限公司	上海南京路 101 号	200015	先生
钱六	深圳维微公司	深圳蛇口东路 38 号	581110	先生
孙七	南昌爱眉广告公司	南昌起义路东街 22 号	330014	女士
赵八	香港力知公司	香港跑马地 556 号		小姐

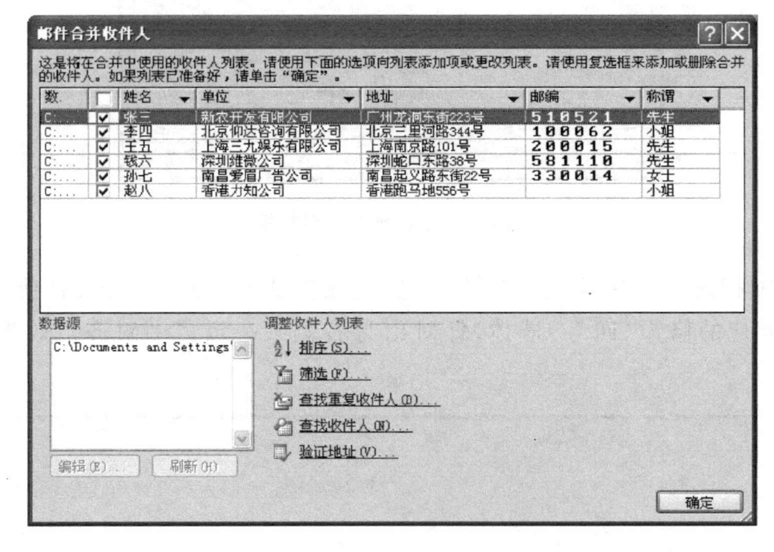

图 7.11 “邮件合并收件人”对话框

④ 在主文档中插入合并域。把插入点定位在需要合并域的位置，在“邮件”选项卡的“编写和插入域”组中单击“插入合并域”按钮，从弹出的下拉菜单中选择所需的字段名，或者在向导的第 4 步窗口中选择需要的字段名。

说明：如果在(1)中没有输入主文档的公共内容，此时可以输入公共内容并在适当位置插入合并域。

⑤ 预览效果。在生成文档之前可以通过预览功能在屏幕上查看目标文档，方法是在“邮件”选项卡的“预览结果”组中单击“预览结果”按钮，或者在向导窗口进入第 5 步时进行预览。为了更好地显示效果，可以将显示比例设置为 100%。

⑥ 调整信封内容的格式。将信封中插入的内容加以修饰，使之符合信封的打印输出格式。要求将“邮编”段落修饰为“四号、楷体、字间距加宽 2 磅”；将“地址”和“单位”段落修饰为“四号、黑体、居中”格式；将“姓名”段落修饰为“二号、楷体、居中”格式；再适当调整各段落间距，形成标准的小信封格式，如图 7.12 所示。

⑦ 完成合并。确保合并域的格式符合要求并且没有错误，之后即可进行邮件合并。在“邮件”选项卡的“完成”组中单击“完成并合并”按钮，从弹出的下拉菜单中选择“编辑单个文档”命令，在随即弹出的“合并到新文档”对话框中选择要合并的记录后单击“确定”按钮即可将所选记录的合并结果产生在新文档中。

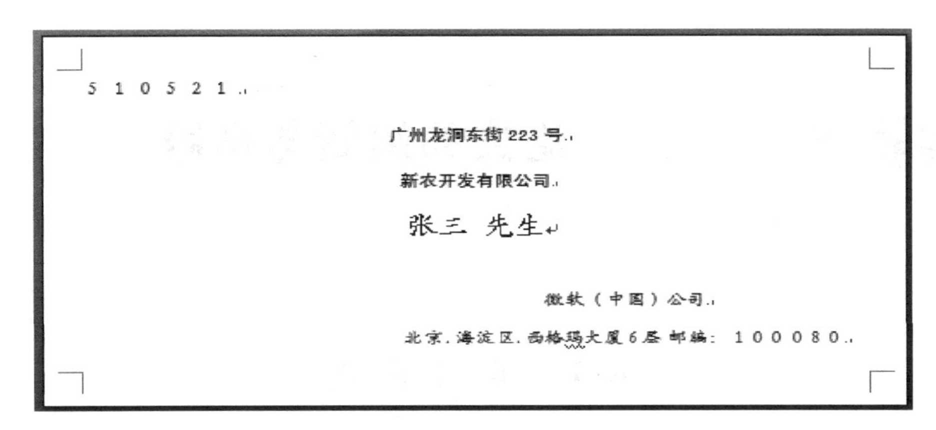

图 7.12　修饰后的标准信封格式

⑧ 发往中国香港、台湾和澳门的信件最好采用繁体字，因此最好将最后一个记录形成的信封的文字转换为繁体。方法是全选该页面的内容，在功能区的“审阅”选项卡的“中文简繁转换”组中单击“简转繁”按钮。

⑨ 保存目标文档。将新文档以“信封.docx”为文件名保存在当前文件夹中，如果条件允许，可以将其打印输出。

⑩ 以“会议邀请函.docx”为主文档，以“data.docx”为数据源文档，参考上述方法进行邮件合并操作，将生成的新文档命名为“全部邀请函.docx”。

7.4　实验报告要求

根据前面的操作撰写实验报告，要求包含以下内容：

(1) 插入图片和设置图片格式的方法。

(2) 插入艺术字及其格式设置。

(3) 图文混排的含义及其设置、各种环绕方式的特点。

(4) 邮件合并的适应场合及其操作步骤。

实验 8　论文的编辑与排版

8.1 实验目的

(1) 了解论文的结构，掌握论文的排版要求。

(2) 了解样式，掌握使用样式快速、规范地修饰文档的方法。

(3) 了解论文中插图与表格的格式设置要求。

(4) 理解题注、交叉引用的概念，掌握交叉引用的使用方法。

(5) 掌握论文大纲结构的编辑与调整操作。

(6) 掌握目录的创建与更新操作。

(7) 掌握长文档的排版技巧。

(8) 掌握修订、审阅和比较文档的操作。

8.2 实验内容

(1) 打开"毕业论文(设计)写作规范(文科适用).doc"文档和"文科模板.doc"文档，了解我校文科毕业论文的结构及各部分的格式规范要求。

(2) 打开"毕业论文源文档.docx"文档，根据学校的毕业论文格式规范要求使用样式快速、规范地修饰论文。

(3) 修饰插图及相关部分。

(4) 编辑与调整论文的大纲结构。

(5) 设置页眉和页脚。

(6) 完善论文的结构。

(7) 检查、修改和完善各页面及其内容的格式设置。

(8) 创建目录并设置目录格式。

(9) 审阅论文并提出修改意见。

8.3 实验步骤

(1) 打开"毕业论文(设计)写作规范(文科适用).doc"文档和"文科模板.doc"文档，了解我校文科毕业论文的结构及各部分的格式规范要求。

① 论文(设计)的组成。本科毕业论文(设计)(以下简称为毕业论文)由封面、诚信声明、授权声明、内容摘要、关键词、目录、正文、注释(可选)、参考文献、致谢(可选)、附录(可

选)等部分组成。

② 毕业论文主体部分的格式规范参见表8.1。

表8.1 毕业论文格式要求(部分内容理科适用)

序号	内　容	格 式 要 求
1	纸型	A4纸(210mm×297mm)
2	页边距	上:2.54cm;下:2.54cm;左:3cm;右:2.2cm
3	正文标题	小二号、黑体、加粗,居中,段落前后各空两行,行距为固定值23磅
4	第一级标题	三号、黑体、加粗,居中,段落前后各空一行,行距为固定值23磅
5	第二级标题	四号、黑体,左对齐,段落前后各空0.5行,行距为固定值23磅
6	第三级标题	小四号、黑体,首行缩进两个字符,不空行,行距为固定值23磅
7	正文	小四号、宋体,左对齐,首行缩进两个字符,行距为固定值23磅
8	图及图题	图嵌入正文、居中,图题文字为五号、宋体,居中,图题中编号与题目之间留有两个空格,图题位于图的正下方
9	表题及表中文字	五号、宋体,表题中编号与题目之间留有两个空格,居中
10	正文与图表之间的段落	图表前段落:段后0.5行,段前0行;图表后段落:段前0.5行,段后0行
11	注释和参考文献	标题:黑体、三号,加粗,居中,段落前后各空0.5行;正文:五号、宋体,左对齐,固定行距20磅。注释编号用①、②、③……,参考文献编号用[1]、[2]、[3]……。注释内容和参考文献之间空一行
12	代表变量的英文字母	斜体
13	页眉	靠左的部分为广东金融学院的全称;靠右的部分为论文的题目。字体采用黑体、小五号、加粗。页眉从正文开始至附录结束
14	页脚	设置页码。页码采用小五号、Times New Roman,居中放置,页码从摘要到目录之间的标注格式为I、II、III……;页码从正文开始标注(含参考文献和附录),页码标注格式为—1—、—2—、—3—……
15	引用文献(文末注)	正文中在引用的地方标号,编号以方括号括起。Times New Roman、小四、上标
16	英文字符	全部用Times New Roman字体

说明:“毕业论文(设计)写作规范(文科适用).doc”和“文科模板.doc”两个文档对论文的排版格式要求不尽相同,上表综合了两个文档的要求并参考了其他学校论文的格式规范。

③ 关闭上述两个文档。

(2) 打开“毕业论文(素材).docx”文档,根据学校的毕业论文格式规范要求(文科)使用样式快速、规范地修饰论文。

① 设置纸型与页边距。在功能区的“页面布局”选项卡的“页面设置”组中单击右下角的“对话框启动器”按钮,弹出“页面设置”对话框,在该对话框中设置纸型为“A4”,页边距分别为上2.54cm、下2.54cm、左3cm、右2.2cm。

② 新建样式。

方法1:在功能区的“开始”选项卡的“样式”组中单击其右下角的“对话框启动器”按钮,在打开的“样式”任务窗格中单击“新建样式”按钮,弹出如图8.1所示的“根据格式设置创建新样式”对话框。在该对话框做以下操作:

在“名称”框中输入自定义样式名称“正文段落”；

选择“格式”→“字体”命令打开“字体”对话框设置字体格式，其中，中文字体为“宋体”、西文字体为“Times New Roman”，字号为“小四”；

选择“格式”→“段落”命令打开“段落”对话框设置段落格式，其中，对齐方式为“左对齐”、大纲级别为“正文文本”、首行缩进两个字符、行距为“固定值 23 磅”；

说明：如果选择了“自动更新”复选框，则以后修改该样式或修改应用了该样式的段落格式时，在文档中应用了此样式的地方都会自动更新所做的修改。由于后面需要在一些地方修改正文段落的格式，因此该样式不要选择“自动更新”复选框。如果要设置其他格式，例如边框、制表位等，需要打开相应的对话框进行设置。

完成上述设置后，可在该对话框的“预览”区中查看所做的格式设置效果，并且在该区下面列出了所设置的格式，见图 8.1。

方法 2：将论文标题段落按以下格式进行设置(见表 8.1)，即小二号、黑体、加粗，居中，段落前后各空两行，行距为固定值 23 磅。选择已设置好格式的论文标题段落，在“开始”选项卡的“样式”组中单击 按钮打开如图 8.2 所示的样式列表，从中选择“将所选内容保存为新快速样式”命令，并在弹出的“根据格式设置创建新样式”对话框的“名称”框中输入样式名称“正文标题”，然后单击“确定”按钮。

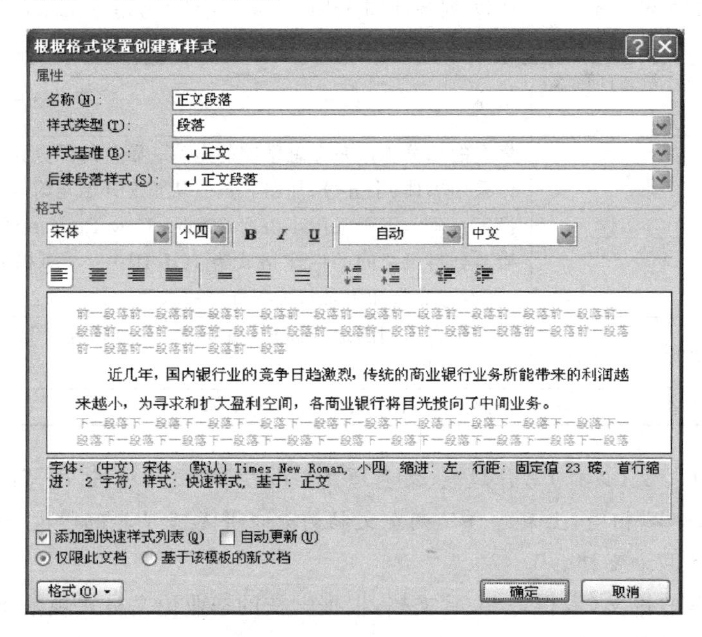

图 8.1　创建“正文段落”样式

③ 修改样式。打开“样式”任务窗格，在“正文标题”样式上右击，或单击该样式右边的下拉按钮，从打开的菜单中选择“修改”命令，即可弹出“修改样式”对话框进行样式的修改操作，例如选择“自动更新”复选框，如图 8.3 所示。

④ 创建“一级标题”、“二级标题”、“三级标题”、“注释和参考文献标题”和“注释和参考文献正文”等样式，各样式的格式要求见表 8.1。

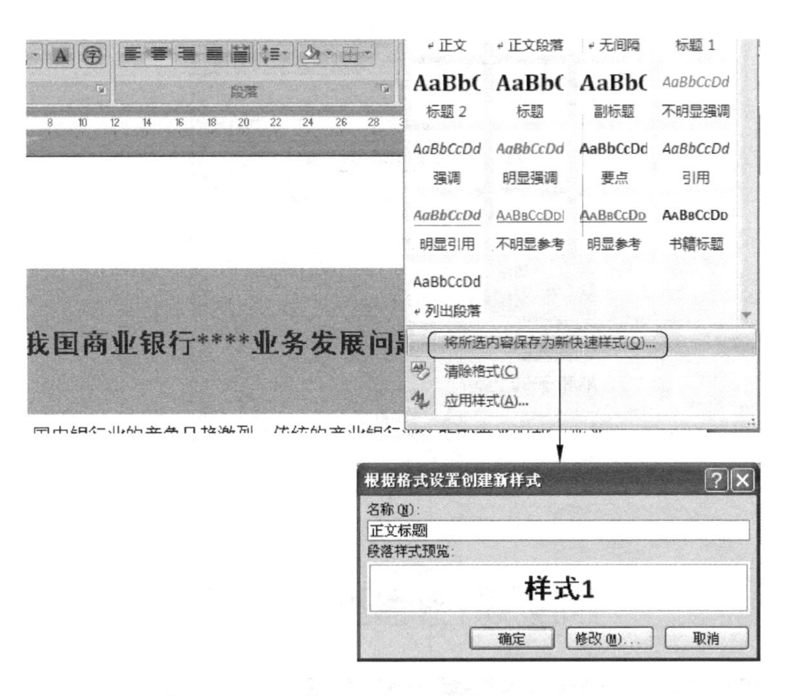

图 8.2　创建“正文标题”样式

说明：在创建上面几个样式时，其大纲级别分别设置为“2 级”、“3 级”、“4 级”、“1 级”和“正文文本”。另外，每个新样式都设置为自动更新。

⑤ 用样式修饰论文（注意比较两种方法的优点和不足）。

方法 1：将插入点置于各段落（或选中多个段落），在“样式”任务窗格中选择对应样式单击即可设置事先定义好的格式。

方法 2：用户也可以按 Ctrl＋A 键全选文档内容，在“样式”任务窗格中单击“正文段落”样式，将文档的所有内容设置成正文段落的格式，然后将插入点置于各级标题段落，在“样式”任务窗格中选择对应的标题样式。

⑥ 用样式修饰注释和参考文献部分。按上述方法 1 修饰注释部分和参考文献部分，注意在注释部分和参考文献部分要隔一空行。

⑦ 修饰致谢部分和附录部分。标题的格式与注释和参考文献标题的格式相似，因此可以直接应用“注释和参考文献标题”样式；正文与正文段落格式一样，因此也可直接应用“正文段落”样式。

⑧ 将插入点置于“注释”标题前面，在功能区中单击“插入”选项卡的“页”组中的“分页”按钮，或选择“页面布局”选项卡的“页面设置”组中的“分隔符”→“分页符”命令，使“注释”部分另起一页。

同样，将“参考文献”、“致谢”和“附录”也设置为另起页。

(3) 修饰插图及相关部分。

① 如果用上述方法 2 修饰论文，则插图只有部分显示。用户可选定插图，在功能区的“开始”选项卡的“字体”组中单击“清除格式”按钮清除插图上已设置的格式。

② 图中有可编辑文字，将其设置为小五号、宋体（英文为 Times New Roman）。

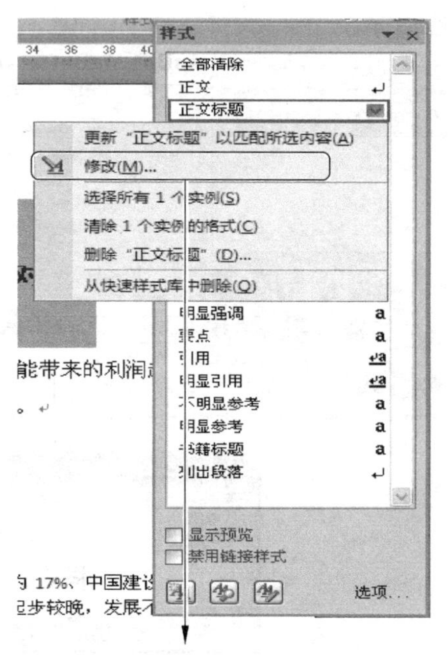

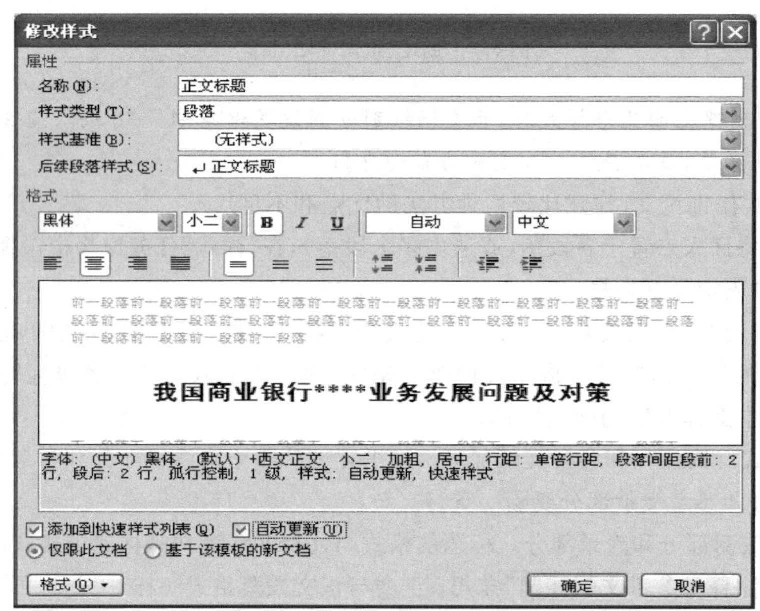

图 8.3　修改样式

③ 确认插图的环绕方式为“嵌入型”,并设置其对齐方式为“居中对齐”。

④ 为插图添加题注。方法是选定插图后,在功能区的“引用”选项卡的“题注”组中单击“插入题注”按钮,弹出如图 8.4 所示的“题注”对话框。在“题注”对话框中单击“新建标签”按钮弹出“新建标签”对话框,在其中输入文本“图 1.”,然后返回“题注”对话框,此时“题注”文本框显示“图 1.1”,即新建的标签名字和插图的序号。在“题注”文本框中补充题注标题内容“簇数与聚类质量的关系”,注意图编号与标题之间要有两个空格。确认题注位置是在所选项目下方后,单击“确定”按钮即可为插图添加题注,见图 8.4。新添加的题注以单独一段

的形式位于插图的正下方。

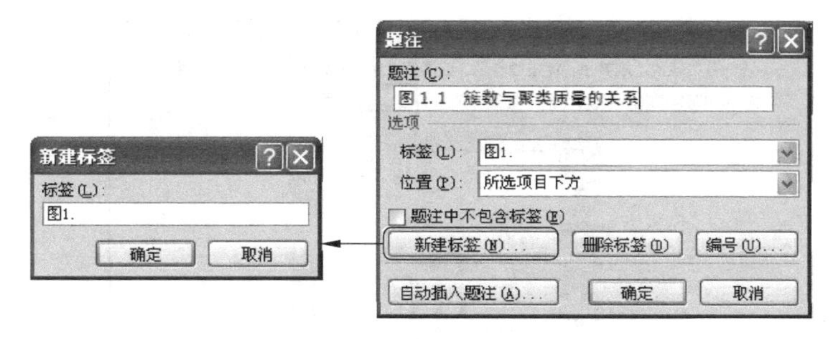

图 8.4 添加题注

⑤ 设置题注的格式。如果论文中有大量的插图,则可为题注建立一个样式,然后对添加的题注应用样式即可。由于本素材中只有一个插图,因此在这里单独设置其格式,其格式要求为五号、宋体,居中。

⑥ 添加交叉引用。一般情况下,论文中的插图与表格等对象会在对象之前或之后的段落里提及,例如"如图 XX 所示"或"见表 XX"等。为了保证这些内容和插图或表格是一致的,可添加交叉引用。方法是将插入点置于需要"如图 XX 所示"的位置或选中"图 XX"(本例中为"图 1.1"),在功能区的"引用"选项卡的"题注"组中单击"交叉引用"按钮,弹出如图 8.5 所示的"交叉引用"对话框。在"交叉引用"对话框中设置"引用类型"为"图 1."、"引用内容"为"只有标签和编号"、"引用哪一个题注"为第 1 个选项,见图 8.5。完成设置后单击"插入"按钮即可在正文中插入对该插图的交叉引用文本,然后对新插入的文本设置格式与该段落的文本格式一致。

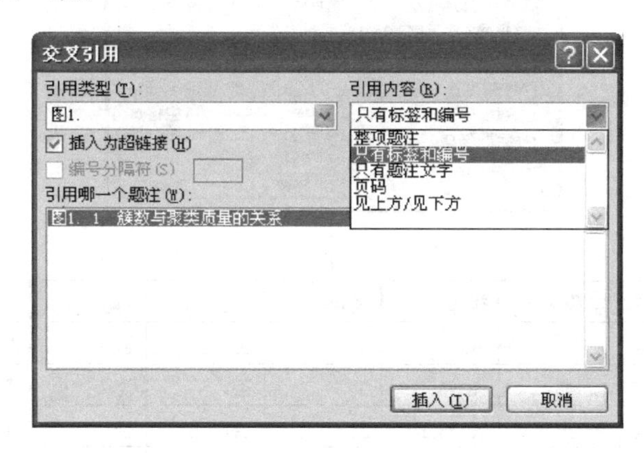

图 8.5 添加交叉引用

⑦ 设置插图前后段落的段落间距。插图前的段落设置段后间距为 0.5 行,插图后的段落(即题注段落之后的段落)设置段前间距为 0.5 行。

⑧ 删除多余的段落(包括空白行)和字符。完成后,效果如图 8.6 所示。

(4) 修饰表格及相关部分基本上与修饰插图的操作类似。

① 将表格式内容转换成一个表格。方法是选定该部分内容,在功能区的"插入"选项卡的"表格"组中单击向下箭头按钮,从打开的下拉列表中选择"文本转换成表格"命令,弹出"将文字转换成表格"对话框,如图 8.7 所示。在该对话框中不做任何修改,直接单击"确定"

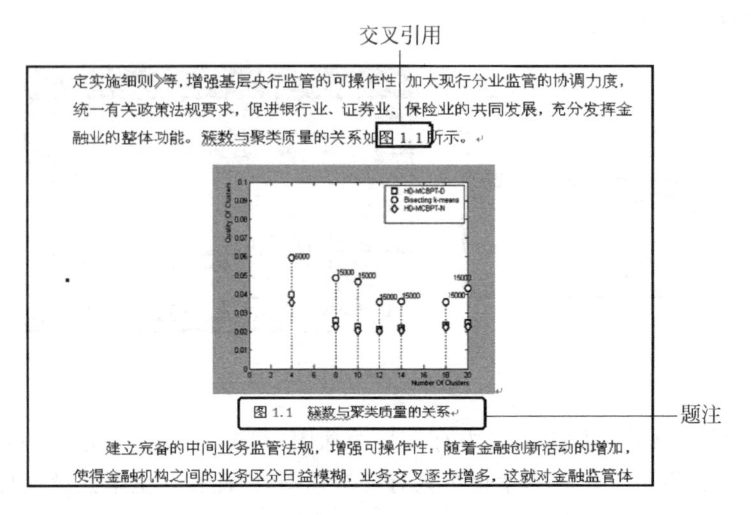

图 8.6 修饰插图及其相关部分

按钮即可将选定的内容转换成表格。

说明:由于各部分内容之间已有制表符存在,因此能正确识别转换后的表格行数和列数。如果用户自己输入类似的数据,要注意用分隔符分隔内容,否则不能正确转换。

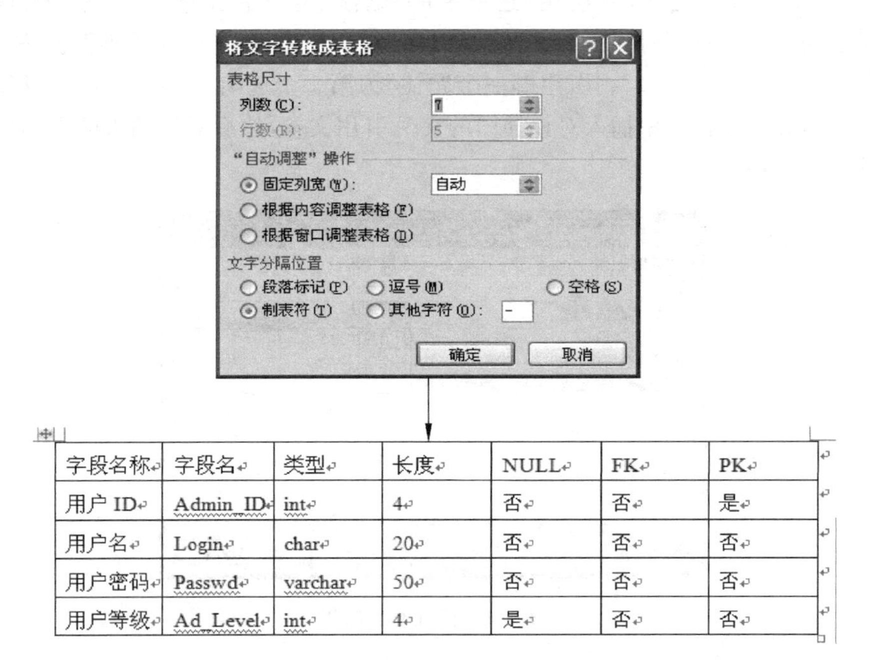

字段名称	字段名	类型	长度	NULL	FK	PK
用户ID	Admin_ID	int	4	否	否	是
用户名	Login	char	20	否	否	否
用户密码	Passwd	varchar	50	否	否	否
用户等级	Ad_Level	int	4	是	否	否

图 8.7 将文本转换成表格

② 设置表格的字符格式、对齐格式及边框效果。字符格式为宋体(西文为 Times New Roman)、五号;标题行、后4列设置为居中对齐,前3列设置为左对齐;表格设置上、下边框线及标题行的隔开框线;调整各列的列宽。其效果如图 8.8 所示。

③ 确认表格的文字环绕方式为"无",并设置其对齐方式为"居中对齐"。

④ 为表格添加题注。为表格添加题注与为插图添加题注的操作类似,这里设置题注标

交叉引用　　　题注

建立完备的中间业务监管法规，增强可操作性：随着金融创新活动的增加，使得金融机构之间的业务区分日益模糊，业务交叉逐步增多，这就对金融监管体制提出了新的要求。信息表如表 1. 1 所示。

表 1.1　信息表

字段名称	字段名	类型	长度	NULL	FK	PK
用户 ID	Admin_ID	int	4	否	否	是
用户名	Login	char	20	否	否	否
用户密码	Passwd	varchar	50	否	否	否
用户等级	Ad_Level	int	4	是	否	否

为了保证商业银行中间业务的平稳发展，需要建立更加完善的中间业务法规。如：《商业银行中间业务暂行规定实施细则》等，增强基层央行监管的可操作性，加大现行分业监管的协调力度，统一有关政策法规要求，促进银行业、证券业、保险业的共同发展，充分发挥金融业的整体功能。

图 8.8　修饰表格及其相关部分

签为“表 1.”、题注标题为“表 1.1　信息表”，位于表格上方，如图 8.9 所示。

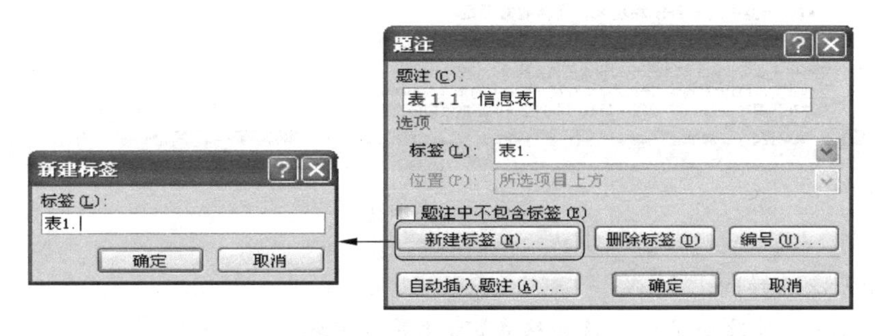

图 8.9　添加表格题注

⑤ 设置表格题注的格式。与插图题注格式的设置方法一样，这里设置为五号、宋体，居中。

⑥ 为表格添加交叉引用，交叉引用文本是“表 1.1”。参考前面为插图添加交叉引用的操作进行操作。

⑦ 设置表格前后段落的段落间距。表格前的段落（即表题之前的段落）设置段后间距为 0.5 行，表格后的段落设置段前间距为 0.5 行。

(5) 编辑与调整论文的大纲结构。

① 进入大纲视图。方法是单击视图切换按钮或在功能区的“视图”选项卡的“文档视图”组中单击“大纲视图”按钮，进入大纲视图后视图如图 8.10 所示。

说明：如果进入大纲视图后没有显示图 8.10 类似的大纲结构，可能是标题段落没有设置大纲级别。

② 选择显示内容。在功能区的“大纲”选项卡的“大纲工具”组中的“显示级别”下拉列表中选择所要显示的级别，所选级别以下的内容将被隐藏起来。用户也可以单击标题段落前面的 ✚ 按钮展开或隐藏该部分内容。

③ 段落的升级与降级。将插入点置于“注释”标题段落，在功能区的“大纲”选项卡的“大纲级别”下拉列表中选择所要的级别“1”；将插入点置于“参考文献”标题段落，在功能区的“大纲”选项卡的“大纲工具”组中单击 ⇚ 按钮将其提升为“1 级”。注

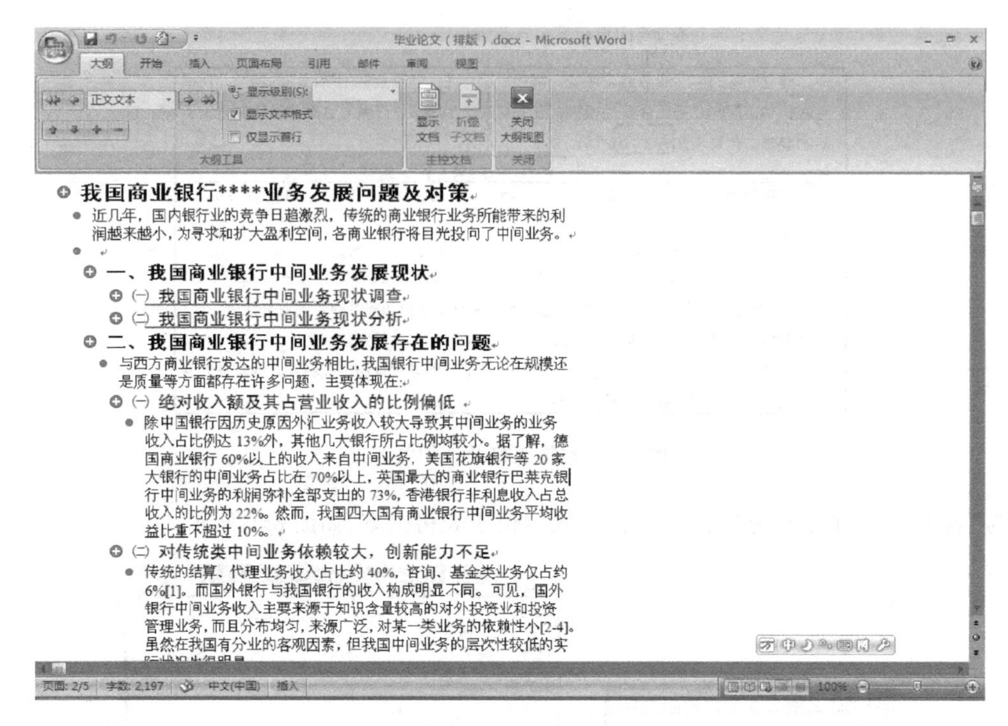

图8.10 大纲视图

意两种操作方法的异同。

说明：后一操作改变了该段落的格式，因此并不可取。

撤销对“参考文献”标题段落的升级操作，按前一方法分别将“参考文献”、“致谢”和“附录”段落升为“1级”。

④ 段落移动。段落移动是指一个或几个自然段上移或下移。在移动选定段落时，可以通过拖放到目标位置或者单击 ⬆ 按钮或 ⬇ 按钮进行上移或下移。例如选定注释条目③，然后单击 ⬆ 按钮，观察有什么变化。当注释条目③位于“注释”标题段下时，单击 ⬆ 按钮并观察有何不同。

⑤ 结构性移动。结构性移动是指标题段落及所属内容(包括子标题及内容)一起移动。在进行结构性移动时，最好将从属内容全部折叠，然后按段落移动的方法进行操作。

说明：在大纲视图下进行字、词、句、段等对象的移动，与在普通视图或页面视图下的操作方法是一样的。

⑥ 查看文档的结构图。在功能区的“视图”选项卡的“显示”组中选择“导航窗格”复选框，将在窗口左侧显示文档的结构图，如图8.11所示。

说明：大纲视图主要用于段落或结构性调整，文档结构图主要用于文档的定位及文档内容的编辑修改，因此文档结构图一般和页面视图一起使用。

(6) 设置页眉和页脚。

① 在功能区中单击“插入”选项卡的“页眉和页脚”组中的“页眉”按钮，然后单击“空白”，进入页眉页脚的编辑状态。

② 编辑页眉。删除占位符及所在段落，使得只剩下一个空白段落，注意观察水平标

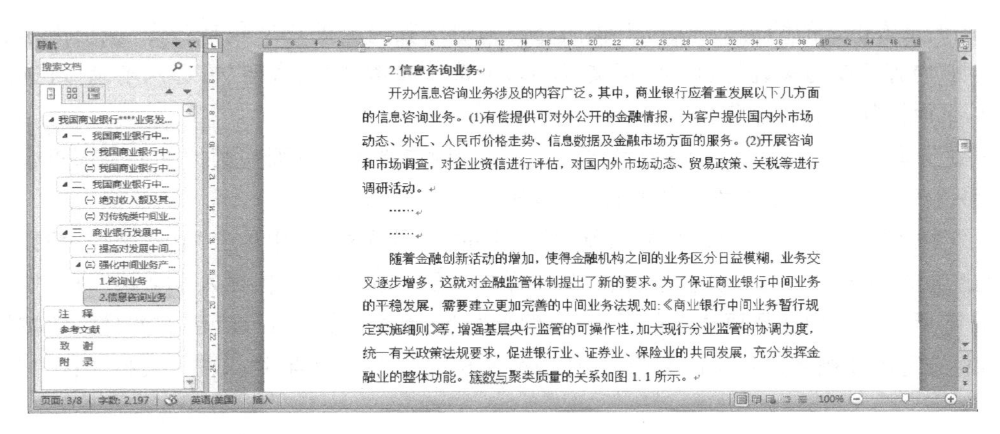

图 8.11 文档结构图

尺有一个居中制表位。双击该制表位，弹出如图 8.12 所示的“制表位”对话框，在该对话框中设置“0 字符，左对齐”制表位，保留“39.55 字符，右对齐”制表位，删除无用的制表位。

完成上述制表位设置后返回页眉的编辑状态，按退格键使插入点移动到左对齐制表位位置，输入学校名称(即“广东金融学院”)，按 Tab 键使插入点移动到右对齐制表位位置，输入论文标题(即“我国商业银行 **** 业务发展问题及对策”)。

选中页眉段落，设置字符格式为黑体、小五号、加粗，完成后退出页眉页脚的编辑状态。

③ 设置页码格式。在功能区中单击“插入”选项卡的“页眉和页脚”组中的“页码”按钮，然后选择“设置页码格式”命令，弹出如图 8.13 所示的“页码格式”对话框，设置“编号格式”为“1,2,3,…”。

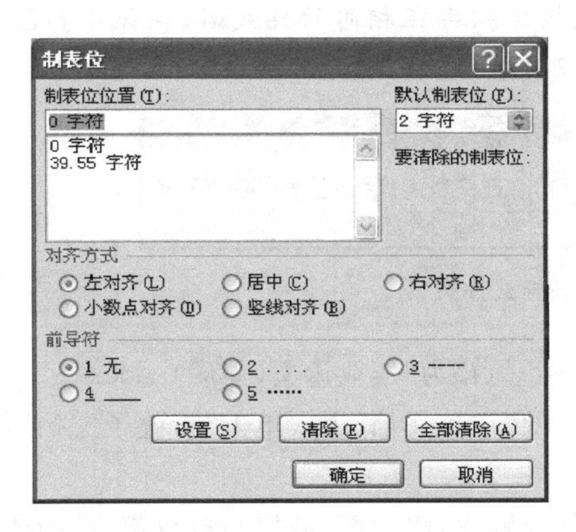

图 8.12 在页眉处设置制表位

图 8.13 设置页码格式

④ 添加页码。在功能区中单击“插入”选项卡的“页眉和页脚”组中的“页码”按钮，然后选择“页面底端”→“普通数字 2”命令即可在页面底端的居中位置插入页码。接下来在页码前后都添加“-”符号，完成后退出页眉页脚编辑状态。

说明：由于自动目录中的页码也使用该页码格式，因此这里不直接使用“-1-,-2-,-3-,…”这种编号格式。

(7) 完善论文的结构。在(1)中我们已经知道一篇完整的论文包括封面、诚信声明、授权声明、内容摘要与关键词、目录、正文、注释(可选)、参考文献、致谢(可选)、附录(可选)等部分,下面添加缺少的部分。

① 进入大纲视图后,为便于操作子文档,可使附录部分展开而使其他部分全部折叠,并将光标置于最后一个空白段落的段首位置,如图8.14所示。

② 插入子文档。在功能区的"大纲"选项卡的"主控文档"组中单击"显示文档"按钮,进入主控视图,见图8.14。在"主控文档"组中单击"插入"按钮,弹出"插入子文档"对话框,如图8.15所示。从中选择要插入的子文档,例如"封一和封二.docx",然后单击"打开"按钮,即可将选定的文档插入到当前文档,并使当前文档成为主控文档,插入的子文档放在一个虚线框内。

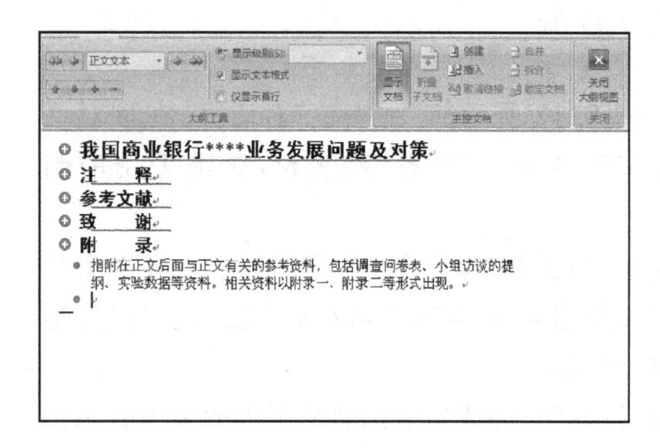

图8.14　准备插入子文档

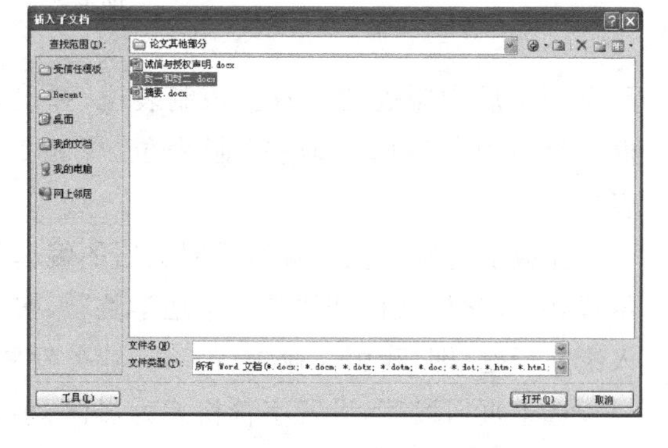

图8.15　"插入子文档"对话框

③ 按照同样的方法继续插入子文档"诚信和授权声明.docx"和"摘要.docx"。

说明:在插入子文档时,如果子文档与主控文档存在相同的样式名,会弹出如图8.16所示的对话框提示用户处理这种冲突,用户只要单击"全是"按钮即可。

图8.16　处理样式冲突

④ 保存主控文档。将当前文档(即主控文档)另存为"毕业论文(集成).docx"。

⑤ 折叠子文档。在功能区的"大纲"选项卡的"主控文档"组中单击"折叠子文档"按钮,使插入的子文档以超链接方式出现。

⑥ 调整子文档的顺序。根据毕业论文的构成顺序,将封面、诚信与授权声明、摘要调整到正文前面。方法是单击子文档左上角的文档图标选定整个子文档,然后将选定的子文档拖动到新的位置。在拖动过程中屏幕上会出现一条灰色的横线,这条横线所处的位置就是子文档拖动后的位置,待这条横线到达正确位置后松开鼠标即可。

⑦ 将子文档转换为主控文档的一部分。方法是在"主控文档"组中单击"展开子文档"按钮展开全部子文档,然后将插入点光标置于要转换的子文档中,再单击"取消链接"按钮即可将子文档转换为主控文档的一部分。按同样的方法完成其他两个子文档的转换。

至此,除“目录”部分外,整个论文的基本结构已经完整,下面对集成后的论文进行检查和完善工作。

(8) 检查、修改和完善各页面及其内容的格式设置。

① 切换到页面视图,浏览各页面的排版效果,检查和调整各页面的排版设置,如果发生错乱,按前面的方法重新进行设置。其中,摘要页尚未进行格式设置,按照下面的操作进行处理。

② 完成摘要页的格式设置。对摘要页按表 8.2 进行处理。

表 8.2　摘要页的排版要求

序号	内容	格式及其他要求
1	中文摘要标题	黑体、三号、加粗,居中,大纲 1 级,段后 0.5 行、段前 0 行;“标”与“题”之间隔两个空格
2	中文摘要正文	宋体、四号,左对齐,首行缩进两个字符,1.5 倍行距;字数在 300 个字左右
3	“关键字:”文本	黑体、四号、加粗,左对齐,无缩进;关键词与摘要正文之间空一行
4	中文关键字内容	宋体、四号;关键词要求 3～5 个;关键词之间用“;”分隔,并留一个空格,末尾无符号;标点符号为全角
5	英文摘要标题,即“Abstract”	Times New Roman、三号、加粗,居中,段后 0.5 行,段前 0 行
6	英文摘要正文	Times New Roman、四号,左对齐,大纲 1 级,首行缩进两个字符,行距为固定值 20 磅;英文摘要在 300 个单词左右
7	“Key Words:”文本	Times New Roman、四号、加粗,左对齐,无缩进;与英文摘要之间空一行
8	英文关键字内容	Times New Roman、四号;关键词要求 3～5 个,与中文关键词相对应;关键词之间用“;”分隔,并留一个空格,末尾无符号;标点符号为全角

③ 将中文摘要与英文摘要进行分页处理。方法是将插入点置于文本“Abstract”的最前面,在功能区中单击“插入”选项卡的“页”组中的“分页”按钮,或单击“页面布局”选项卡的“页面设置”组中的“分隔符”按钮,选择“分页符”命令,使英文摘要部分另起一页。

④ 检查论文各部分之间是否设置了分节符。方法是切换到普通视图查看文档,可在文档窗口看到各部分的分节符号,即“分节符(下一页)”。如果没有分节符,需要手工添加上去,方法是将插入点置于分隔位置,在功能区中单击“页面布局”选项卡的“页面设置”组中的“分隔符”按钮,然后选择“下一页”命令。

说明: 由于封面、诚信与授权声明部分不需要页码,摘要部分与正文及之后的部分的页码格式也不一样,因此需要将各部分设置成不同的节后才能设置不同的页眉、页脚等页面格式。

⑤ 添加摘要页(包括中、英文摘要)的页码。首先通过“页码格式”对话框设置“编号格式”为“Ⅰ,Ⅱ,Ⅲ…”、“起始页码”为“I”,然后在页面底端居中位置插入页码。具体操作可参考前面。

⑥ 删除“诚信与授权声明”页的页码。由于该页存在页眉、页脚,所以上一步操作也会给该页添加页码“I”,且不能直接删除页码或删除页脚,而需要进入页眉页脚编辑状态,并转到中文摘要页的页脚位置,此时可以看到有“与上一节相同”的字样存在,在功能区

中单击“页眉和页脚工具/设计”选项卡的“导航”组中的“链接到前一条页眉”按钮,则“与上一节相同”字样消失。在功能区中单击“页眉和页脚工具/设计”选项卡的“导航”组中的“上一节”按钮,将插入点转到“诚信与授权声明”页的页脚位置后,在功能区中单击“页眉和页脚工具/设计”选项卡的“页眉和页脚”组中的“页脚”按钮,然后选择“删除页脚”命令即可删掉该页的页码。

(9) 创建目录并设置目录格式。

① 将插入点置于论文标题前面,在功能区中单击“引用”选项卡的“目录”组中的“目录”按钮,选择“插入目录”命令弹出“目录”对话框,在该对话框不做任何设置,直接单击“确定”按钮即可在论文标题之前插入目录,如图8.17所示。

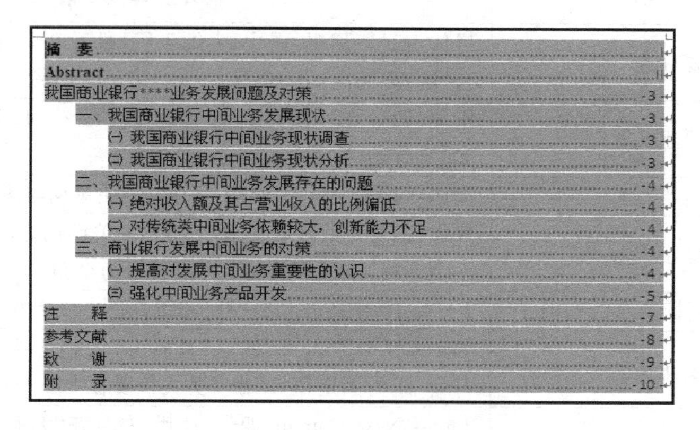

摘 要........I
Abstract........II
我国商业银行****业务发展问题及对策........3
一、我国商业银行中间业务发展现状........3
(一) 我国商业银行中间业务现状调查........3
(二) 我国商业银行中间业务现状分析........3
二、我国商业银行中间业务发展存在的问题........4
(一) 绝对收入额及其占营业收入的比例偏低........4
(二) 对传统类中间业务依赖较大,创新能力不足........4
三、商业银行发展中间业务的对策........4
(一) 提高对发展中间业务重要性的认识........4
(三) 强化中间业务产品开发........5
注 释........7
参考文献........8
致 谢........9
附 录........10

图8.17 插入目录

② 将目录与正文分页。按前面的方法在目录与标题之间插入一个分节符(下一页),并注意观察目录中的页码是否符合实际情况。

说明:单击“插入”选项卡的“页”组中的“分页”按钮虽然能分页,但不能删除目录页的页码。

③ 按前面的方法删除目录页的页码。

④ 调整正文及之后部分的页码格式,使正文页的起始页码为“1”。

⑤ 添加目录标题并设置目录的格式。在目录前面输入“目录”段落,然后按表8.3要求设置目录的格式,设置方法共有两种。

表8.3 目录格式要求

序号	内 容	格 式
1	标题“目录”	宋体、三号,加粗,居中,段后0.5行;“目”和“录”之间隔适当空格字符
2	目录中的一级标题	黑体、四号、加粗,左对齐,行距为固定值25磅
3	目录中的二级标题	宋体、四号,左对齐,行距为固定值25磅
4	目录中的三级标题	宋体、四号,左对齐,首行缩进0.5字符,行距为固定值25磅
5	页码及分隔符	宋体、四号

方法1:在“目录”对话框中设置各级目录的格式。方法是将插入点置于目录区,按前面新建目录的方法打开“目录”对话框,在该对话框中单击“修改”按钮,弹出“样式”对话框。然

后在“样式”对话框的“样式”列表中选择“目录 1”，单击“修改”按钮弹出“修改样式”对话框（参见图 8.3），通过“修改样式”对话框即可设置各级目录的格式。设置完毕后，在“目录”对话框中单击“确定”按钮会弹出一个对话框提示用户是否替换原目录，单击“确定”按钮即可用新目录替换旧目录。

方法 2：直接对目录按普通文本进行格式化操作。

⑥ 更新目录中的页码。在功能区中单击“引用”选项卡的“目录”组中的“更新目录”按钮或按 F9 键弹出“更新目录”对话框，在该对话框中选择“只更新页码”单选按钮。

（10）审阅论文并提出修改意见。几个同学组成一组，审阅其中一位同学的论文，如有修改意见也可指出。

① 修订。单击“审阅”选项卡，在“修订”组中单击“修订”按钮，然后在弹出的下拉菜单中选择“修订”命令。此时在文档中输入文字或删除文字都会自动添加修订标记（如增加的文字以不同的颜色显示并加下划线，删除的文字在改变颜色的同时增加删除线，修订者删除自己添加的文字没有任何修订标记）。第一位同学修订完毕后，将文档传送给同组的下一位同学继续修订。

② 合并修订。在“审阅”选项卡的“比较”组中单击“比较”按钮，从下拉菜单中选择“合并”命令，在随即弹出的“合并文档”对话框中选择原始文档和其他审阅者修改的文档，然后单击“确定”按钮即可开始合并修订。

③ 审阅。组长收到修改后的文档或合并的文档后，使用审阅功能查看修改并决定是否接受所做的修改。在默认情况下，Word 将显示所有审阅者的修订标记，不同审阅者的修订通过不同的颜色显示。将鼠标指针移到修订标记处时会显示一个浮动窗口，浮动窗口中会显示出审阅者、修订时间、修订内容等修订信息（如果没有显示，用户可以在“修订”组中单击“显示标记”按钮，在下拉菜单中指向“审阅者”并从其二级菜单中选择要显示的审阅者）。

④ 提出修改意见。如果不想直接在原文上修改，而只是给作者提出修改意见，可使用插入批注的方法。具体操作是选定要添加批注的文字或者单击文字的末尾，在功能区中单击“审阅”选项卡的“批注”组中的“新建批注”按钮，然后在批注窗口中输入修改意见，如图 8.18 所示。

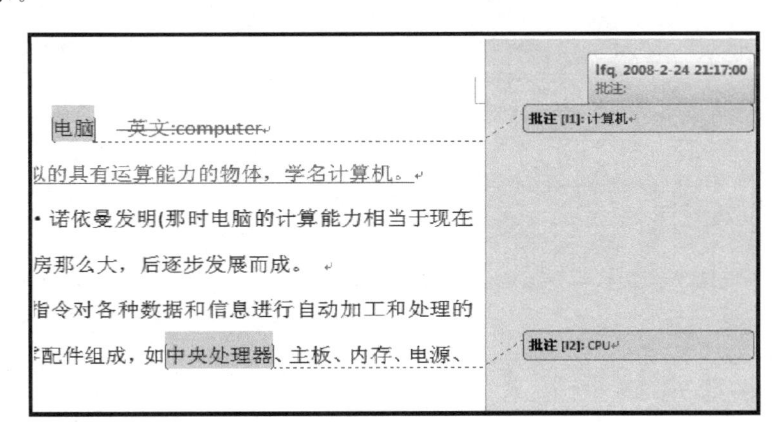

图 8.18 插入批注

⑤ 查看批注内容。批注有 3 种显示方式，一是默认在屏幕右侧的标记区中显示(见图 8.18)；二是把批注嵌入正文，此时，批注的文字添加底色，并用括号括起来，在右下角添加批注审阅者缩写和批注编号，当把鼠标指针指向批注时，会以浮动窗口显示批注，如图 8.19 所示；三是单击“审阅”选项卡的“修订”组中的“审阅窗格”按钮打开审阅窗格查看。

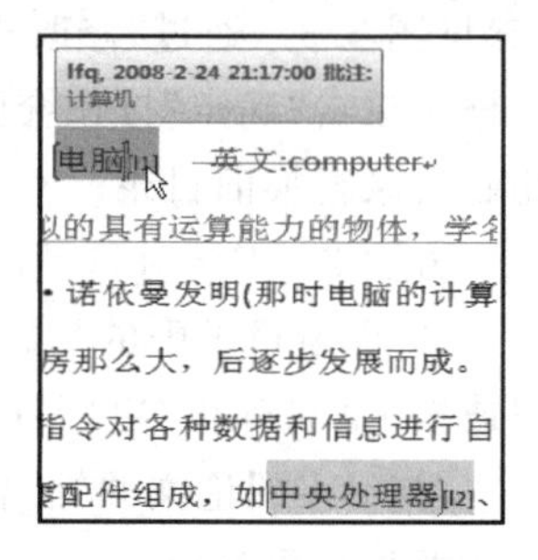

图 8.19　把批注嵌入正文

⑥ 修改或删除批注。用户可以直接在标记区或者在审阅窗格中修改批注内容，在批注的右键快捷菜单中可以选择“删除批注”命令删除批注。

说明：在“审阅”选项卡的“批注”组中单击“删除”按钮，如果在下拉菜单中选择“删除”命令可删除当前批注；选择“删除所有显示的批注”命令可删除当前所有显示出来的批注；选择“删除文档中的所有批注”命令则不论该批注是否显示，都会删除该文档中所有的批注。

8.4　实验报告要求

根据前面的操作撰写实验报告，要求包含以下内容：

(1) 一篇完整的论文包括哪些部分？哪些是需要用户排版的？哪些是制定好不能修改的？

(2) 自定义样式的操作及使用样式的好处。

(3) 使用题注和交叉引用的好处。

(4) 论文结构性调整应该怎样进行？

(5) 分节的作用。

(6) 如何制作实用的论文目录？

(7) 长文档的排版技巧。

(8) 如何审阅文档或提出修改意见？

实验 9　电子表格的基本操作

9.1 实 验 目 的

学习 Excel 电子表格的制作过程、基本制作方法和编辑修饰表格的操作方法。

9.2 实 验 内 容

以图 9.3 为结果样式掌握 Excel 电子表格的制作过程、制作和编辑的基本方法以及格式化表格的操作方法。

9.3 实 验 步 骤

完成图 9.1 所示的 Excel 工作表的编辑和格式化。

创建并输入图 9.1 所示的表格内容。参考操作步骤如下：

步骤 1：在 A1 单元格中输入"一季度个人财政预算"，在 A3 单元格中输入"(食品开销除外)"，在 C5 单元格中输入"每月净收入"，在 E5 单元格中输入"1475"。

步骤 2：在 C7 单元格中输入"一月"，然后选定 C7:E7 单元格区域，在"开始"选项卡的"编辑"组中单击"填充"按钮，并在下拉列表中选择"系列"命令，在弹出的"序列"对话框中选择"自动填充"，然后单击"确定"按钮，将字符串"二月"和"三月"分别添加到单元格 D7 和 E7 中。

步骤 3：在 F7 单元格中输入"季度总和"，在 B8：B14 单元格区域分别输入如图 9.1 所示的文字，在 B16 单元格中输入"每月支出"，在 B18 单元格中输入"节余"，在 C8：E14 单元格区域分别输入如图 9.1 所示的数据。

步骤 4：在"插入"选项卡的"插图"组中单击"形状"按钮，在"形状"列表中选择"线条"中的箭头，在 D5 单元格中绘制带箭头的指示线，并在功能区的"绘图工具/格式"选项卡的"形状样式"组中对箭头的形状进行修饰。

步骤 5：右击 Sheet1 工作表标签，在弹出的快捷菜单中选择"重命名"命令，将 Sheet1 工作表更名为"个人收支情况表"。

步骤 6：右击 Sheet2 工作表标签，在弹出的快捷菜单中选择"删除"命令删除 Sheet2 工作表，然后用同样的操作删除 Sheet3 工作表。

步骤 7：利用鼠标和 Ctrl 键选取工作表中的所有文字数据，并设置字体为幼圆、字号为 12。

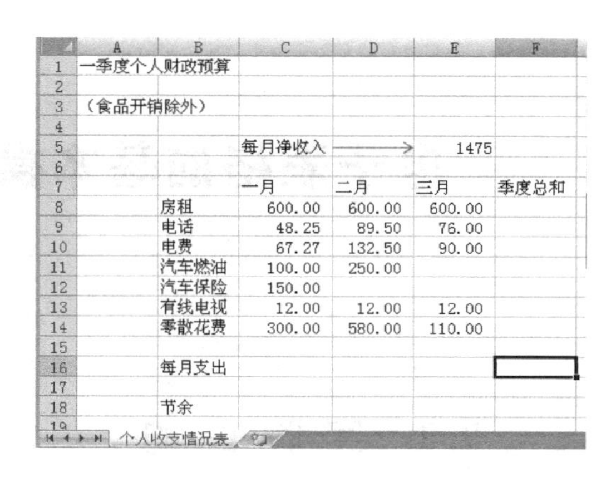

	A	B	C	D	E	F
1	一季度个人财政预算					
2						
3	(食品开销除外)					
4						
5			每月净收入 →		1475	
6						
7			一月	二月	三月	季度总和
8		房租	600.00	600.00	600.00	
9		电话	48.25	89.50	76.00	
10		电费	67.27	132.50	90.00	
11		汽车燃油	100.00	250.00		
12		汽车保险	150.00			
13		有线电视	12.00	12.00	12.00	
14		零散花费	300.00	580.00	110.00	
15						
16		每月支出				
17						
18		节余				

个人收支情况表

图9.1　实验9的样例

步骤8：利用“开始”选项卡的“字体”组和“对齐方式”组中的各种命令，将表格的列标题单元格区域C7:F7设置为倾斜，左对齐方式，将表格的行标题单元格区域B8:B18的字体加粗，并设置为“蓝色”。

步骤9：选定表格区域的所有数值型数据，并利用“开始”选项卡的“数字”组中的“增加小数位数”按钮保留两位小数。

步骤10：单击E5单元格，在“开始”选项卡的“数字”组中单击“会计数字格式”按钮，然后在“开始”选项卡的“字体”组中单击“边框”按钮旁边的下拉按钮，在下拉列表中选择“粗匣框线”选项，设置E5单元格的边框。

步骤11：选择A1:F2单元格区域，在“开始”选项卡的“对齐方式”组中单击“合并后居中”按钮的下拉按钮，从弹出的下拉列表中选择“合并后居中”命令，将标题“一季度个人财政预算”跨列居中，并将标题字号加粗，设置字号大小为26。

步骤12：选择A3:F3单元格区域，在“开始”选项卡的“对齐方式”组中单击“合并后居中”按钮的下拉按钮，从弹出的下拉列表中选择“合并后居中”命令，将副标题“(食品开销除外)”跨列居中，并将字体加粗。

步骤13：选择A1:F3单元格区域，在“开始”选项卡的“字体”组中单击“边框”右侧的下拉按钮，从弹出的下拉列表中选择“其他边框”命令，在弹出的“设置单元格格式”对话框中单击“边框”选项卡，选择最粗的线条样式，并在“预置”中单击“外边框”按钮为标题添加边框。

步骤14：选择A3:F3单元格区域，在“开始”选项卡的“字体”组中单击“对话框启动器”按钮，在弹出的“设置单元格格式”对话框中单击“填充”选项卡，然后设置“背景色”为“浅绿色”、“图案颜色”为“红色”、“图案样式”为“6.25%灰色”，完成副标题的填充。

步骤15：选择C16:F16单元格区域，在“开始”选项卡的“字体”组中单击“边框”右侧的“其他边框”下拉按钮，在下拉列表中选择“双底框线”命令设置该区域的边框样式。

步骤16：选择C18:F18单元格区域，在“开始”选项卡的“字体”组中单击“边框”右侧的“其他边框”下拉按钮，在下拉列表中选择“粗底框线”命令设置该区域的边框样式。

步骤17：选择F8:F14单元格区域，在“开始”选项卡的“样式”组中单击“条件格式”按钮，在下拉列表中选择“突出显示单元格规则”中的“大于…”选项，在弹出的“大于”对话框中输入或选择如图 9.2 所示的内容,最后单击“确定”按钮,实验 9 的结果如图 9.3 所示。

步骤 18:以“学号.xlsx”为文件名存盘。

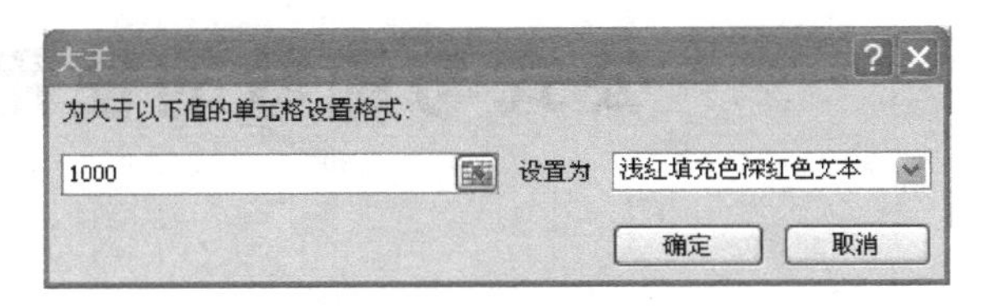

图 9.2 “大于”对话框

	A	B	C	D	E	F
1	一季度个人财政预算					
2						
3	(食品开销除外)					
4						
5			每月净收入		1475	
6						
7			一月	二月	三月	季度总和
8		房租	600.00	600.00	600.00	
9		电话	48.25	89.50	76.00	
10		电费	67.27	132.50	90.00	
11		汽车燃油	100.00	250.00		
12		汽车保险	150.00			
13		有线电视	12.00	12.00	12.00	
14		零散花费	300.00	580.00	110.00	
15						
16		每月支出				
17						
18		节余				

个人收支情况表

图 9.3 实验 9 的最后结果

9.4 实验报告要求

(1) 按实验 9 的实验步骤完成“学号.xlsx”工作簿中“个人收支情况表”工作表的制作、编辑与格式化,并提交“学号.xlsx”工作簿。

(2) 记录实验过程中出现的问题并进行总结。

实验 10　公式与函数的使用

10.1　实验目的

学习利用 Excel 提供的函数创建复杂的公式以及公式的复制方法。

10.2　实验内容

(1) 以图 10.1 为结果样式掌握常用 Excel 函数的使用。

(2) 以图 10.2 为结果样式掌握公式的使用方法和公式的复制方法。

(3) 以图 10.3 为结果样式掌握地址引用的使用。

10.3　实验步骤

1. 利用 Excel 公式与函数进行计算和公式的复制

计算图 9.3 所示工作表各项支出的季度总和、每月支出总和与每月节余等情况，最终结果如图 10.1 所示。参考操作步骤如下：

步骤 1：打开样例文件“学号.xlsx”，如图 9.1 所示。

步骤 2：单击 F8 单元格，在“公式”选项卡的“函数库”组中单击“自动求和” Σ 自动求和 · 按钮，在 F8 单元格中会自动出现函数“=SUM(C8:E8)”，确定源数据单元格区域正确后，按

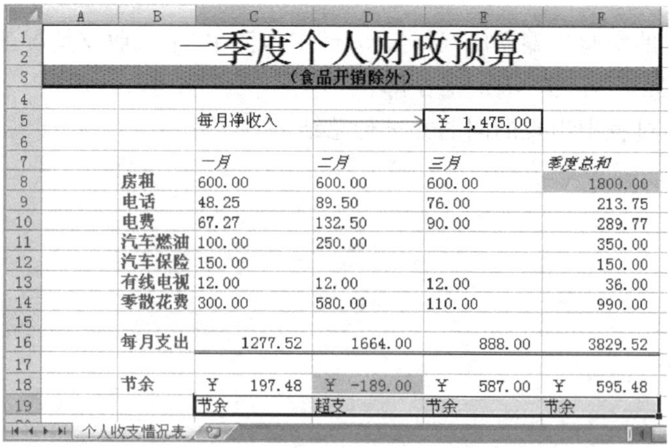

	A	B	C	D	E	F
1	一季度个人财政预算					
2						
3	(食品开销除外)					
4						
5			每月净收入	→	￥ 1,475.00	
6						
7			一月	二月	三月	季度总和
8		房租	600.00	600.00	600.00	1800.00
9		电话	48.25	89.50	76.00	213.75
10		电费	67.27	132.50	90.00	289.77
11		汽车燃油	100.00	250.00		350.00
12		汽车保险	150.00			150.00
13		有线电视	12.00	12.00	12.00	36.00
14		零散花费	300.00	580.00	110.00	990.00
15						
16		每月支出	1277.52	1664.00	888.00	3829.52
17						
18		节余	￥ 197.48	￥ -189.00	￥ 587.00	￥ 595.48
19			节余	超支	节余	节余

个人收支情况表

图 10.1　实验 10.1 的结果样例

Enter 键则“房租”季度总和 1800.00 就显示在 F8 单元格中。拖动 F8 单元格的填充柄到 F14 单元格，完成“电话”等其他项目的季度总和计算。

步骤 3：单击 C16 单元格，在“公式”选项卡的“函数库”组中单击“插入函数”按钮 ，在弹出的“插入函数”对话框中选择“数学与三角函数”函数类别，然后在“选择函数”列表中查找到 SUM 函数，单击“确定”按钮，在弹出的“函数参数”对话框的 Number1 文本框中输入“C8:C14”，也可以使用对话框折叠/展开按钮 用鼠标拖动的方法选定 C8:C14 单元格区域，单击“确定”按钮则计算出一月份的“每月支出”。拖动 C16 单元格的填充柄到 F16 单元格则完成“二月”、“三月”和“季度总和”支出的计算。

步骤 4：单击 C18 单元格，在编辑栏中输入公式“=$E$5-C16”，按 Enter 键计算出“一月”的“节余”。拖动 C18 单元格的填充柄到 E18 单元格，分别计算出“二月”和“三月”的“节余”，单击 F18 单元格，输入公式“=$E$5*3-F16”，计算“季度总和”的“节余”为￥595.48；也可以单击 F18 单元格，在“公式”选项卡的“函数库”组中单击“自动求和” 按钮，在 F18 单元格中会自动出现函数“=SUM(C18:E18)”，按 Enter 键也可求出“季度总和”的“节余”。

步骤 5：选择 C18：F18 单元格区域，在“开始”选项卡的“样式”组中单击“条件格式”按钮 ，在弹出的下拉列表中选择“突出显示单元格规则”选项，再从其二级列表中选择“小于”命令，则弹出“小于”对话框，在该对话框的“为小于以下值的单元格设置格式”文本框中输入“0”，在“设置为”后面的文本框中选择“浅红填充色深红色文本”格式，将支出为负数的月份突出显示。

步骤 6：单击 C19 单元格，输入公式“=IF(C18>0,"节余","超支")”后按 Enter 键，在 C19 单元格中会显示“节余”，拖动 C19 单元格的填充柄到 F19 单元格，则显示各月及季度的节余和超支情况。

2. 混合引用的使用

利用混合引用建立“九九乘法表”。参考操作步骤如下：

步骤 1：打开“学号.xlsx”工作簿，在“开始”选项卡的“单元格”组中单击“插入”按钮旁边的下拉箭头，在下拉列表中选择“插入工作表”命令，则在“图表”工作表前插入一个空白工作表，默认名为“Sheet4”(说明：根据原操作情形 Sheet 后面的数字会有所不同)。

步骤 2：双击 Sheet4 工作表标签名，重命名 Sheet4 工作表名为“九九乘法表”。

步骤 3：在 A1 单元格中输入“九九乘法表”，然后选择 A1：J1 单元格，在“开始”选项卡的“对齐方式”组中单击“合并后居中”按钮 ，将“九九乘法表”跨列居中，将字体设置为黑体、24 号字。

步骤 4：在 A3 单元格和 A4 单元格中分别输入“1”和“2”，然后选择 A3：A4 单元格区域，拖动填充柄至 A11 单元格，将 3～9 的数字添加到单元格 A5：A11 单元格区域中。

步骤 5：在 B2 单元格中输入“1”，然后选择 B2 单元格，按住 Ctrl 键拖动填充柄至 J2 单元格，同样将 2～9 的数字添加到单元格 C2：J2 单元格区域中。

步骤 6：在 B3 单元格中输入公式“=$A3*B$2”，按 Enter 键在 B3 单元格中显示数值 1，然后拖动填充柄至 J3 单元格(或 B11 单元格)。

步骤 7：此时 B3:J3(B3:B11)单元格区域处于选中状态，然后继续拖动 J3(B11)单元格的填充柄至J11单元格,则B3:J11单元格被填充。

用混合引用方法可以快速地建立“乘法九九表”,最终结果如图10.2所示。

	A	B	C	D	E	F	G	H	I	J
1	九九乘法表									
2		1	2	3	4	5	6	7	8	9
3	1	1	2	3	4	5	6	7	8	9
4	2	2	4	6	8	10	12	14	16	18
5	3	3	6	9	12	15	18	21	24	27
6	4	4	8	12	16	20	24	28	32	36
7	5	5	10	15	20	25	30	35	40	45
8	6	6	12	18	24	30	36	42	48	54
9	7	7	14	21	28	35	42	49	56	63
10	8	8	16	24	32	40	48	56	64	72
11	9	9	18	27	36	45	54	63	72	81

个人收支情况表 九九乘法表

图10.2 “九九乘法表”结果样例

3. 利用IF函数完成某药品公司的员工年终奖金分配方案

对图10.3中的某药品公司的全年销售总额和奖金进行计算。J5:K9单元格区域存放有关奖金分配的方案(选定J7:K9单元格区域,在“开始”选项卡的“数字”组中单击“常规”右侧的下拉按钮,在弹出的下拉列表中选择“货币”选项),根据员工全年的销售总额分为三档,即未完成基本任务80(万元)者得不到奖励;销售总额在80~120(万元)者可以拿到两万元的奖励;销售总额超出120(万元)者则奖励8万元。参考操作步骤如下:

步骤1:打开“学号.xlsx”工作簿,单击“插入工作表”按钮,则在“九九乘法表”工作表后插入一个空白工作表,将空白工作表更名为“IF函数”工作表。

步骤2:在工作表中输入图10.3中灰色底纹部分的数据,并按图示样式格式化已有的数据。

步骤3:单击G6单元格,在“公式”选项卡的“函数库”组中单击“自动求和”按钮Σ自动求和,在G6单元格中会自动显示“=SUM(C6:F6)”,确定源数据单元格区域正确后,按Enter键则“王一民”的全年销售额130就显示在G6单元格中。拖动G6单元格的填充柄到G10单元格,计算出其他员工的全年销售额,如图10.3中的G列所示。

步骤4:单击H6单元格,在H6单元格中输入公式“=IF(G6>=$J$9,$K$9,IF(G6>=$J$8,$K$8,$K$7))”,然后拖动H6单元格的填充柄到H10单元格,计算出其他员工的奖金分配情况,如图10.3中的H列所示(注意单元格的绝对引用和相对引用的巧妙利用)。

步骤5:保存工作簿并退出。

H6 =IF(G6>=$J$9,$K$9,IF(G6>=$J$8,$K$8,$K$7))

	A	B	C	D	E	F	G	H	I	J	K
1		某药品公司员工年终奖金分配方案									
2											
3						单位:万元					
4											
5		姓名	一季度	二季度	三季度	四季度	全年	奖金		奖金发放方案	
6		王一民	28	30	23	49	130	8		销售总额(万元)	奖金(万元)
7		韩巧丽	20	12	20	40	92	2		¥0.00	¥0.00
8		王金	15	22	25	35	97	2		¥80.00	¥2.00
9		冯小明	8	10	21	31	70	0		¥120.00	¥8.00
10		张晨	15	20	9	28	72	0			

图10.3 IF函数

10.4　实验报告要求

（1）按实验10的步骤完成“学号.xlsx”工作簿的“个人收支情况表”工作表中的各项支出的季度总和、每月支出总和与每月节余等计算，完成“九九乘法表”工作表和“IF函数”工作表的制作，并提交“学号.xlsx”工作簿。

（2）记录实验过程中出现的问题，并总结地址引用和IF函数的使用。

实验 11 学生成绩表的处理与图表的制作

11.1 实 验 目 的

这里通过一个综合实例来学习在实际问题中灵活地运用公式与函数以及图表的创建、编辑、修饰等操作。

11.2 实 验 内 容

(1) 以图 11.1～图 11.4 为结果样式进一步学习公式与函数。

(2) 以图 11.5 为结果样式掌握 Excel 图表的创建、编辑和修饰。

11.3 实 验 步 骤

1. 建立成绩表

打开“学号.xlsx”工作簿,单击“插入工作表”按钮,则在“IF 函数”工作表后插入一个空白工作表,重命名空白工作表为“图表”工作表。选定“图表”工作表,在“图表”工作表前利用快捷菜单插入“本学期成绩表”和“科目统计分析”工作表,并将图 11.1 和图 11.2 所示的灰色底纹部分的数据输入到这两个工作表中。

2. 成绩表统计

成绩表统计是指统计每个学生的课程总分和平均分。参考步骤如下:

步骤 1:选定“本学期成绩表”工作表的 I2 单元格,利用 SUM 函数计算郭小源的总分。

步骤 2:利用自动填充功能,将 I2 单元格的计算公式复制填充至 I14 单元格,结果如图 11.1 中的 I 列。

步骤 3:选定 J2 单元格,利用 AVERAGE 函数计算郭小源的平均分。

步骤 4:利用自动填充功能,将 J2 单元格的计算公式复制填充至 J14 单元格,结果如图 11.1 中的 J 列。

3. 成绩表分析

成绩表分析是指对学生成绩情况的分析以及对各个科目的统计分析两个方面的工作,其中对学生成绩情况的分析又包括学生成绩的综合评定(大于等于 80 分为“优秀”,70～79 分为“良好”,60～69 为“及格”,小于 60 分为“不及格”)、每个学生优秀科目的选出以及学生成绩的排名,而对各个科目的统计分析则包括计算各门课程的平均分、最高分和及格率。参考操作步骤如下:

	A	B	C	D	E	F	G	H	I	J	K	L	M
1	学号	姓名	性别	大学英语	高等数学	大学物理	数据库原理	电路原理	总分	平均分	综合评	优秀门数	名次
2	01081101	郭小源	男	80	94	85	62	86	407	81.4	优秀	4	6
3	01081102	叶大磊	男	76	88	64	72	70	370	74	良好	1	9
4	01081103	曹华	男	78	90	66	60	74	368	73.6	良好	1	10
5	01081104	蒋玉	女	61	98	92	83	90	424	84.8	优秀	4	3
6	01081105	韩峰	男	79	92	88	72	81	412	82.4	优秀	3	5
7	01081106	刘明	男	82	86	90	80	80	418	83.6	优秀	5	4
8	01081107	元洁	女	84	89	86	78	88	425	85	优秀	4	2
9	01081108	孙平	女	62	83	62	60	60	327	65.4	及格	1	13
10	01081109	赵苗条	女	68	82	67	88	74	379	75.8	良好	2	8
11	01081110	王美丽	女	88	84	100	80	80	432	86.4	优秀	5	1
12	01081111	孙波	男	60	82	50	60	86	338	67.6	及格	2	12
13	01081112	武松	男	60	80	82	66	72	360	72	良好	2	11
14	01081113	余理	男	54	96	80	82	76	388	77.6	良好	3	7

图 11.1　本学期成绩表

步骤 1：选定"本学期成绩表"工作表的 K2 单元格，输入公式"=IF(J2>=60,IF(J2>=70,IF(J2>=80,"优秀","良好"),"及格"),"不及格")"，输入完公式后按 Enter 键则郭小源的综合评定就显示在 K2 单元格中。

步骤 2：拖动 K2 单元格的填充柄至 K14 单元格，完成综合评定，结果如图 11.1 中的 K 列。

步骤 3：选定 L2 单元格，输入公式"=COUNTIF(D2：H2,">=80")"并填充至 L14 单元格，结果如图 11.1 中的 L 列。

步骤 4：在 M2 单元格输入公式"=RANK(I2,$I$2：$I$14,0)"并填充至 M14 单元格得到个人的名次，结果如图 11.1 中的 M 列。

说明：①对名次的排序是按照"总分"列进行的，"=RANK(I2,$I$2：$I$14,0)"中的最后一个参数 0 表示按降序排序，若该参数为其他数字则表示按升序排序；②RANK()函数的第二个参数必须使用绝对引用。

步骤 5：选择 M 列的任一单元格，在"开始"选项卡的"编辑"组中单击"排序和筛选"按钮，在下拉列表中选择"升序"命令，即可得到按名次排序的学生成绩情况的统计分析。

步骤 6：在如图 11.2 所示的"科目统计分析表"的 B2 单元格中输入公式"=AVERAGE(本学期成绩表！D2：D14)"，按 Enter 键并拖动 B2 单元格的填充柄至 F2 单元格，即可得到各个科目的平均分，如图 11.2 中的 B2：F2 单元格区域所示。

步骤 7：在如图 11.2 所示的"科目统计分析"表的 B3 单元格中输入公式"=MAX(本学期成绩表！D2：D14)"，按 Enter 键并拖动 B3 单元格的填充柄至 F3 单元格中，即可得到各个科目的最高分，如图 11.2 中的 B3：F3 单元格区域所示。

步骤 8：在如图 11.2 所示的"科目统计分析表"的 B4 单元格中输入公式"=COUNTIF((本学期成绩表！D2：D14),">=60")/COUNT(本学期成绩表！D2：D14)"，按 Enter 键并拖动 B4 单元格的填充柄至 F4 单元格，即可得到各个科目的及格率。

步骤 9：若各科目及格率显示的不是百分比，则可选定 B4：F4 单元格区域，在"开始"选项卡的"数字"组中单击右下角的"对话框启动器"按钮，弹出"设置单元格格式"对话框，在该对话框中选择"数字"选项卡中的"百分比"选项，然后单击"确定"按钮，结果如图 11.2 中的 B4：F4 单元格区域所示。

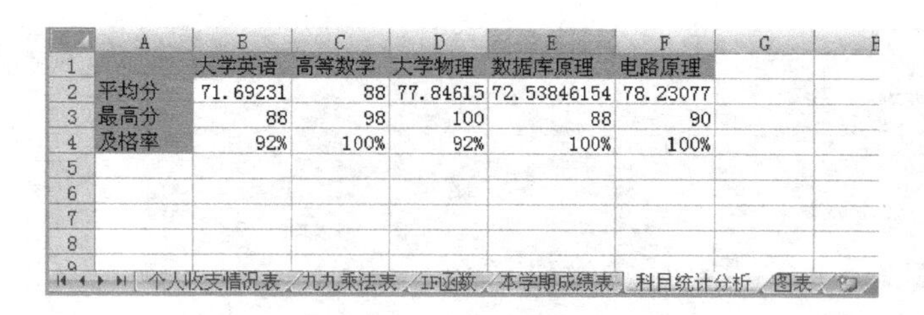

	A	B	C	D	E	F
1		大学英语	高等数学	大学物理	数据库原理	电路原理
2	平均分	71.69231	88	77.84615	72.53846154	78.23077
3	最高分	88	98	100	88	90
4	及格率	92%	100%	92%	100%	100%

图 11.2 科目统计分析

4. 个人成绩查询

对个人成绩进行查询可以采用多种方法，这里使用 VLOOKUP 函数。其参考步骤如下：

步骤 1：在“科目统计分析”工作表之后插入如图 11.3 所示的“成绩查询表”，并将图 11.1 中“本学期成绩表”的第一行和 A 列数据复制到“成绩查询表”的相应单元格中。

步骤 2：查询个人成绩中某一科的成绩。例如查询学号为“01081101”的学生的“大学物理”成绩，则可在 F2 单元格中输入公式“=VLOOKUP($A$2,本学期成绩表! $A$2:$M$14,6,0),”按 Enter 键，即可得到学号为“01081101”的学生的大学物理成绩，使用 VLOOKUP 函数完成其他学生信息的查询操作(注意，若要使用填充柄向下拖动，则 $A$2 要改为混合引用或相对引用)。

F2 =VLOOKUP($A$2,本学期成绩表!$A$2:$M$14,6,0)

学号.xlsx

	A	B	C	D	E	F	G	H	I	
1	学号	姓名	性别	大学英语	高等数学	大学物理	数据库原理	电路原理	总分	平均
2	01081101					85				
3	01081102									
4	01081103									
5	01081104									
6	01081105									
7	01081106									
8	01081107									
9	01081108									

图 11.3 成绩查询表

说明：VLOOKUP 函数用于在电子表格中查找需要的信息，其语法格式为“VLOOKUP(lookup_value,table_array,col_index_num ,range_lookup)”。其中，第 1 个参数是要检索的内容或指定的单元格；第 2 个参数是要检索的范围；第 3 个参数是检索到内容时返回检索表的第几列中的内容；第 4 个参数为真时表示查询的表已经排序，为假时代表查询的表没有排序。

5. 个人成绩条的制作

个人成绩条的制作方法与工资条的制作方法基本相同。个人成绩条每三行一组，第一行为个人成绩条构成项目的名称，第二行为相应的个人成绩，第三行为空行以便于裁剪。参考操作步骤如下：

步骤 1：在“图表”工作表前插入“个人成绩条”的工作表，然后在 A1 单元格中输入以下计算公式：

=IF(MOD(ROW(),3)=0,"",IF(MOD(ROW(),3)=1,本学期成绩表!A$1,INDEX(本学期成绩表!$A:$M,(ROW()+4)/3,COLUMN())))

此公式的作用是如果行数除 3 余数为 0，则空；如果行数除 3 余数为 1，则取本学期成绩表 A 到 M 列的第 1 行；如果行数除 3 余数为 2，则返回本学期成绩表 A 到 M 对应的列。(行+4)/3，则表示“个人成绩条”工作表的第 2 行返回“本学期成绩表”工作表的(2+4)/3=2，“个人成绩条”的第 5 行返回“本学期成绩表”工作表第(5+4)/3=3 行，个人成绩条的第 8 行返回“本学期成绩表”中的(8+4)/3=4……

步骤 2：利用自动填充功能，将 A1 单元格的计算公式复制填充到 M1 单元格中，即可得到第一条成绩记录的标题信息。

步骤 3：选中 A1：M1 单元格区域，然后利用自动填充功能将该单元格区域中的计算公式向下复制得到一个完整的学生个人成绩条，如图 11.4 所示。

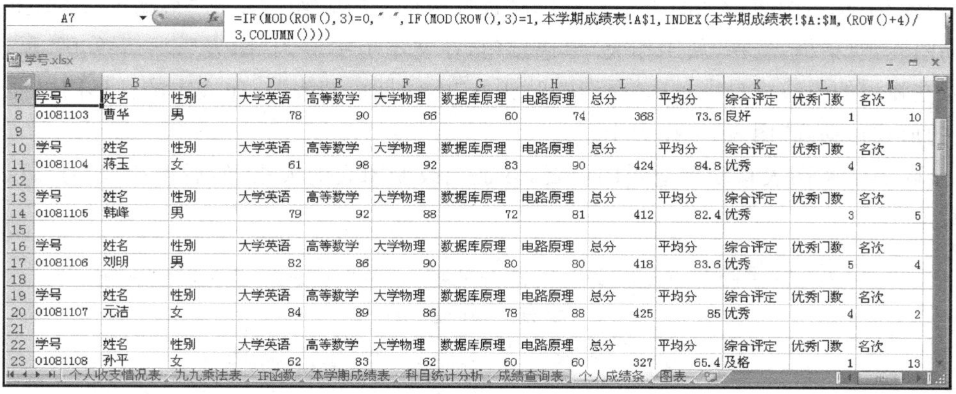

A7 =IF(MOD(ROW(),3)=0," ",IF(MOD(ROW(),3)=1,本学期成绩表!A$1,INDEX(本学期成绩表!$A:$M,(ROW()+4)/3,COLUMN())))

学号.xlsx

	A	B	C	D	E	F	G	H	I	J	K	L	M
7	学号	姓名	性别	大学英语	高等数学	大学物理	数据库原理	电路原理	总分	平均分	综合评定	优秀门数	名次
8	01081103	曹华	男	78	90	66	60	74	368	73.6	良好	1	10
9													
10	学号	姓名	性别	大学英语	高等数学	大学物理	数据库原理	电路原理	总分	平均分	综合评定	优秀门数	名次
11	01081104	蒋玉	女	61	98	92	83	90	424	84.8	优秀	4	3
12													
13	学号	姓名	性别	大学英语	高等数学	大学物理	数据库原理	电路原理	总分	平均分	综合评定	优秀门数	名次
14	01081105	韩峰	男	79	92	88	72	81	412	82.4	优秀	3	5
15													
16	学号	姓名	性别	大学英语	高等数学	大学物理	数据库原理	电路原理	总分	平均分	综合评定	优秀门数	名次
17	01081106	刘明	男	82	86	90	80	80	418	83.6	优秀	5	4
18													
19	学号	姓名	性别	大学英语	高等数学	大学物理	数据库原理	电路原理	总分	平均分	综合评定	优秀门数	名次
20	01081107	元洁	女	84	89	86	78	88	425	85	优秀	4	2
21													
22	学号	姓名	性别	大学英语	高等数学	大学物理	数据库原理	电路原理	总分	平均分	综合评定	优秀门数	名次
23	01081108	孙平	女	62	83	62	60	60	327	65.4	及格	1	13

个人收支情况表 九九乘法表 IF函数 本学期成绩表 科目统计分析 成绩查询表 个人成绩条 图表

图 11.4 个人成绩条

说明：*此操作步骤涉及 IF 函数、MOD 函数、ROW 函数、INDEX 函数和 COLUMN 函数 5 个函数以及函数嵌套。MOD 函数返回两数相除的余数；ROW 函数返回引用的行号；INDEX 函数有两种形式，数组形式返回数值或数值数组，引用形式返回引用；COLUMN 函数返回给定引用的列标。对于具体使用，用户可以利用帮助窗口或“插入函数”对话框学习这些函数的语法规则和功能。*

6. 个人成绩图表的制作、编辑与修饰

数据图表能够更加直观地表现数据，下面在“本学期成绩表”的基础上制作图表。参考操作步骤如下：

步骤 1：选定“本学期成绩表”工作表的 B2：B14 单元格区域，在按住 Ctrl 键的同时选定 I2：I14 单元格区域，在“插入”选项卡的“图表”组中单击“柱形图”下拉按钮，然后在“二维柱形图”列表中选择“簇状柱形图”子类型创建柱形图。

步骤 2：选择柱形图，在“图表工具/设计”选项卡中单击“图表布局”组中的“快速布局”下拉按钮，选择“布局 9”图标按钮。

步骤 3：在图表标题中输入“学生总分柱形图”，在分类轴标题中输入“姓名”，在数值轴标题中输入“总分值”。

步骤 4：右击数值坐标轴，在快捷菜单中选择“设置坐标轴格式”命令，在弹出的“设置坐标轴格式”对话框中先选择左侧区的“坐标轴选项”选项，然后在右侧区的“最大值”选项中选择“固定”单选按钮，将其改为 450，在“主要刻度单位”中选择“固定”单选按钮，将其改为 50，单击“关闭”按钮。

步骤5：右击分类坐标轴，在弹出的浮动工具栏中将分类轴中各学生姓名的字号设置为9，颜色设置为红色。

步骤6：单击柱形图，在“图表工具/布局”选项卡中单击“标签”组中的“数据标签”按钮，在下拉列表中选择“数据标签外”选项，数据标签则显示在柱形图外。

步骤7：右击数据系列，在弹出的快捷菜单中选择“设置数据系列格式”命令，在弹出的“设置数据系列格式”对话框的左侧区选择“填充”命令，然后在右侧区选择“图形或纹理填充”单选按钮，在“纹理”下拉列表中选择“花束”纹理，单击“关闭”按钮，结果如图11.5所示。

步骤8：右击图例，在下拉列表中选择“删除”命令。

步骤9：单击图表，在“图表工具/设计”选项卡的“位置”组中单击“移动图表”按钮弹出“移动图表”对话框，选择“新工作表”单选按钮，在文本框中输入“图表”，然后单击“确定”按钮，并在弹出的模态窗口中单击“是”按钮，则在“本学期成绩表”工作表中的柱形图以独立工作表的形式移动到“图表”工作表中。

步骤10：将图表移动到适当的位置，并适当改变图表的大小，然后保存“学号.xlsx”工作簿。

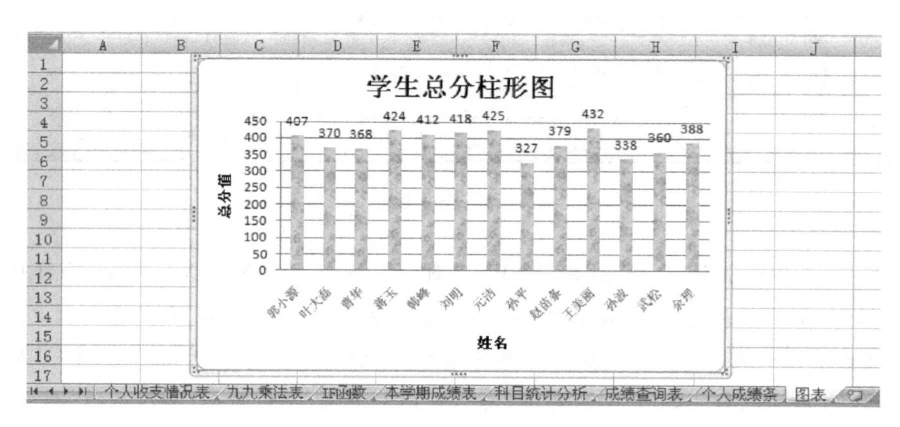

图11.5　柱形图独立工作表

11.4　实验报告要求

(1) 按11.3节中的实验步骤完成学生成绩统计分析、创建学生总分柱形图并完成图表的编辑和修饰，提交“学号.xlsx”工作簿。

(2) 记录实验过程中出现的问题，并总结制作图表的步骤。

实验 12　数据管理——排序和筛选

12.1　实验目的

学习利用 Excel 提供的数据管理功能使数据清单条理化，学习利用排序功能连续、正确地设置多个约束排序条件和利用高级筛选功能实现信息的查找。

12.2　实验内容

(1) 以图 12.1 为结果样式掌握数据排序的方法。

(2) 以图 12.1 为结果样式掌握数据条件区域的创建和高级筛选的方法。

12.3　实验步骤

(1) 根据图 12.1 所示的灰色底纹的数据为源数据创建“数据”工作表，并按部门进行降序排序，然后再按“基本工资”多少降序排序。参考操作步骤如下：

步骤 1：打开文件“学号. xlsx”，在“图表”工作表后插入空白工作表并重命名为“数据”工作表。

步骤 2：输入图 12.1 所示的灰色底纹部分的数据，建立数据清单。

步骤 3：选定数据清单 A2:H20 单元格区域，在“数据”选项卡的“排序和筛选”组中单击“排序”按钮弹出“排序”对话框，在该对话框的“主关键字”下拉列表中选择“部门”，在“次关键字”下拉列表中选择“基本工资”，将排序方式统一设置为降序排列，单击“确定”按钮即可完成数据的排序。最后，按 Ctrl+Z 键撤销排序结果。

(2) 查找“数据”工作表中“人力资源部”基本工资大于 1200 元的职工，并将结果放在 A23 开始的单元格中。参考操作步骤如下：

步骤 1：选择“数据”工作表。

步骤 2：在 J2:K3 单元格区域设置如图 12.1 所示的条件区域(可不添加外框)。

步骤 3：在“数据”选项卡的“排序和筛选”组中单击“高级”按钮，在弹出的如图 12.2 所示的“高级筛选”对话框中选择“将筛选结果复制到其他位置”单选按钮，并输入或使用对话框折叠/展开按钮用鼠标选择“列表区域”、“条件区域”和“复制到”区域。

步骤 4：单击“确定”按钮完成高级筛选，则 A23:I25 单元格区域就是高级筛选的最终结果，如图 12.1 所示。

	A	B	C	D	E	F	G	H
1	某公司在职人员信息表							
2	姓名	编号	部门	年龄	性别	基本工资	奖金	政治面貌
3	张月	0001	办公室	40	男	1800	300	中共党员
4	叶卉	H001	人力资源部	30	女	1400	420	中共党员
5	王洁	I001	信息部	24	女	1200	621	共青团员
6	孙小波	M001	市场部	26	男	1200	500	群众
7	曹明华	M002	市场部	32	男	1200	328	中共党员
8	武莉莉	0002	办公室	35	女	1500	310	中共党员
9	刘桐芬	I002	信息部	28	女	1200	420	群众
10	张志军	H002	人力资源部	38	男	1400	260	九三学社
11	贾明	H003	人力资源部	30	男	1200	500	中共党员
12	王晶晶	0003	办公室	42	男	1800	480	群众
13	宋小飞	M003	市场部	29	女	1200	600	群众
14	方维	M004	市场部	26	男	1200	450	群众
15	陈启	M005	市场部	30	男	1400	577	民盟
16	路腾	I003	信息部	28	男	1200	548	群众
17	马丹丹	0004	办公室	30	男	1400	360	中共党员
18	蒋文龙	I004	信息部	22	女	1200	618	中共党员
19	战强	M006	市场部	28	男	1400	423	中共党员
20	田园	H004	人力资源部	25	男	1200	283	共青团员
21								
22								
23	姓名	编号	部门	年龄	性别	基本工资	奖金	政治面貌
24	叶卉	H001	人力资源部	30	女	1400	420	中共党员
25	张志军	H002	人力资源部	38	男	1400	260	九三学社

	J	K
2	部门	基本工资
3	人力资源部	>1200

图 12.1 实验 12 结果样例

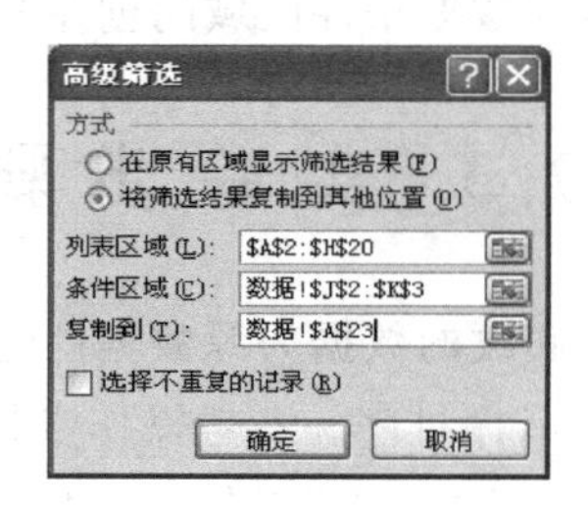

图 12.2 "高级筛选"对话框

12.4 实验报告要求

(1) 按实验 12 的实验步骤完成"学号.xlsx"工作簿中"数据"工作表的排序和筛选,并提交"学号.xlsx"工作簿。

(2) 记录实验过程中出现的问题,并总结条件筛选区域的创建方法。

实验 13　数据管理——分类汇总与分级显示

13.1　实验目的

学习 Excel 电子表格中的分类汇总及分级显示。

13.2　实验内容

以图 13.1～13.2 为结果样式掌握分类汇总及分级显示的基本操作。

13.3　实验步骤

(1) 以实验 13“某公司在职人员信息表”为源数据，按“部门”进行分类，并分别汇总各部门的“基本工资”和“奖金”的合计值。参考操作步骤如下：

步骤 1：打开样例“学号.xlsx”工作簿中的“数据”工作表，在“数据”工作表后插入“分类汇总”工作表，将“数据”工作表中的 A1：H20 单元格区域的内容复制到“分类汇总”工作表的对应单元格区域中，并对“分类汇总”工作表以“部门”字段进行升序排序。

步骤 2：单击数据清单，在“数据”选项卡的“分级显示”组中单击“分类汇总”按钮，弹出“分类汇总”对话框。

步骤 3：在“分类汇总”对话框的“分类字段”下拉列表框中选择“部门”，在“汇总方式”下拉列表框中选择“求和”选项，然后在“选定汇总项”列表框中选择“基本工资”和“奖金”两个复选框，其他选项采用默认。单击“确定”按钮，则显示如图 13.1 所示的分类汇总结果。

(2) 图 13.2 是某银行两个分理处的 6 个储蓄所在 12 个月的存款汇总表，自动建立分级显示。参考步骤如下：

步骤 1：打开“学号.xlsx”工作表，在“分类汇总”工作表后插入“分级显示”工作表。

步骤 2：将图 13.2 中的数据输入到“分级显示”工作表中，并对数据进行修饰(其中，第 6 行和第 10 行是两个分理处不同月份的储蓄汇总结果，第 E、I、M 和 Q 列是季度汇总结果，单击“公式”选项卡的“函数库”组中的“自动求和”按钮完成汇总)。

步骤 3：单击“数据”选项卡的“分级显示”组中的“创建组”按钮旁边的下拉按钮，在弹出的下拉列表中选择“自动建立分级显示”命令，系统自动建立分级显示，如图 13.2 所示。在行的左侧和列的上面都有用于折叠/展开显示数据表的按钮，图 13.3 是折叠显示后的结果。

步骤 4：单击“数据”选项卡的“分级显示”组中的“取消组合”按钮旁边的下拉按钮，在其下拉列表中选择“清除分级显示”命令，则取消分级显示。

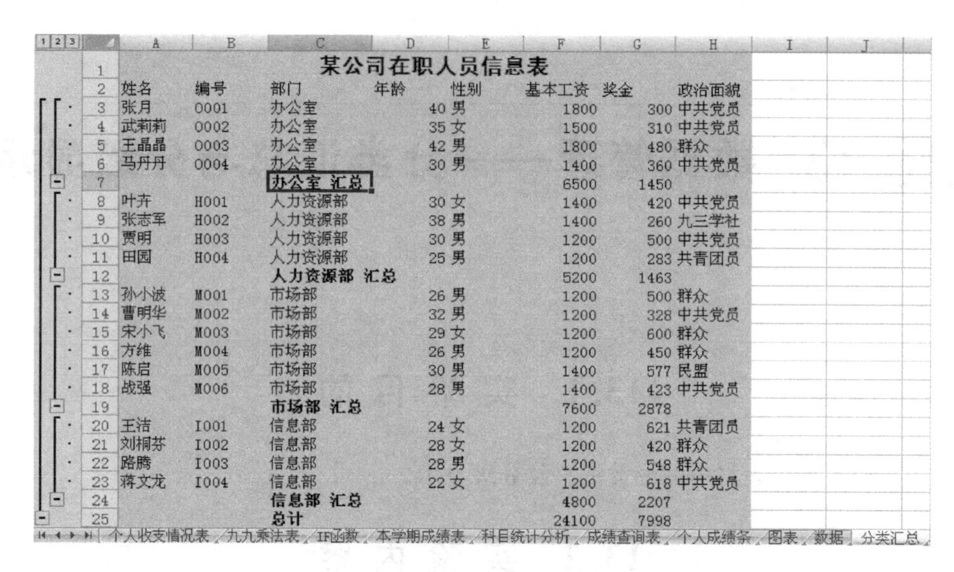

图 13.1　分类汇总结果

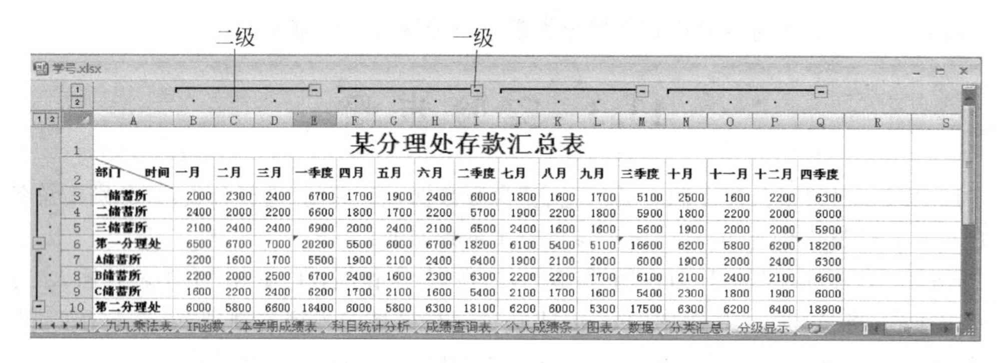

图 13.2　建立二级分级显示

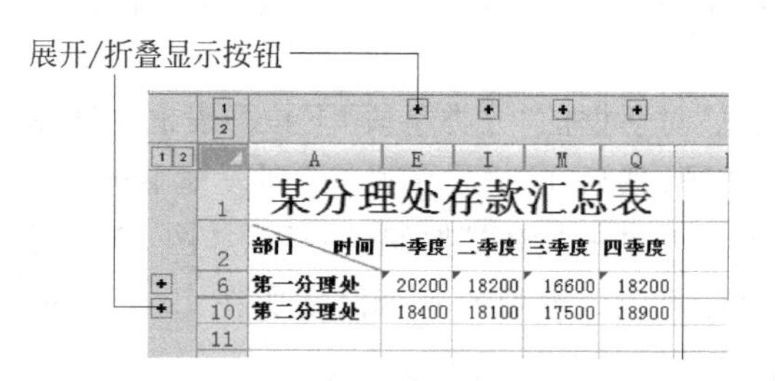

图 13.3　折叠显示

步骤 5：完成操作后保存工作簿。

13.4　实验报告要求

(1) 按 13.3 节中的实验步骤完成“学号. xlsx”工作簿中“分类汇总”工作表和“分级显示”工作表的操作。

(2) 记录实验过程中出现的问题,并总结分级显示的实践意义。

实验 14　数据管理——数据透视表

14.1　实验目的

学习数据透视表的创建、编辑与修饰。

14.2　实验内容

以图 14.3 为结果样式掌握数据透视表的创建过程及编辑与修饰的方法。

14.3　实验步骤

将图 14.1 所示的数据制作成数据透视表，并对数据透视表进行编辑和修饰。参考操作步骤如下：

	A	B	C	D	E	F
1	时间	分支机构	产品名称	销售人员	销售额	
2	一季度	北京分公司	会议桌	刘东	68000	
3	一季度	北京分公司	组合沙发	刘东	94500	
4	一季度	深圳分公司	组合沙发	张青	92000	
5	一季度	深圳分公司	真皮靠背椅	张青	53600	
6	一季度	深圳分公司	会议桌	张青	58400	
7	二季度	北京分公司	真皮靠背椅	董力	154600	
8	二季度	北京分公司	组合沙发	董力	174600	
9	二季度	北京分公司	会议桌	董力	225800	
10	二季度	深圳分公司	会议桌	周凯	55600	
11	二季度	深圳分公司	组合沙发	周凯	25800	
12	二季度	深圳分公司	组合沙发	张青	24650	
13	三季度	北京分公司	组合沙发	刘东	37850	
14	三季度	北京分公司	会议桌	刘东	95600	
15	三季度	深圳分公司	会议桌	张青	86500	
16	三季度	深圳分公司	真皮靠背椅	张青	68200	

图 14.1　数据清单——销售统计表

步骤 1：打开“学号.xlsx”工作表，单击工作表标签右边的“插入工作表”按钮添加一个新的工作表，并重命名该工作表为“数据透视表”。

步骤 2：将图 14.1 中有关销售业绩的数据清单输入到“数据透视表”工作表中。

步骤 3：单击“插入”选项卡中的“表格”组中的“数据透视表”按钮，在弹出的“创建数据透视表”对话框的“表/区域”文本框中输入“$A$1:$E$16”，在“选择放置数据透视表的位置”处选择“现有工作表”单选按钮，并在“位置”文本框中输入“数据透视表!$F$1”，然后单击“确定”按钮，弹出“数据透视表字段列表”任务窗格。

步骤 4：在“数据透视表字段列表”任务窗格中，选定“时间”字段将其拖至“报表筛选”框内，选定“产品名称”字段将其拖至“列标签”框内，选定“分支机构”字段和“销售人员”字段依次拖至“行标签”框内，选定“销售额”将其拖至“数值”框内，得到的结果如图 14.2 所示。

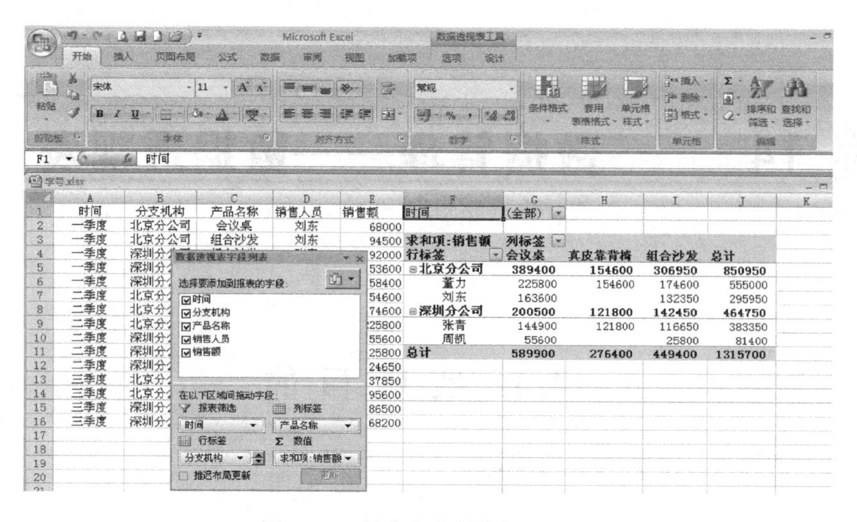

图 14.2　创建完成的数据透视表

步骤5：若要显示一季度的销售情况，则单击数据透视表中的“时间”字段，通过“(全部)”旁边的下拉按钮选择“一季度”，则一季度的销售情况就显示出来了，其他季度则隐藏起来。若选择“(全部)”，则所有时间的销售情况全部显示。

步骤6：若要将所有“销售额”的数值改为保留两位小数，使用千位分隔符的格式。右击“数值”框中的“求和项：销售额”，在其快捷菜单中选择“值字段设置”命令，在弹出的“值字段设置”对话框中单击“数字格式”按钮，弹出“设置单元格格式”对话框，在该对话框中单击左边的“数值”选项，在右边的“小数位数”框中输入数字“2”，并选择“使用千位分隔符”复选框，然后单击“确定”按钮。

步骤7：若要显示各销售人员3个季度以来的季度平均销售额，则右击“数值”框中的“求和项：销售额”，在弹出的快捷菜单中选择“值字段设置”命令，弹出“值字段设置”对话框，在“汇总方式”选项卡中选择“平均值”选项，最后单击“确定”按钮，操作结果如图14.3所示。

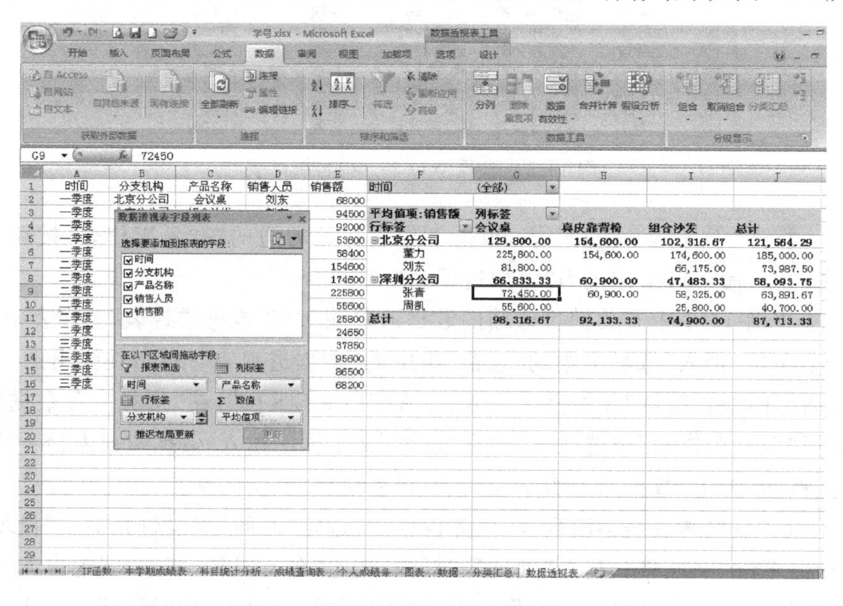

图 14.3　编辑修饰后的数据透视表

14.4 实验报告要求

(1) 按 14.3 节中的实验步骤完成“数据透视表”工作表的创建、编辑与修饰，并提交“学号.xlsx”工作簿。

(2) 记录实验过程中出现的问题，并总结数据透视表的创建步骤。

实验 15 制作演示文稿

15.1 实 验 目 的

学习并掌握幻灯片的制作过程、制作方法和编辑修饰演示文稿的方法。

15.2 实 验 内 容

制作含有如图 15.1 所示的 4 张幻灯片的演示文稿“李白诗三首”，文件名为“李白诗三首.pptx”，第 1 张幻灯片使用“标题幻灯片”版式，第 2～4 张幻灯片使用“内容与标题”版式，在第 1～4 张幻灯片中插入图片、图形文件并输入文字；为第 4 张幻灯片设置主题并完成第 1～4 张幻灯片母版等外观效果设置。

15.3 实 验 步 骤

制作含有如图 15.1 所示的 4 张幻灯片的演示文稿“李白诗三首”，文件名为“李白诗三首.pptx”，并依据步骤说明中的要求设置主题及母版等外观效果。参考操作步骤如下：

步骤 1：启动 PowerPoint 2010，在“开始”选项卡的“幻灯片”组中单击“新建幻灯片”按钮旁的下拉按钮，在弹出的 Office 主题中选择“标题幻灯片”版式。

步骤 2：在标题占位符中输入“李白诗三首”，在副标题占位符中输入“李白(七 0 一……七六二年)，……”，并将标题拖动到适当的位置。

步骤 3：在“开始”选项卡的“绘图”组中单击“形状”下拉按钮，在下拉列表中选择“流程图”列表中的形状按钮，并在该幻灯片中拖动出的形状中添加文字“千古一诗人”。

步骤 4：在“插入”选项卡的“插图”组中单击“形状”下拉按钮，在下拉列表中选择“矩形”列表中的形状按钮，并在拖动出的矩形形状中输入文字“第一首诗”。

步骤 5：在“开始”选项卡的“绘图”组中单击“形状效果”按钮，在下拉列表中选择“阴影”→“外部”中的第一个按钮，并将这个形状在这张幻灯片中复制两次，然后将复制的第二个形状和第三个形状中的文字更改为“第二首诗”和“第三首诗”(注意，粘贴时最好用 Ctrl+V 键，若选择“粘贴选项”，则选择第一个图标，即“使用目标主题”)。

步骤 6：在“开始”选项卡的“幻灯片”组中单击“新建幻灯片”旁的下拉按钮，在下拉列表中选择“标题与内容”版式，建立第 2 张幻灯片，输入第 2 张幻灯片的文字内容并插入图片。

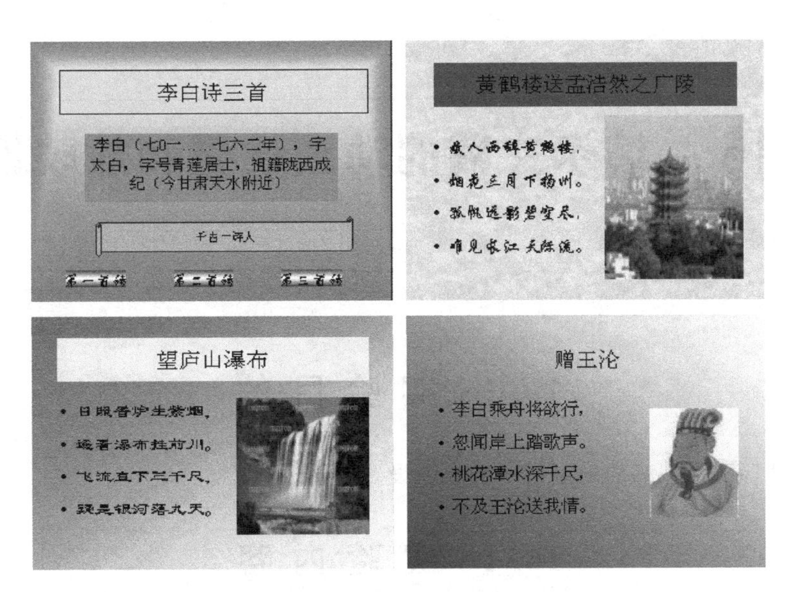

图 15.1 “李白诗三首”演示文稿图示

说明：插入图片可以是剪贴画，也可以从网络上下载图片以文件的形式插入。图 15.1 中的图片只是参考。

步骤 7：仿照步骤 6 完成第 3 张幻灯片。

步骤 8：仿照步骤 6 完成第 4 张幻灯片。

步骤 9：选择 4 张幻灯片，在“设计”选项卡的“主题”组中单击按钮，为整个演示文稿设置主题(可自由选择主题)。

步骤 10：选择第 1 张幻灯片，在“视图”选项卡的“母版视图”组中单击“幻灯片母版”按钮，然后在左窗格中选择“标题幻灯片”版式的“幻灯片母版”，在右窗格中选择“单击此处编辑母版标题样式”占位符，在“幻灯片母版”选项卡的“编辑主题”组中单击“效果”按钮，在弹出的下拉效果图中选择“龙腾四海”选项。

步骤 11：选择第 2～4 张幻灯片，在“视图”选项卡的“母版视图”组中单击“幻灯片母版”按钮，在左窗格中选择“标题与内容”版式的“幻灯片母版”，在右窗格中选中“页脚”区，然后在“插入”选项卡的“插图”组中单击“形状”按钮，在弹出的下拉列表中选择“动作按钮”区中的“向前或下一页”▶，在页脚区中拖动画出相应的按钮，接着在弹出的“动作设置”对话框中选择“超链接到”单选按钮，在其后的下拉列表中选择下一张幻灯片。同理，在“幻灯片母版”的右窗格中选择“数字”区，输入幻灯片编号，最后单击“幻灯片母版”选项卡中的“关闭母版视图”按钮，完成演示文稿整体外观的设置。

15.4 实验报告要求

(1) 按实验 15 中的实验步骤完成演示文稿的制作、编辑及主题母版的设置，然后以“学号.pptx”保存并提交。

(2) 记录实验过程中出现的问题，并总结演示文稿制作过程中的几个重要的环节。

实验 16　演示文稿的动画设置和放映设置

16.1　实 验 目 的

学习并掌握演示文稿的动画设置和放映设置方法。

16.2　实 验 内 容

完成对实验 15 中第 1 张幻灯片中对象的自定义动画设置，并设置第 2～4 张幻灯片的切换效果，最后完成整个演示文稿的放映效果设置。

16.3　实 验 步 骤

步骤 1：打开“李白诗三首.pptx”演示文稿文件。

步骤 2：选择第 1 张幻灯片的标题，在“动画”选项卡的“动画”组中单击“其他”按钮，选择“更多进入效果”，弹出“更改进入效果”对话框，在该对话框中选择“细微型”中的“展开”选项，单击“确定”按钮，然后右击“动画窗格”的列表项 1 标题 1：李白诗... 中的下拉按钮，在其下拉菜单中选择“效果选项”命令，在弹出的“展开”对话框的“效果”选项卡中选择“声音”为“风铃”，选择“动画文本”为“整批发送”，单击“确定”按钮返回。接着在“动画窗格”中设置启动动画的“开始”为鼠标“单击时”，完成第 1 张幻灯片标题的动画设置。

注：PowerPoint 2010 增加了“高级动画”组并将“自定义动画”改为“添加动画”，如图 16.1 所示。

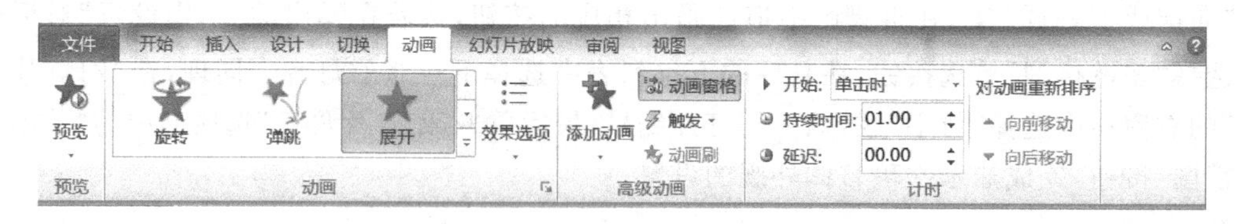

图 16.1　“动画”选项卡及各组

步骤 3：仿照步骤 2 完成第 1 张幻灯片中其他对象的动画设置，具体要求如下：

① 为李白的生平简介设置效果。单击“动画”选项卡中的“添加动画”按钮，选择“更多进入效果”命令，在弹出的对话框中选择“华丽型”中的“空翻”选项，然后单击“确定”按钮，在“动画窗格”中利用动画下拉按钮设置“动画文本”为“按字/词”，启动动画为“单击鼠标时”。

② 为“第一首诗”、“第二首诗”、“第三首诗”设置动画效果为“飞入”、“自底部”。

步骤4：选择第1张幻灯片的“第一首诗”的形状对象，在“插入”选项卡的“链接”组中单击“超链接”按钮，在弹出的“插入超链接”对话框中选择“本文档中的位置”的第2张幻灯片，然后单击“确定”按钮。

步骤5：仿照步骤4为“第二首诗”和“第三首诗”设置超链接，分别链接第3张幻灯片和第4张幻灯片。

步骤6：选择第2张幻灯片，在“切换”选项卡的“切换到此幻灯片”组中单击“其他”按钮，在弹出的下拉列表中选择“华丽型”中的“溶解”选项。然后单击“切换”选项卡的“计时”组中的“声音”下拉列表，选择“微风”选项；单击“持续时间”下拉列表，输入“2：00”完成第2张幻灯片的切换效果。

步骤7：仿照步骤6为第3张幻灯片设置切换效果为“菱形”(选择“形状”，在“效果选项”中选择“菱形”)，为第4张幻灯片设置切换效果为“向上揭开”(选择“揭开”，在“效果选项”中选择“自底部”)，完成第3、4幻灯片的切换效果。

步骤8：在“幻灯片放映”选项卡的“设置”组中单击“设置幻灯片放映”按钮，弹出“设置放映方式”对话框，在该对话框的“放映类型”区中选择“演讲者放映”单选按钮、在“放映幻灯片”区中选择“全部”单选按钮，然后单击“确定”按钮。

步骤9：在“幻灯片放映”选项卡的“开始放映幻灯片”组中单击“从头开始”按钮放映幻灯片。

16.4 实验报告要求

(1) 按实验16中的实验步骤完成演示文稿自定义动画的设置和切换幻灯片的设置以及放映参数的设置，并以“学号.pptx”保存并提交。

(2) 记录实验过程中出现的问题，并演示制作的演示文稿。

实验 17　Windows 系统下 TCP/IP 的配置

17.1　实验目的

(1) 初步掌握计算机网络的定义、计算机网络的功能及计算机网络的分类。

(2) 了解通过网络硬件设备将计算机连接起来的简单操作。

(3) 了解 IP 地址的含义,掌握 Windows 系统下 TCP/IP 协议的配置。

17.2　实验内容

(1) 了解计算机网络中的网络设备,掌握用网线连接计算机和网络设备的方法。

(2) 在 Windows 系统下完成 TCP/IP 协议的手动和自动配置,其中,手动配置要求主机的 IP 地址为 192.168.1.3、子网掩码为 255.255.255.0、默认网关 IP 地址为 192.168.1.254、首选 DNS 服务器的 IP 地址为 202.96.128.68、备用 DNS 服务器的 IP 地址为 192.168.1.254。

(3) 在 Windows 命令提示符窗口下查看 TCP/IP 协议的配置情况。

17.3　知识点

计算机网络的分类、TCP/IP 协议、IP 地址的类型、子网掩码、DNS 服务器、默认网关。

17.4　实验步骤

1. 熟悉计算机网络的硬件设备

进入计算机中心,查看计算机网络中有哪些设备,查看连接网线两端的 RJ-45 接头(俗称水晶头)的外观。将双绞线两端的 RJ-45 接头分别接到计算机的网卡凹槽和网络连接设备的凹槽中。

2. TCP/IP 协议配置

步骤 1:单击"开始"按钮,打开"控制面板",然后依次单击"网络与 Internet"、"网络和共享中心"链接。

步骤 2:双击"本地连接"选项,在弹出的"本地连接状态"对话框单击"属性"按钮,弹出如图 17.1 所示的"本地连接属性"对话框。

步骤 3:在图 17.1 中选择"Internet 协议版本 4(TCP/IPv4)"选项,然后单击"属性"按钮,弹出如图 17.2 所示的"Internet 协议版本 4(TCP/IPv4)属性"对话框。

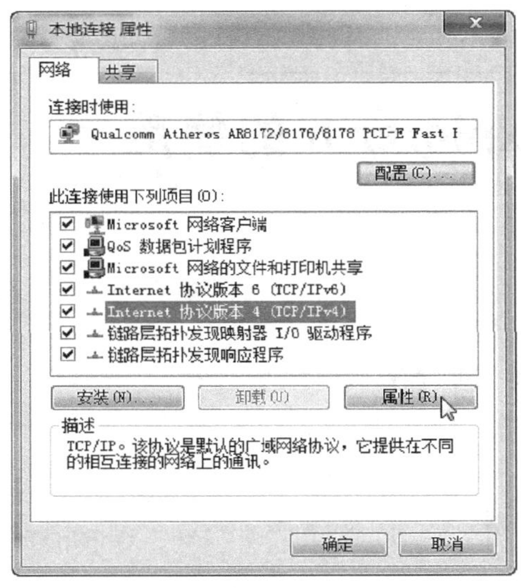

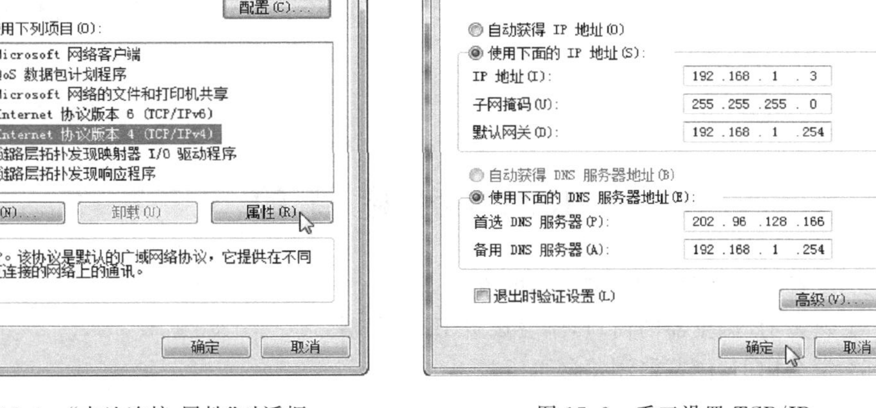

图 17.1 “本地连接 属性”对话框

图 17.2 手工设置 TCP/IP

步骤 4：配置 TCP/IP 协议，可以用下面两种方法之一。

1) 手工设置

在图 17.2 中选择“使用下面的 IP 地址”单选按钮，在“IP 地址”后面的框中输入分配给本机的 IP 地址(例如 192.168.1.3)并输入子网掩码(例如 255.255.255.0)，然后输入系统管理员提供给用户的“默认网关”的 IP 地址(例如 192.168.1.254)。

选择“使用下面的 DNS 服务器地址”单选按钮，然后在“首选 DNS 服务器”后面的框中输入 ISP 提供的 DNS 服务器地址，例如 202.96.128.166；在“备用 DNS 服务器”后面的框中输入备用的 DNS 服务地址，例如 192.168.1.254，配置结果如图 17.1 所示。

2) 通过动态主机配置协议(DHCP)服务器自动获得 TCP/IP

在图 17.2 中选择“自动获得 IP 地址”单选按钮，然后选择“自动获得 DNS 服务器地址”单选按钮。

步骤 5：单击“确定”按钮。

3. 在“命令提示符”窗口中查看 TCP/IP 配置

单击“开始”按钮，选择“所有程序”→“附件”→“命令提示符”命令，打开“命令提示符”窗口，在该窗口的命令行中输入“ipconfig /all”，然后按 Enter 键，即可显示有关 TCP/IP 配置的情况。也可以在“命令提示符”窗口的命令行中输入“ping 主机名或主机 IP 地址”，例如“ping 192.168.1.254”，查看是否连接到默认网关。

17.5 实验报告要求

(1) 要求每个人都能独立地完成实验并提交实验报告。

(2) 列出计算机中心的网络设备。

(3) 写出在 Windows XP 系统中进行 TCP/IP 协议设置的步骤。

(4) 写出用 Windows 命令提示符查看 TCP/IP 配置的情况，并附上结果。

实验 18　Internet Explorer 8 的使用

18.1　实验目的

(1) 掌握启动和关闭 IE 浏览器的方法。

(2) 熟悉 IE 浏览器的窗口，学会设置 IE 浏览器。

(3) 学会用 IE 浏览器浏览网页资源。

18.2　实验内容

(1) 启动 IE 浏览器，熟悉浏览器的界面构成。

(2) 使用即时搜索功能在 Internet 中搜索包含有“下一代网络”内容的有关网站；将选择的网页添加到收藏夹中；打开收藏夹中保存的网页，整理收藏夹；将选择的网页保存到本地计算机中。

(3) 了解 IE 浏览器的设置，学会将 http://www.baidu.com 和 http://hao.360.cn 设置成主页。

18.3　知识点

Internet Explorer 8 的启动与关闭，Internet Explorer8 中“Internet 选项”对话框中各选项的含义，以及收藏夹的使用。

18.4　实验步骤

1. 启动 IE 浏览器

双击桌面上的 Internet Explorer 图标，或者单击“开始”按钮，选择“所有程序”→Internet Explorer 命令启动 IE 浏览器。

在选项卡的地址栏(URL)中输入“中国教育和科研计算机网”网站的地址 www.edu.cn，然后按 Enter 键，打开该网站的内容，如图 18.1 所示。

2. 选项卡的使用

单击“新选项卡”按钮，则在当前 IE 浏览器中新增加了一个选项卡，在新选项卡的地址栏(URL)中输入百度网站地址 www.baidu.com，然后按 Enter 键，即可打开百度网站的主页。

图 18.1　用 IE8 浏览“中国教育和科研计算机网”网页

用户也可以在刚才的“中国教育和科研计算机网”网站的选项卡中右击网页中的“教育新闻”超链接，然后在快捷菜单中选择“在新选项卡中打开”命令，则在当前 IE 浏览器中新增加了一个选项卡，在此选项卡中打开“中国教育和科研计算机网”的新闻网页。

单击工具栏中的“快速导航选项卡”按钮 ▦（该按钮只有当选项卡多于一个时才会出现），查看所有打开的选项卡。在“快速导航选项卡”视图中单击选项卡缩略图查看相应的选项卡。单击缩略图右侧的“关闭选项卡”按钮 ☒，则关闭该选项卡。

3. 即时搜索

在 Internet 上搜索有关“下一代网络”的内容，首先在“地址栏”右边的“即时搜索”框中输入需要搜索的内容“下一代网络”，然后单击“搜索”按钮 🔍 即调用相应的搜索程序进行搜索，在此选项卡中可以查看搜索到的包含有“下一代网络”内容的网页超链接列表。

4. 收藏夹的使用

1）将网页添加到收藏夹

步骤 1：选择“收藏夹”中的“添加到收藏夹”命令，或者单击“添加到收藏夹”按钮（如图 18.2 所示），弹出如图 18.3 所示的“添加收藏”对话框。

步骤 2：在对话框的“名称”框中输入该网页的新名称，一般会提供默认的名称，在“创建位置”下拉列表中选择网页或站点保存在收藏夹中的位置。

步骤 3：单击“添加”按钮。

2）在收藏夹中打开网页

操作方法是单击“收藏夹”按钮，弹出如图 18.2 所示的窗口，然后单击“收藏夹”选项卡，在收藏夹列表中选择需要的网页或站点打开。

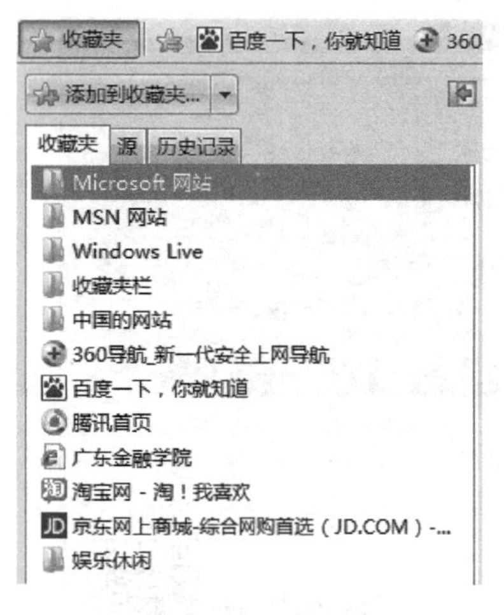

图 18.2 “收藏夹”窗口

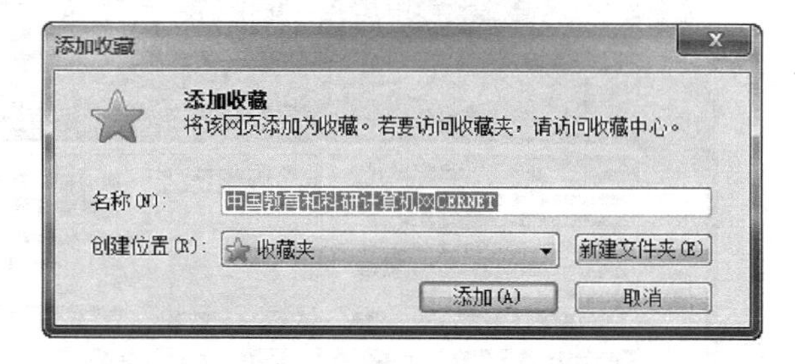

图 18.3 “添加收藏”对话框

3）整理收藏夹

(1) 选择“收藏夹”菜单中的“整理收藏夹”命令，弹出如图 18.4 所示的“整理收藏夹”对话框。

(2) 在该对话框中单击“新建文件夹”按钮，然后输入文件夹名。例如，创建一个名为“娱乐休闲”的文件夹来存储与娱乐和休闲方面的网站。

(3) 将列表中的网站快捷方式拖到合适的文件夹(例如“娱乐休闲”文件夹)中。如果快捷方式或文件夹太多导致无法拖动，也可以单击“移动”按钮，在弹出的“浏览文件夹”对话框中选择此文件夹。

(4) 单击“关闭”按钮完成操作。

用户也可以单击“删除”按钮删除选中的文件夹或快捷方式。

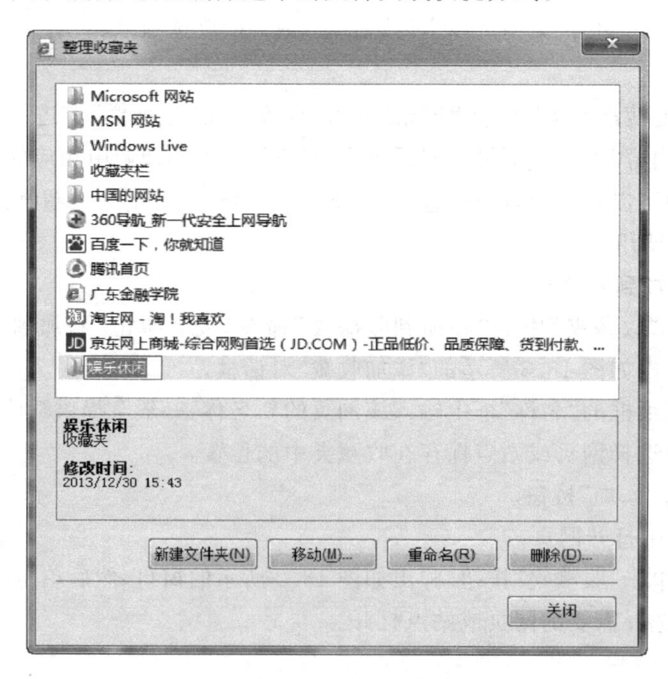

图 18.4 “整理收藏夹”对话框

4）将网页添加到收藏夹栏

在选项卡上选择希望添加到收藏夹栏的网页，然后分别使用下列方法将网页添加到收藏夹栏中。

方法1：单击“添加到收藏夹栏”按钮，即可将网页快捷方式添加到收藏夹栏中。

方法2：将地址栏中的网页图标拖到收藏夹栏中，则将该网页的快捷方式添加到“收藏夹栏”中。

方法3：将网页上的链接拖到收藏夹栏中，可将该链接网页添加到收藏夹栏中。

5. Internet 选项设置

选择“工具”菜单中的“Internet 选项”命令，弹出如图18.5所示的“Internet 选项”对话框。

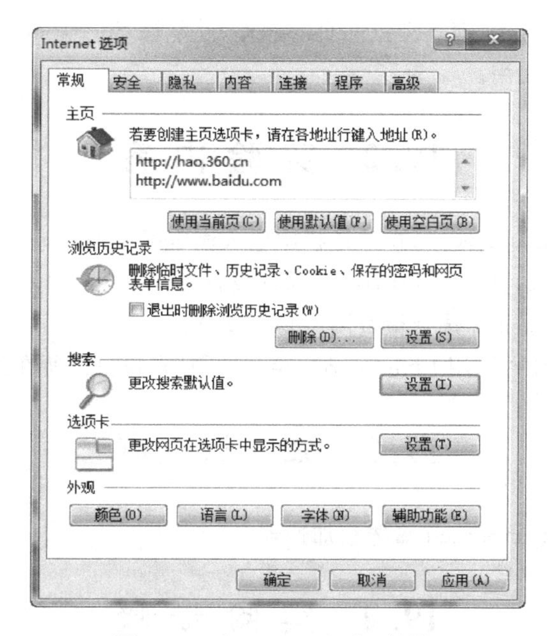

图18.5 “Internet 选项”对话框

将频繁查看的网页（例如 hao.360.cn 和 www.baidu.com）输入到“主页”区的文本框中（如图18.5所示），然后单击“确定”按钮，则以后每次启动IE时会打开两个选项卡，分别显示360导航网站主页和百度网站主页。

18.5 实验报告要求

(1) 要求每个人都能独立地完成实验并提交实验报告。

(2) 写出启动IE浏览器的方法，并描述选项卡的使用。

(3) 写出在IE浏览器中搜索“下一代网络”的方法。

(4) 写出将“中国教育和科研计算机网”网站添加到收藏夹的步骤。

(5) 写出将百度网站和“中国教育和科研计算机网”网站设置为主页的步骤。

实验 19 Internet Explorer 8 新增功能的使用

19.1 实验目的

(1) 掌握使用 InPrivate 模式浏览网页的操作，并掌握 SmartScreen 筛选的操作。

(2) 了解加速器的使用。

19.2 实验内容

(1) 选择 InPrivate 浏览模式，在地址栏中输入淘宝网站的网址“www. taobao. com”，打开或关闭 InPrivate 筛选，并进行 InPrivate 筛选设置。

(2) 使用 SmartScreen 筛选器检查网站是否安全。

(3) 使用加速器中的“使用 Live Search 绘制地图”查找自己所在的位置。

19.3 知识点

InPrivate 筛选、SmartScreen 筛选和加速器。

19.4 实验步骤

1. 使用 InPrivate 模式浏览网页，并对 InPrivate 筛选进行设置

(1) 启动 IE 浏览器，选择“工具”→“InPrivate 浏览”选项，进入 InPrivate 模式，然后在地址栏中输入淘宝网站的网址“www. taobao. com”。

(2) 单击工具栏中的“安全”按钮，选择“InPrivate 筛选”命令(如图 19.1 所示)，让“InPrivate 筛选”处于选中状态，从而打开 InPrivate 筛选。若让“InPrivate 筛选”处于未选中状态，则关闭 InPrivate 筛选。

(3) 在图 19.1 中选择“InPrivate 筛选设置”命令，弹出如图 19.2 所示的“InPrivate 筛选设置”对话框，在该对话框中利用“自动阻止”、“选择要阻止或允许的内容”和“关闭”3 个单选按钮进行设置。

图 19.1　打开或关闭 InPrivate 筛选

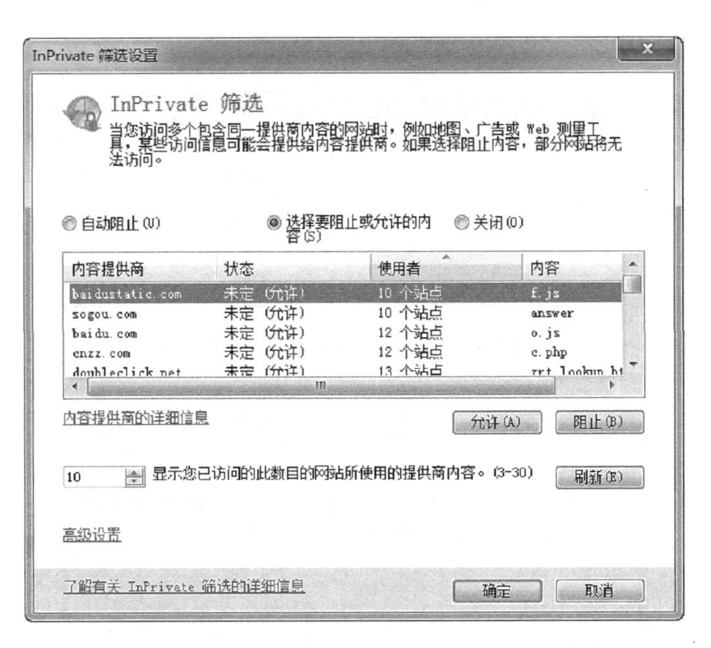

图 19.2 “InPrivate 筛选设置”对话框

(4) 若选择的是“选择要阻止或允许的内容”单选按钮，则在列表中将各项具体筛选内容设置为允许或者阻止，最后单击“确定”按钮完成设置。

2. 使用 SmartScreen 筛选器检查网站

(1) 启动 IE 浏览器，在地址栏中输入网页网址（例如 www.taobao.com）。

(2) 选择菜单栏中的“工具”→“SmartScreen 筛选器”→“检查此网站”命令（如图 19.3(a) 所示），或者单击工具栏中的“安全”按钮，选择“SmartScreen 筛选器”→“检查此网站”命令（如图 19.3(b) 所示），弹出如图 19.4 所示的对话框，在该对话框中单击“确定”按钮，将网址发送到 Microsoft 进行核对，并且可以很快地看到如图 19.5 所示的核对后的结果。

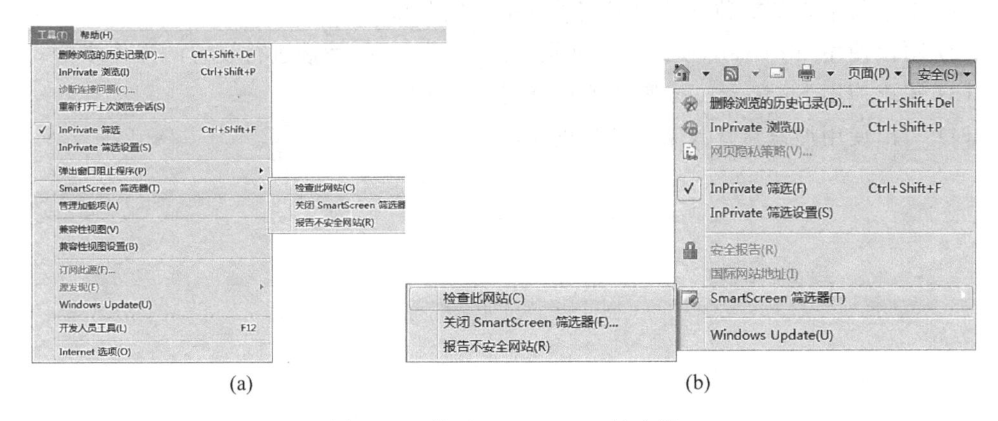

(a) (b)

图 19.3 使用 SmartScreen 筛选器

3. 使用加速器查找需要的地址

具体操作步骤如下：

步骤 1：从电子邮件或文档中复制需要查找地址的文本（例如“清华大学出版社”）。

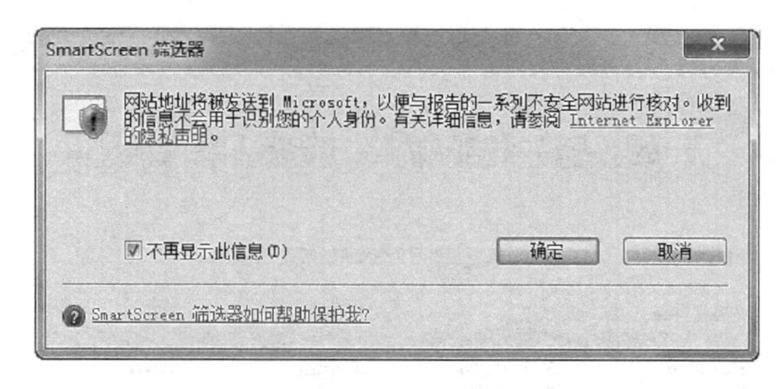

图 19.4 “SmartScreen 筛选器”对话框

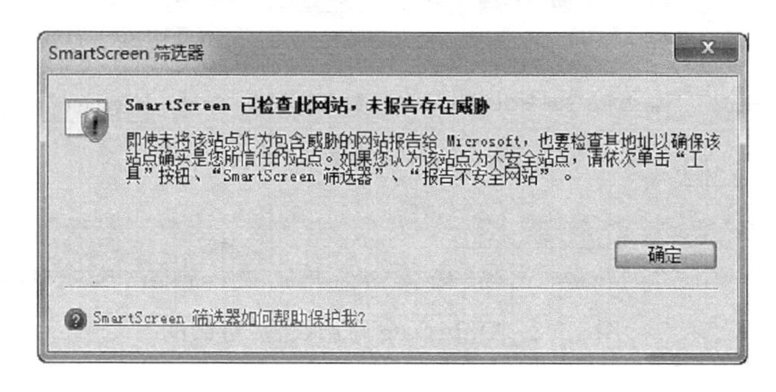

图 19.5 SmartScreen 筛选器检测网站的结果

步骤 2：在已启动的 IE 选项卡上单击“新选项卡”按钮，创建一个新选项卡。

步骤 3：在新选项卡页面的“使用加速器”下单击“显示已复制的文本”，检查已复制的文本，然后单击“使用 Bing 搜索”进行查找。

19.5 实验报告要求

(1) 要求每个人都能独立地完成实验并提交实验报告。

(2) 写出使用 InPrivate 模式浏览网页，并对 InPrivate 筛选进行设置的操作步骤。

(3) 写出使用 SmartScreen 筛选器检查网站的步骤。

(4) 写出使用加速器查找某个地址的步骤。

实验 20　360 安全卫士的使用

20.1　实验目的

(1) 熟悉 360 安全卫士常规中电脑体检的操作。

(2) 掌握 360 安全卫士提升系统的安全防护的有关方法。

(3) 掌握 360 安全卫士提升系统性能的有关方法。

20.2　实验内容

(1) 通过木马防火墙、清除系统非法插件、修复系统漏洞和系统修复等方法提升系统的安全。

(2) 通过快速扫描、全盘扫描和自定义扫描等方式查杀计算机木马病毒。

(3) 通过清除垃圾和清除痕迹等方法提升系统的性能。

20.3　知识点

防火墙、系统插件、木马病毒、垃圾文件、痕迹。

20.4　实验步骤

1. 电脑体检

在 Windows 的消息通知区域中单击图标，打开如图 20.1 所示的 360 安全卫士的用户界面，然后单击“常用”下的“电脑体检”选项卡，再单击“立即体检”按钮，则程序对计算机系统进行快速扫描检测。扫描结束后窗口中将显示体检结果，如图 20.2 所示，观察体检得分及建议、发现的问题和安全项目等各项具体体检结果，了解计算机目前的安全状况。

2. 增强系统安全防护

360 安全卫士通过木马防火墙、清除系统非法插件、修复系统漏洞和系统修复等方法提升系统的安全。

分别单击“常用”下的“清理插件”和“修复漏洞”等选项卡，打开清理插件和修复漏洞的窗口，如图 20.3 和图 20.4 所示。等待程序扫描结束后，在窗口的列表中查看是否存在恶意插件或必须修复的补丁，如果存在，则选中这些选项，然后分别单击窗口右下角的“立即清理”按钮或“立即修复”按钮进行处理，提升系统的安全。

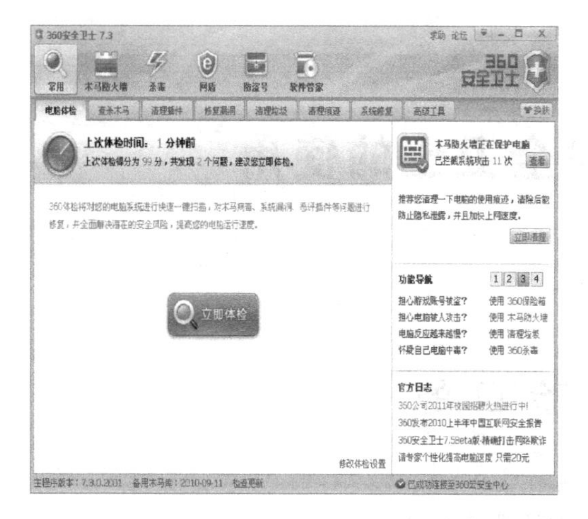

图 20.1　360 安全卫士的常规选项

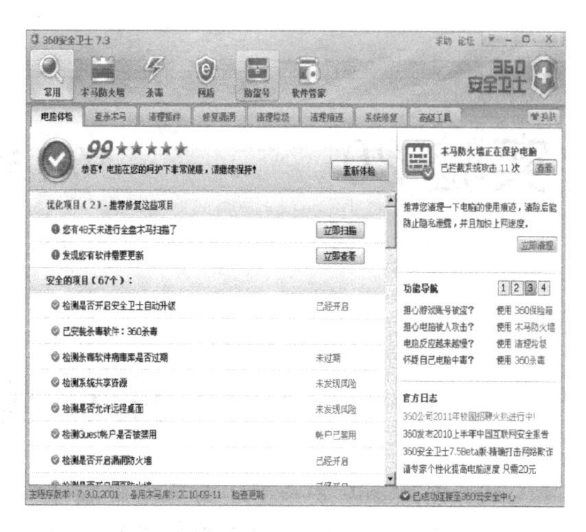

图 20.2　电脑体检结果

图 20.3　清理插件的窗口

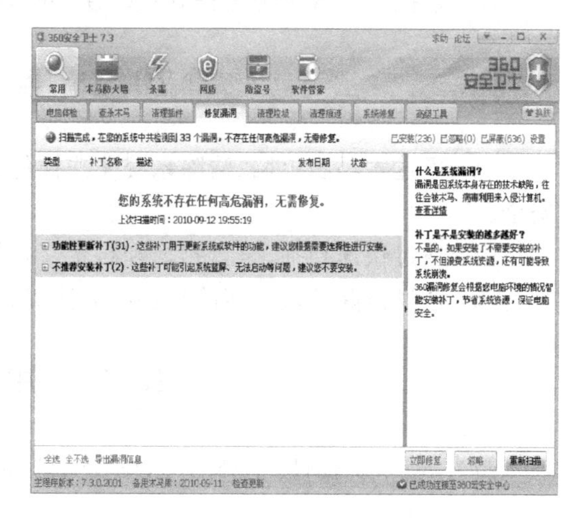

图 20.4　修复漏洞的窗口

单击"常用"下的"系统修复"选项卡，打开系统修复的窗口，如图 20.5 所示。等待程序扫描结束后，在窗口的列表中查看是否存在危险项，如果存在，则单击危险项后面的"直接删除"选项，将该危险项删除。用户也可以单击窗口右下角的"一键修复"按钮对计算机系统进行恢复。

单击"木马防火墙"按钮，打开如图 20.6 所示的"360 木马防火墙"窗口。在该窗口中分别开启网页防火墙、漏洞防火墙、U 盘防火墙、驱动防火墙、进程防火墙、文件防火墙、注册表防火墙和 ARP 防火墙等，从而使程序能够对各种外来入侵进行有效的阻止。

3. 提升系统性能

360 安全卫士可以通过清理垃圾文件和高级工具的相关操作释放磁盘空间，提高系统的运行速度等，从而提升系统性能。

单击"常用"下的"清理垃圾"选项卡，出现如图 20.7 所示的窗口，在该窗口的列表中选择需要进行清理的项目，然后单击"开始扫描"按钮，则程序对选择的项目进行扫描，检测项目中存在的垃圾文件，扫描完成后，在列表中给出每项出现垃圾文件的个数及占用空间的大小。单击窗口右下角的"立即清理"按钮，则程序对扫描到的垃圾文件进行清理，释放相应的存储空间。

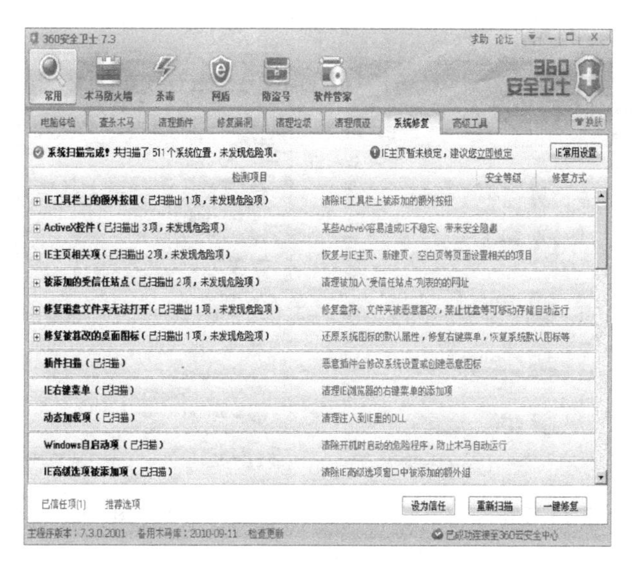

图 20.5　系统修复的窗口

图 20.6　“360 木马防火墙”窗口

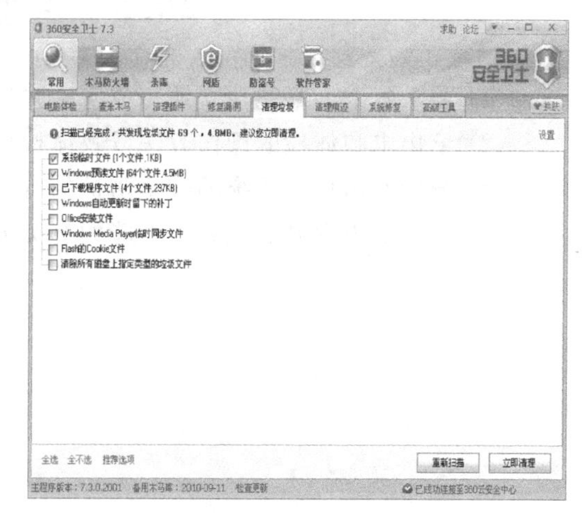

图 20.7　清理垃圾的窗口

单击“常用”下的“高级工具”选项卡，在如图 20.8 所示的界面中显示 360 安全卫士提供的各种高级管理选项。单击“开机加速”或者“系统服务状态”按钮，都会弹出如图 20.9 所示的开机加速窗口，该窗口的前 3 个选项卡分别是“一键优化”、“启动项”和“服务”。

在图 20.9 所示的对话框中单击“一键优化”选项卡，然后单击“立即优化”按钮，则软件自动对系统进行优化处理，优化完成后给出重启系统的提示。单击“启动项”选项卡，窗口中会列出计算机在开机时启动的相关程序，并对每个程序是否需要开机启动提供了建议，以及当前是否为开机启动状态。单击其后面的“禁止启动”按钮可以使该程序在开机时不启动，单击其后面的“恢复启动”按钮可以使该程序在开机时启动。单击“服务项”选项卡，窗口中会列出计算机在开机时启动的相关服务，其操作与“启动项”选项卡中的操作相似。

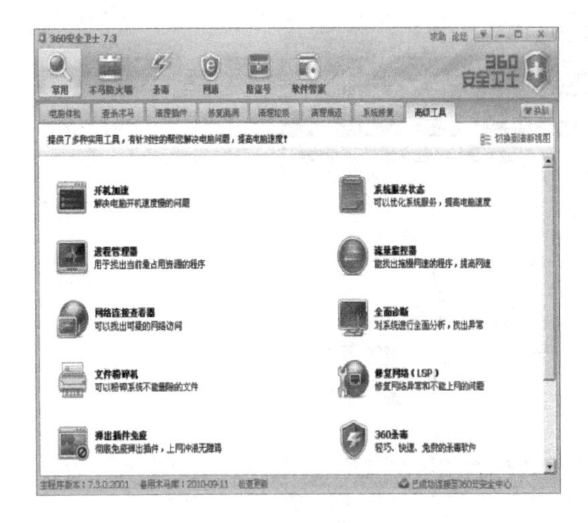

图 20.8　高级工具

图 20.9　开机加速

20.5　实验报告要求

(1) 要求每个人都能独立地完成实验并提交实验报告。

(2) 给出电脑体检的操作方法以及体检结果的各项信息。

(3) 分别给出提升系统的安全防护的有关方法。

(4) 分别给出提升优化系统性能的有关方法。

实验21 会声会影视频编辑软件的使用

21.1 实验目的

(1) 了解会声会影视频编辑软件的界面结构。

(2) 熟悉视频编辑的步骤。

(3) 掌握使用会声会影进行视频编辑的方法。

21.2 实验内容

(1) 启动会声会影视频编辑软件,了解该软件的界面构成。

(2) 使用会声会影视频编辑软件进行视频编辑。

21.3 知识点

素材的捕获、素材的编辑、转场、覆叠、音频、标题和分享。

21.4 实验步骤

视频是记录亲人的生日派对、朋友的婚礼、家庭旅游的最佳方式。通过会声会影可以制作出让人惊喜、赞叹的家庭视频,下面介绍具体的制作步骤。

1. 从数字媒体导入视频

步骤1:单击步骤面板上的“捕获”按钮,然后在“选项面板”中单击“从数字媒体导入”按钮,弹出如图21.1(a)所示的“选取‘导入源文件夹’”对话框。

步骤2:在该对话框的树形文件夹中选中素材所在的文件夹,然后单击“确定”按钮,转入如图21.1(b)所示的“从数字媒体导入”对话框,在该对话框中可以单击“选取‘导入源文件夹’”按钮选择其他文件夹,也可以单击和按钮排列文件夹之间的顺序,单击按钮删除左侧选中的文件夹。单击“起始”按钮则进入如图21.1(c)所示界面。

步骤3:在图21.1(c)中选中需要导入的素材(选中的素材在项目左上方的框中标记为√),可以选择多个项目。单击“开始导入”按钮,将选中的素材导入素材库,之后会出现如图21.1(d)所示的“导入设置”对话框。

步骤4:在“导入设置”对话框中设置“导入目标”、“库文件夹”和“插入到时间轴”等内容,最后单击“确定”按钮完成操作。

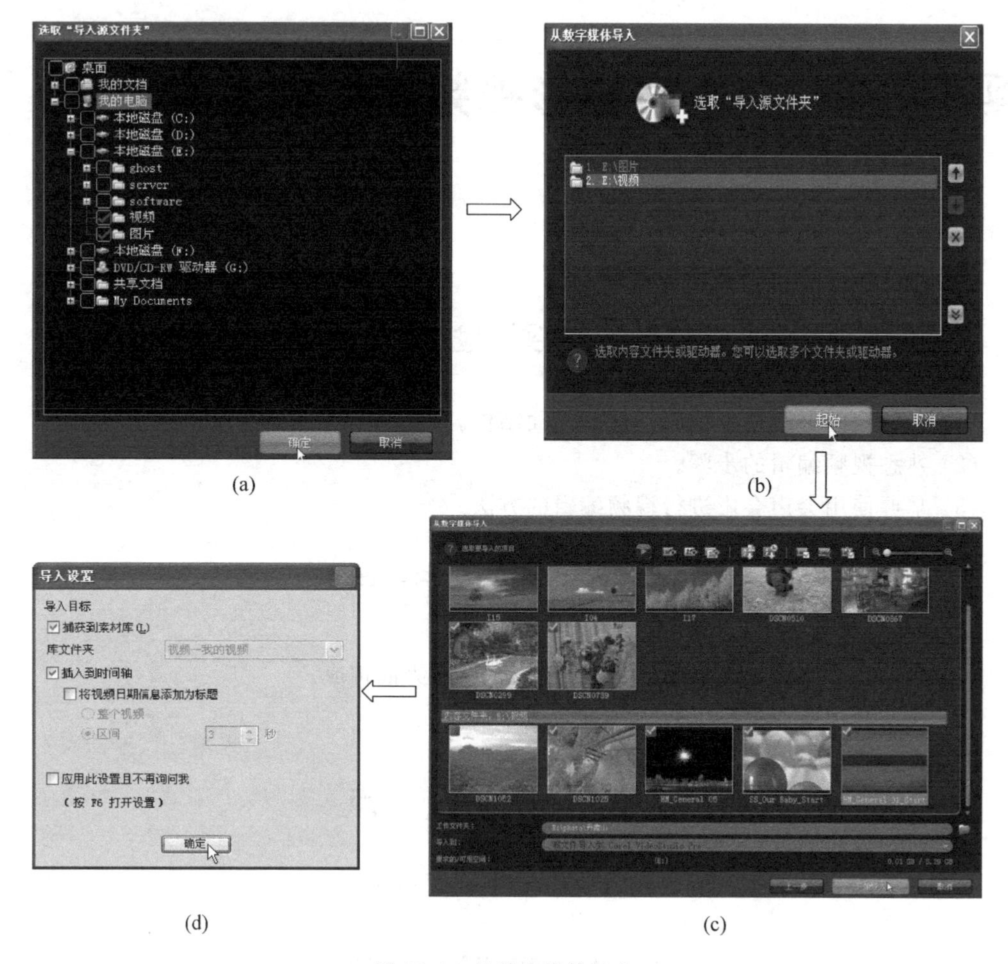

(a) (b) (d) (c)

图 21.1 从数字媒体导入

2. 视频编辑

步骤1:单击编辑工具栏中的“图形”按钮,然后单击素材库上方“画廊”的下拉按钮,在打开的列表中选择素材所在的素材库,接着在素材库中选择所需的视频,并将其拖到视频轨上。按住 Shift 或 Ctrl 键,可以选取多个素材。

步骤2:选择时间轴上的素材,在图21.2所示的导览面板上拖动“修整标记”按钮和重新设定素材的开始与结束位置,也可以先将“飞梭栏”依次拖到起始与结束位置,然后单击“开始标记”按钮和“结束标记”按钮重新设定素材的开始与结束位置。

步骤3:选择时间轴上的素材,单击选项面板上方的“属性”选项卡,在如图21.3所示的选项面板中选择“变形素材”复选框,则在预览窗口中会出现如图21.4所示的黄色和绿色拖柄。在预览窗口中拖动黄色或绿色拖柄,调整素材的大小或者改变素材的形状。

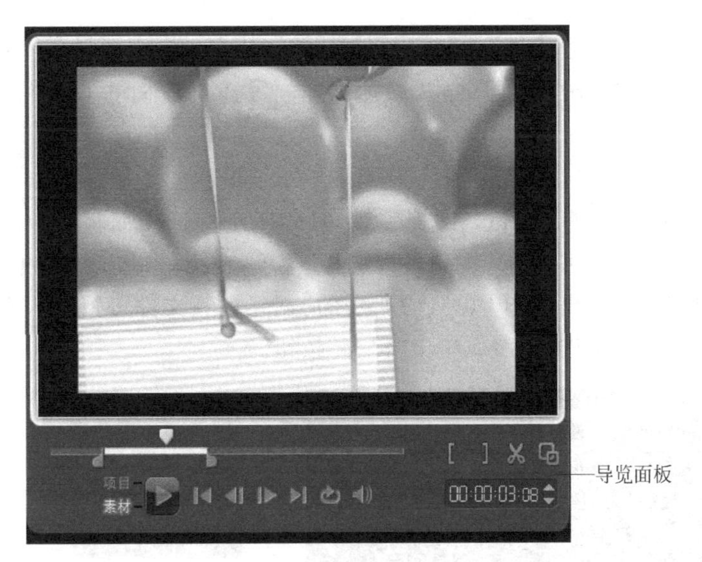

图 21.2　视频的剪切

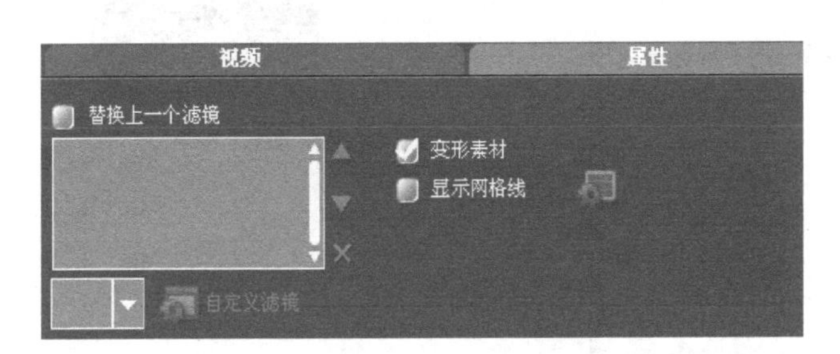

图 21.3　对素材应用滤镜的选项面板

图 21.4　选择"变形素材"的预览窗口

步骤 4：单击编辑工具栏中的"转场"按钮,然后在"画廊"列表中选择一个转场类别，在素材库中列出的该转场类型的各种转场效果中选择一个转场效果并将其拖到时间轴的两个素材之间，使这个素材之间以这种效果进行转场。

步骤 5：在编辑工具栏中单击"标题"按钮进入标题，然后在导览面板中拖动"飞梭栏"扫描视频，并选取要添加标题的帧。双击预览窗口出现文字框，在框中输入文字，然后在选项面板的"编辑"选项卡中选择"多个标题"复选框，双击预览窗口中文字框之外的地方，添加其他文字框及文字，如图 21.5 所示。在时间轴的"标题轨"上单击，则将预览窗口中的文字以标题形式添加到"标题轨"上。

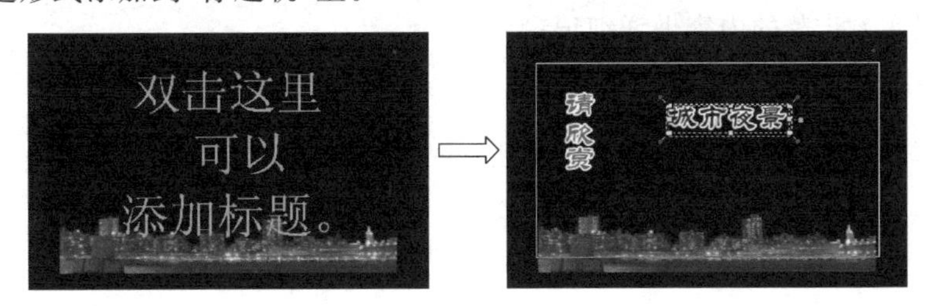

图 21.5　在视频上添加文字

步骤6：单击编辑工具栏上的“音频”按钮，然后从素材库中选择音频并拖动到“声音轨”或“音乐轨”上。单击“画廊”后面的“添加”按钮还可以向音频素材库中添加音频素材。

3. 分享

单击步骤面板中的“分享”按钮，在如图21.6(a)所示的选项面板中单击“创建视频文件”按钮，打开如图21.6(b)所示的“视频模板选择”菜单，在菜单中选择视频模板，在打开的子菜单中选择视频格式，弹出如图21.6(c)所示的“创建视频文件”对话框，在对话框的“文件名”输入框中输入视频文件名，然后单击“保存”按钮。

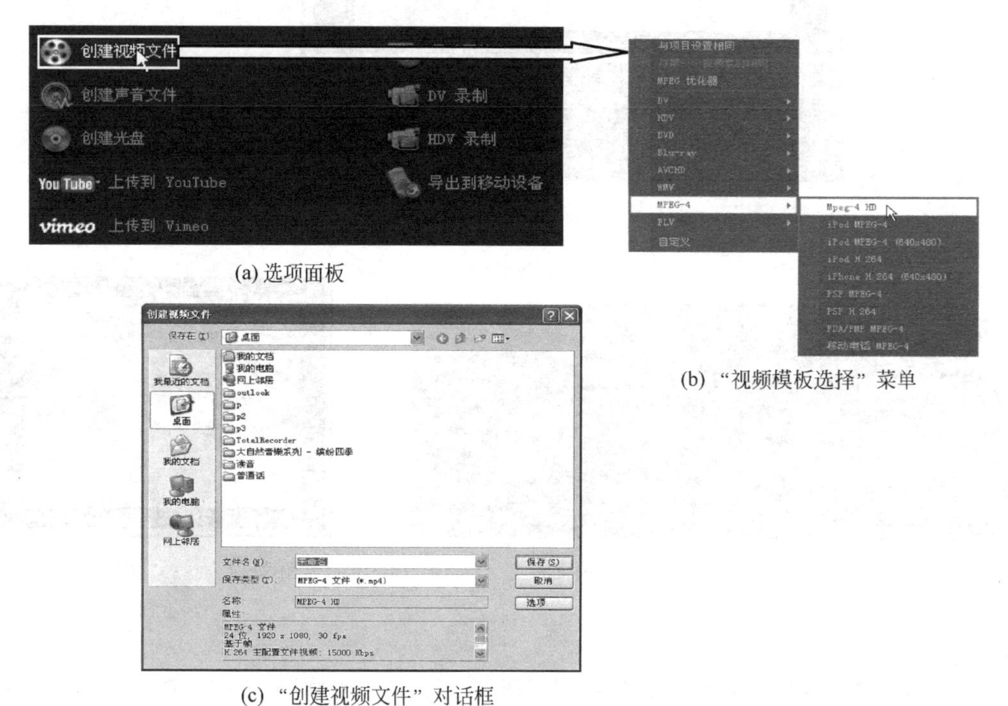

(a) 选项面板

(b) “视频模板选择”菜单

(c) “创建视频文件”对话框

图21.6 创建视频文件

21.5 实验报告要求

(1) 要求每个人都能独立地完成实验并提交实验报告。

(2) 写出制作家庭视频的操作步骤。

(3) 按照实验步骤的内容做详细记录。

实验 22 EasyRecovery 数据恢复软件的使用

22.1 实验目的

(1) 了解 EasyRecovery 的基本功能模块。

(2) 掌握使用 EasyRecovery 进行数据恢复的操作。

22.2 实验内容

使用 EasyRecovery 数据恢复软件中的删除恢复工具对被删除数据进行恢复操作。

22.3 知识点

EasyRecovery 的数据恢复操作。

22.4 实验步骤

首先运行 EasyRecovery 软件，单击窗口左边的“数据恢复”选项，然后单击“删除恢复”选项进入对删除的数据进行恢复的操作界面。在对数据进行恢复时需要通过以下 6 个步骤来实现：

步骤 1：选择分区。进入数据恢复的第一个窗口就是选择需要操作的分区的窗口，如图 22.1 所示，主窗口的左边显示出了系统中硬盘的分区情况。在窗口左边的驱动器列表中选中分区，然后单击“下一步”按钮进入步骤 2。

步骤 2：扫描文件。一旦选择了需要恢复的分区，EasyRecovery 将会对系统进行扫描来查找被删除的文件，这可能需要一些时间。

步骤 3：标记需要恢复的文件。当扫描完成后，主窗口中会将可以恢复的被删除文件(夹)显示出来，窗口左边是文件夹和子文件夹，右边是文件。单击右边文件列表框中相应的名称、大小、日期和条件等按钮，可以将文件按照文件名、大小、日期和条件进行排序，以便查找需要恢复的文件，如图 22.2 所示。选中需要恢复的文件和文件夹，然后单击“下一步”按钮进入步骤 4。

步骤 4：设置目标文件夹。因为 EasyRecovery 不会将恢复的文件(夹)保存在原来的分区，而需要在其他分区中设定一个目标文件夹来保存恢复的文件(夹)，如图 22.3 所示。

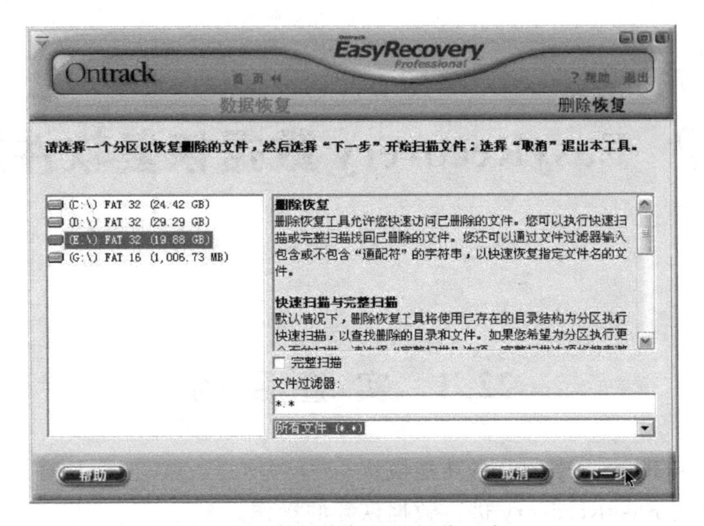

图 22.1 数据恢复的选择分区窗口

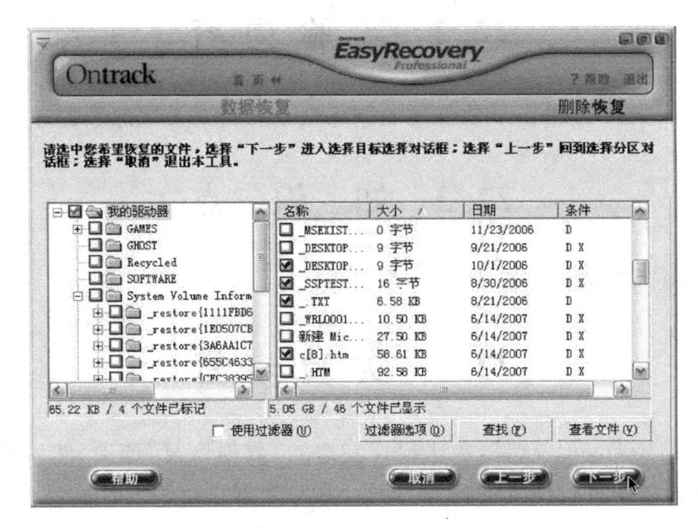

图 22.2 数据恢复的选择文件(夹)窗口

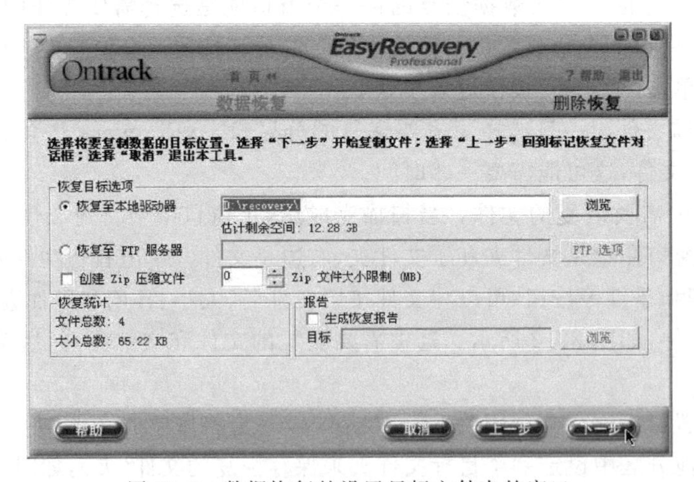

图 22.3 数据恢复的设置目标文件夹的窗口

在“恢复至本地驱动器”栏中输入目标文件夹，或单击其后的“浏览”按钮选择目标文件夹，设置好目标文件夹后，单击“下一步”按钮进入步骤5。

步骤5：复制数据。EasyRecovery开始将需要恢复的文件复制到目标文件夹中，这可能需要一些时间。

步骤6：数据恢复报告。一旦数据复制结束，将出现数据恢复报告的信息界面。单击“完成”按钮，则整个操作完成。

22.5 实验报告要求

(1) 要求每个人都能独立地完成实验并提交实验报告。

(2) 写出数据恢复的操作步骤。

(3) 按照实验步骤的内容做详细记录。

图书资源支持

感谢您一直以来对清华版图书的支持和爱护。为了配合本书的使用，本书提供配套的资源，有需求的读者请扫描下方的“书圈”微信公众号二维码，在图书专区下载，也可以拨打电话或发送电子邮件咨询。

如果您在使用本书的过程中遇到了什么问题，或者有相关图书出版计划，也请您发邮件告诉我们，以便我们更好地为您服务。

我们的联系方式：

地　　址：北京市海淀区双清路学研大厦 A 座 701

邮　　编：100084

电　　话：010－62770175－4608

资源下载：http://www.tup.com.cn

客服邮箱：tupjsj@vip.163.com

QQ：2301891038（请写明您的单位和姓名）

资源下载、样书申请

书圈

扫一扫，获取最新目录

用微信扫一扫右边的二维码，即可关注清华大学出版社公众号“书圈”。